创造学与创新创业能力开发

◎ 冷护基　陈霞　编著

中国教育出版传媒集团

高等教育出版社·北京

内容提要

    本书为大学生创新创业教育公共课教材，运用创造学理论体系，理清创造、创新、创业的关系，建构清晰的理论模型来指导实践；以开发大学生的创造意识、专利意识、创新精神、创新创业能力为主线，以训练灵感思维、逻辑思维与形象思维为重点，通过具体的创造技法与创新方法，开展创新创业实践活动。本书将创造性思维融入日常生活，提倡"每日一设想，每日一观察"，有助于大学生创新创业能力开发。本书配有数字资源，扫描书中的二维码即可阅读和练习；本书也支持线上线下相结合的教学使用，配套的在线课程有"爱课程"网的精品视频公开课和安徽省网络课程学习中心的在线开放课。

    本书可作为高等院校大学生创新创业基础课程教材，也可作为大学生了解创造、创新、创业及专利知识的自学读本，还可作为高校创新创业指导教师的教学参考书。

图书在版编目（CIP）数据

    创造学与创新创业能力开发/冷护基，陈霞编著
. --北京：高等教育出版社，2023.8（2025.6重印）
    ISBN 978-7-04-060503-7

    Ⅰ. ①创… Ⅱ. ①冷… ②陈… Ⅲ. ①创造学-高等学校-教材②大学生-创业-高等学校-教材 Ⅳ.
①G305②G647.38

    中国国家版本馆 CIP 数据核字（2023）第 090892 号

CHUANG ZAOXUE YU CHUANGXIN CHUANGYE NENGLI KAIFA

策划编辑 王文颖	责任编辑 王文颖	特约编辑 倪伊瑶	封面设计 王 琰
版式设计 于 婕	责任绘图 易斯翔	责任校对 陈 杨	责任印制 赵 佳

出版发行	高等教育出版社	网　址 http：//www.hep.edu.cn
社　址	北京市西城区德外大街 4 号	http：//www.hep.com.cn
邮政编码	100120	网上订购 http：//www.hepmall.com.cn
印　刷	人卫印务（北京）有限公司	http：//www.hepmall.com
开　本	787mm×1092mm 1/16	http：//www.hepmall.cn
印　张	15.25	
字　数	370 千字	版　次 2023 年 8 月第 1 版
购书热线	010-58581118	印　次 2025 年 6 月第 3 次印刷
咨询电话	400-810-0598	定　价 38.00 元

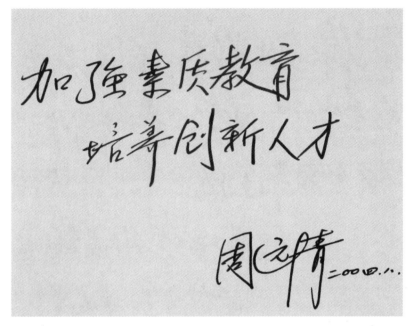

加强素质教育
培养创新人才

周远清
二00四.八.

教育部原副部长周远清

重视知识，
超越知识，
教育以文素质。
愿武工大素质教育
百尺竿头！

杨叔子
2004.12.1.

中国科学院院士杨叔子

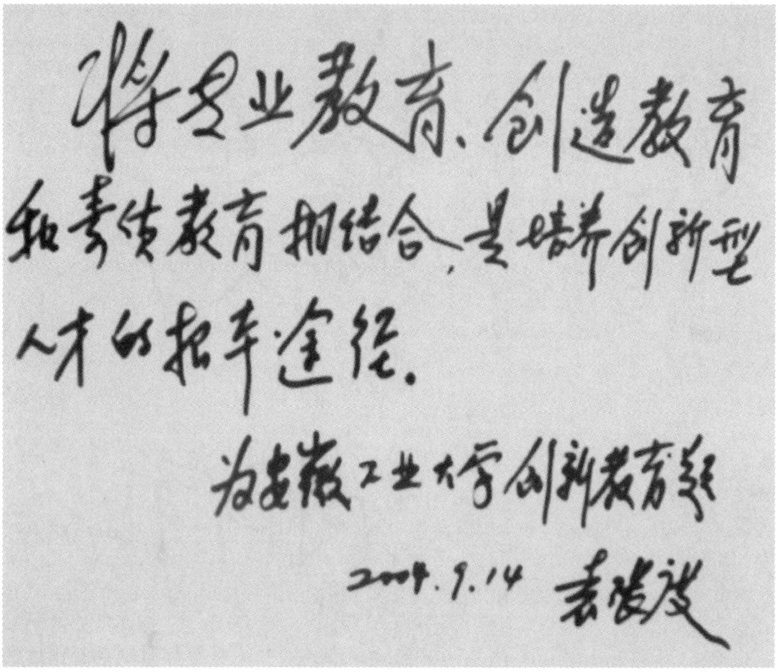

将专业教育、创造教育
和素质教育相结合，是培养创新型
人才的根本途径。

为安徽工业大学创新教育题

2004.9.14 袁张度

中国创造学会原会长袁张度

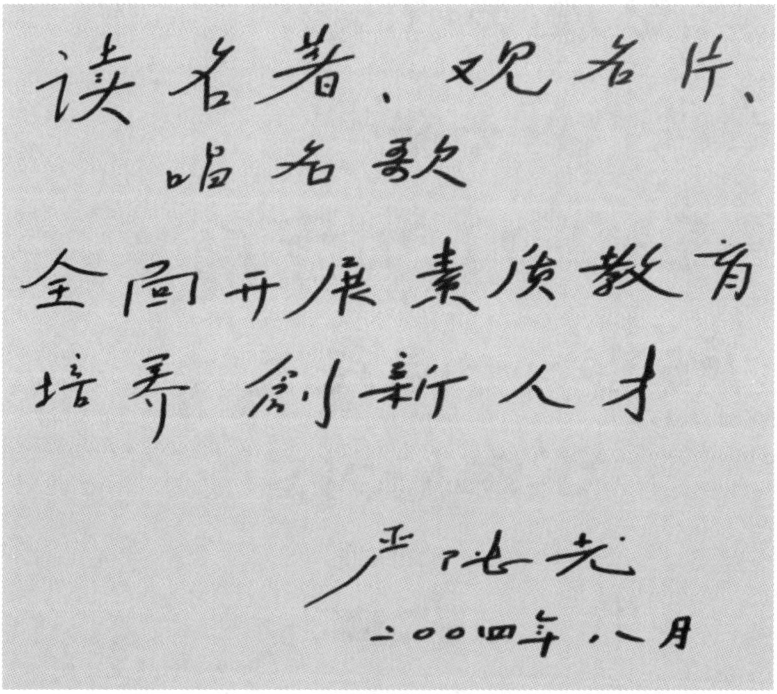

读名著、观名片、
唱名歌

全面开展素质教育
培养 创新人才

严陆光

二〇〇四年 八月

中国科学院院士严陆光

期待安徽工业大
学在创新和育走在中
国高等院校的前列.

日本·近畿大学教授

Dr. 徐方啟

2009年3月20日

日本创造学会原会长徐方启

愿文化经典与
我们终生相伴,
愿文化巨人与
我们一路同行.

祝安徽工业大学的教
育取得更大成绩!

东南大学

陈怡

二〇一〇年十二月十六

东南大学教授陈怡

以开设创造系列课程
有载体、创办、创新能力试点
班、是开发大学生创造力的有效
途径。

祝安徽工业大学创新教育50周年

2004.9.15.

中国创造学会原副会长茹得山

以课外科技活动为主成。以"每
日一设想、每日一观察、每周一交流、
每学期一创意、每人一次手制"为
方法和途径，是培养大学生创
新意识和实践能力的有效手段。

祝安徽工业大学创新教育

越办越好！

浙江大学 周耀烈

2004.9.15

浙江大学教授周耀烈

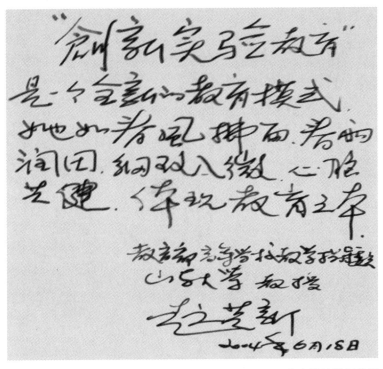

山东大学教授赵英新

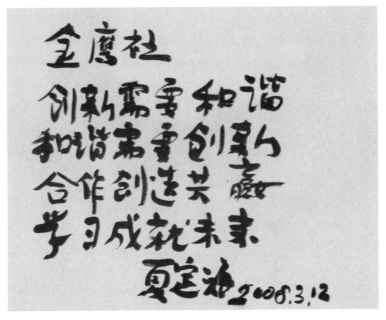

上海市创造学会原副秘书长夏定海

前　言

　　我从事创造学教学二十多年了，与创造学结缘是在 1997 年，我在东南大学博士毕业后留校任教，机缘巧合与李嘉曾教授结识，使我有机会去学习他开设的"创造学与创造力开发"课程，系统地学习了创造性思维训练、创造技法运用以及创造力开发的原理及实践途径。李老师要求学生坚持"每天一个设想"，我也悄悄地坚持做，有一天发现自己突然有开窍的感觉了，观察到很多以前没有发现的事情，这使我觉得"每天一个设想"很有用处。同时，我想，如果能让学生掌握诱发灵感思维的机制及破除思维定势的方法，对工科教学以及产生新的技术方案肯定会有很大的帮助。因此，我在东南大学也开设了"创造学与创造力开发"这门课程，并加入中国创造学会。

　　2001 年，我到安徽工业大学任教，并在机械学院开设了创新能力试点班。为了培养学生的创造性思维、知识产权意识、掌握创造技法等，为试点班的学生开设了六门创造教育系列必修课程；为了培养学生的创造性人格，面向所有学生开展"读百部名著""观百部名片""唱百首名歌"活动。在一次参加中国创造学会的学术年会时，得知中国矿业大学庄寿强教授早在 1992 年就开始发明创造班的试点工作，并在实验班中坚持"每日一设想，每周一交流，每学期一创意，每人一项专利"活动。适时山东大学赵英新教授来我校进行学术交流，对创新能力试点班的做法给予高度的评价，并建议再增加"每日一观察"活动，我欣然接受。随后，我结合课堂教学，在安徽工业大学开设的创新能力试点班中开展"五个一"实践创新活动，即要求学生"每日一设想，每日一观察，每周一交流，每学期一创意，每人一项专利"。到 2004 年，学生申请的专利已达 80 多项，为学校在全国高校本科教学评估中获得优秀作出了贡献。2009 年，"开发大学生创造力的理论与实践研究"成果获得了安徽省教学成果一等奖。2013 年，"以培养大学生创新与实践为导向的多层次全方位学科竞赛体系构建与实践"成果又一次获得了安徽省教学成果一等奖；"大学生创新能力开发"获得国家级精品视频公开课。2014 年，"一般本科院校应用型人才创新能力培养之路"成果获得了国家级教学成果二等奖。2019 年，"打造'四位一体'育人模式，提高机械类大学生创新能力方式探究"成果获得了安徽省教学成果一等奖。2015 年，"大学生创新能力评价指标体系与评价方法研究"获批安徽省级重大教育项目（编号：2015zdjy058）。为方便读者学习，相关研究成果也摘录在本教材中。2013 年，《创造学与创新创业能力开发》教材获批安徽省高等学校"十二五"规划教材（编号：2013ghjc126）。2015 年获批省级大规模在线开放课程，并在安徽省网络学习中心上线。

　　自 2009 级学生开始，学校将"创造学与创新创业能力开发"课程纳入全校必修课，课程内容包括创造学与创造力开发、知识产权和创业基础知识，旨在培养学生创造意识、知识产权意识、专利申请知识、创新精神和创造创业能力。在本教材的编写过程中，除主编负责本书的基本内容和框架设计外，参加本书编著的具体分工如下：冷护基负责撰写第一章、第二章、第四章（第一节、第二节、第六节、第七节）、第五章；编写创造性思维训练题目及题库试题（以数字资源呈现），撰写字数为10.4万；主讲在线课程"爱课程"网的精品视频公开课"大学生创新能力开发"；安徽省网络学习中心的在线开放课的第一章、第二章和第五章。陈霞负责撰写第三章、第四章（第十节）、第六章；参与创造性思维训练题目、题库试题的命制与整理，撰写字数为11.4万字；主讲安徽省网络学习中心的在线开放课的第三章、第四章和第六章。马秀芳负责编写第四章（第八节），参与题库试题的命制与整理，撰写字数为1.0万。李苹负责撰写第四章（第四节、第五节），撰写字数为1.0万。从文奇参与题库试题的命制与整理，撰写字数为0.5万。梁姗负责撰写第四章（第九节），参与题库试题的命制与整理，撰写字数为0.7万。潘慧负责撰写第四章（第三节），撰写字数为0.3万。另外，感谢机械学院贾黎明老师多年来坚持创新能力试点班的管理工作及课程教学工作，感谢全体"创造学与创新创业能力开发"课程教学团队教师的鼓励与无私的帮助，感谢研究生潘亚洲、单恒、朱丹丹、郑博文、孙艳等为本书提供了部分精彩的案例。

编写本教材是希望丰富国内创新创业教育教学用书，为促进我国创新人才的培养尽微薄之力。教材可以作为本科教学、研究生教学以及企事业单位研究人士的参考资料，建议课时安排为48学时。在本教材的编写过程中，我们参阅和借鉴了大量相关书籍和论文，谨向这些书籍和论文的作者表示诚挚的谢意。在教材中还引用了部分已发表的案例，请这些案例的作者与本书主编联系，以致谢意和支付稿酬。由于我们的知识和经验不足，疏漏在所难免，恳请使用本教材的师生们提出批评和意见，使其不断充实和完善。与本书配套的在线课程"爱课程"网（www. icourses. cn）的精品视频公开课"大学生创新能力开发"，安徽省网络课程学习中心（www. ehuixue. cn）的在线开放课"创造学与创新创业能力开展"。欢迎读者向作者索取本书配套的相关教学资料（邮箱：2790294362@ qq. com）。

特别感谢我在东南大学的老师——北京师范大学原校长、国家教育咨询委员会委员钟秉林教授对我从事创造教育与文化素质教育工作的鼓励与帮助。2010年4月30日，他不辞辛苦来我校视察指导工作，对学校创新教育的模式给予了高度评价，给予了我们莫大的鼓励。感谢中国创造学会原会长 袁张度 先生对我的关注和殷切的期望。感谢上海创造学会原副秘书长 夏定海 先生多次来我校传经送宝，并提出"创造健康"的概念。感谢中国创造学会的同仁们的关心和信任，使我2014年当选为中国创造学会副理事长并于2019年连任，他们的无私奉献和鼓励成为我坚持下去的最大动力。感谢中国科学院 杨叔子 院士，中国科学院严陆光院士，东南大学李嘉曾教授，日本创造学会原会长、日本近畿大学 徐方启 教授，中国创造学会原副会长、河北省创造创新学会会长唐殿强教授，中国创造学会原副会长、北京创造学会原会长茹得山教授，东南大学陈怡教授，中国矿业大学庄寿强教授，浙江大学周耀烈教授，山东大学赵英新教授，东南大学张志胜教授、贾方教授等多次来校讲学，把自己的宝贵经验无私地奉献给了我校的学子们，也使我们有机会汲取营养，优化课程内容，不断创新。特别提出的是，2004

年，我与校党委邢朗副书记去北京向教育部原副部长周远清先生汇报学校开展的创新教育和文化素质教育工作后，他欣然题词，并给予了我们极高的评价。

我还要感谢安徽工业大学原书记邢善所、原校长董元篪、原校长李家新等校院及职能部门的领导们给予的全力支持和帮助！感谢我的家人们常年来的默默付出和无私奉献。

最后，我要引用把我引入创新之路的导师——李嘉曾教授的名言来结束前言：创造是事业成功的突破口！创造是历史飞跃的加速器！创造是文明进化的推进器！

冷护基

2023 年 6 月

目　录

1

第一章

绪 论

天行健，君子以自强不息。

——《周易》

人类社会发展的历史就是一部创造的历史。习近平总书记在党的二十大报告中强调:"全面提高人才自主培养质量,着力造就拔尖创新人才,聚天下英才而用之。""坚持创造性转化、创新性发展,传承中华优秀传统文化,满足人民日益增长的精神文化需求。"中华优秀传统文化是培养拔尖创新人才创造性人格和创造性思维的根基。联合国教科文组织在《学无止境》报告中表达了这样一种观念:"在未来的挑战面前,人类已经不能依靠有限的资源、能源,也难以依靠历史的经验,只有抓住'创造'这个关键,通过发明创造,才能取得突破。"

　　《中华人民共和国高等教育法》第五条规定:"高等教育的任务是培养具有社会责任感、创新精神和实践能力的高级专门人才,发展科学技术文化,促进社会主义现代化建设。"

　　1995年5月江泽民在全国科学技术大会上提出:"创新是一个民族进步的灵魂,是国家兴旺发达的不竭动力。"2002年党的十六大报告强调:"必须尊重劳动、尊重知识、尊重人才、尊重创造,这要作为党和国家的一项重大方针在全社会认真贯彻。"当时社会上也提出创新、创造、创业三个概念相并列。

　　2008年,创意、创新、创业"三创"出现在相关文件中。"创造"一词在过去相当一段时间内被虚无化了。许多人把英文中历来被译为"创造"的creation一词也全部改译为"创新"。2011年胡锦涛在中央政治局第二十六次集体学习中提出"培育学生创造性思维"。李克强总理在2014年9月的夏季达沃斯论坛上提出"要在960万平方公里土地上掀起'大众创业''草根创业'的新浪潮,形成'万众创新''人人创新'的新势态"。2015年国务院办公厅《关于深化高等学校创造创新创业教育改革的实施意见》中提出"培养学生的批判性和创造性思维"。2021年国务院办公厅印发《关于进一步支持大学生创新创业的指导意见》。2016年习近平总书记在全国科技创新大会上的讲话中提出"强化科学精神和创造性思维培养"。2019年习近平总书记参加十三届全国人大二次会议福建代表团审议时强调"要营造有利于创新创业创造的良好发展环境"的重要讲话产生热烈反响,特别是习近平总书记在讲话中提出"创新、创业、创造""三创"并列的概念对创造学的发展具有深远的影响。因此,何为创造、何为创新、何为创业、何为创新精神、何为创造性思维、何为创造学等问题,都需要我们系统深入地研究。

第一节　创造与其他相关概念的关系

一、创造

　　"创造"一词自古有之。唐代颜师古注:"创,始造之也。"《辞海》中解释创造为"做出前所未有的事物"。李嘉曾教授在《创造学与创造力开发训练》中将创造解释为"人首次产生崭新的精神成果或物质成果的思维与行为的总和"。创造的定义在学术界至今尚未有公认的表述。庄寿强教授在《普通行为创造学》中论述到衡量创造的唯一标准的实质是新颖性,其表现形式是"非重复"或"第一次"出现。

本书将创造定义为主体与客体（环境、机制等）相互作用而产生新颖性成果的思维与行为。

该定义有三层含义：首先，创造的主体是人、组织或团体，主体是内因，该定义强调主体与客体如环境、机制等外因相互作用的关系；其次，主体产生的成果必须具有新颖性；最后，主体获取的具有新颖性成果既可以是社会或思维领域认识性的，也可以是自然领域物质性的。

二、创新

"创新"（innovation）是熊彼特于 1912 年在《经济发展理论》一书中提出的，是指技术创新，是经济学领域内的一个概念。熊彼特认为创新是指"企业家对生产要素的重新组合"并产生经济效益。后来，"创新"由技术创新推广到各个领域，出现了如管理创新、体制创新和教育创新等，但人们仍然取其"价值效应"的内涵。所以，有学者将创新定义为一种由新思想、新工艺变为新技术或新发明，产生新颖产品并在市场上销售而实现其经济价值的整个过程和行为。衡量"创新"的标准是"产品""新颖性"和"经济价值"的交集。

本书将创新定义为主体与客体（环境、机制等）相互作用而产生新颖性产品并实现其价值的思维与行为。

该定义有三层含义：首先，创新的主体是人、组织或团体，强调主体产生的是产品，强调主体与客体（环境、机制等）相互作用的影响；其次，该产品必须具有新颖性和经济价值，经济价值可以拓展为"价值效应"或"价值取向"；最后，主体获取的具有新颖性和经济价值的成果既可以是社会或思维领域认识性的，也可以是自然领域物质性的。

三、创业

创业的概念有广义和狭义之分。广义的创业是开创自己的事业，狭义的创业是开办一家新的公司或企业。创业包括自主创业和岗位创业。岗位创业是指在已有的岗位上，围绕提高生产效率、减少成本、减少投入、增加产出等目标进行的革新活动。它包括两个方面：一是对自己本岗位的技术革新有较大贡献或有管理制度的改进成果，引领本工作领域的新发展；二是整合现有资源去创办一家公司，以实现更大的价值。现在从事的职业相当于基石的作用。如果该公司是自主经营、自负盈亏、实行独立核算的基本经济单位，并具有法人资格，那就是狭义的创业。否则，应属于广义的创业。本书中探讨的创业为狭义的创业，即自主创业。有学者将创业定义为创业者对已有的资源进行优化整合，从而创造出更大经济或社会价值的过程。衡量"创业"的标准是"价值增值"。

本书将创业定义为主体与客体（环境、机制等）相互作用，将现有资源创造性地结合后实现其价值增值的行为。

该定义有三层含义：首先，创业的主体是人、组织或团体，强调主体与客体（环境、机制等）相互作用的影响；其次，主体产生的结果必须能实现经济价值增值；最后，主体获取的具有经济价值增值的结果既可以是社会或思维领域认识性的，也可以是自然领域物质性的。

四、创造、创新、创业三者的关系

（一）界定创造、创新与创业概念内涵的必要性

党中央和政府大力倡导创造创新创业教育，习近平总书记提出"要营造有利于创新创业创

造的良好发展环境",社会上"三创教育"亦呼之欲出。

创造学(creatology)是以创造为研究对象的一门独立的新学科。《辞海》(1999 年版)对创造学所做的解释是:"研究人类的创造能力、创造发明过程及其规律的科学。"当前,对创新与创造概念的使用比较混乱,盲目地用创新取代创造,如在创造学中长期使用的创造能力、创造性思维、创造技法等一系列概念被简单地替换成创新能力、创新思维、创新方法等概念。有人将英文 creation 和 innovation 都翻译成"创新",从而将"创造"概念虚无化了。当问到"创新"的理论基础和方法是什么时,答案无疑是创造学的理论基础和方法。所以,界定"三创"概念对创造学的发展尤为重要。

(二)创造、创新与创业的相同之处

创造与创新都强调其结果的"新颖性",这是创造与创新的相同之处。创业的本质是创造性地就业并实现"经济价值增值"的过程,这是创业与创新的相同之处。所谓创造性地就业就是运用创造性思维、创造技法在公司运营过程中进行创造性的工作。创新的本质是在公司的技术革新与管理制度改进中运用创造性思维、创造技法带来价值的思维与行为。所以,创新和创业的理论基础都是创造学,这也是创新和创业的相同之处。

(三)创造、创新与创业的差异之处

主体通过创造获取的成果有精神性的,也有物质性的,有的成果由于条件、时间等所限,尚无法获知其价值,所以,创造只强调其结果的"新颖性",不受"具有市场价值"所限。主体通过创新获取的成果也分为精神性的和物质性的,但成果须进入生产过程,产生的产品在市场销售并实现其经济价值;所以,创新不仅强调"产品"及其结果的"新颖性",还要强调其"经济价值效应"。这是创造与创新的差异之处。创业是主体应用"现有成果"去创造经济价值增值的行为,其中,"现有成果"不强调其"新颖性",这是创业与创造、创新之间的差异之处。

不可否认的是,创新与创造两个概念在不同的语境下可以相互借用,如将创新型人才等同于创造型人才。在特定语境下,创新概念中含有创造的含义,如"创新是一个民族进步的灵魂"中"创新"就具有创造的含义。

若设"新颖性"为一个集合,"价值"为另一个集合。那么,"创造"是"新颖性"的子集;"创新"是"新颖性"和"价值"的交集;"创业"既可以是"新颖性"和"价值"的交集,也可以是"价值"的子集。它们之间的关系如图 1-1 所示。

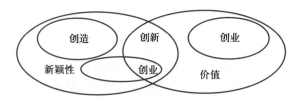

图 1-1 新颖性、价值与"三创"的关系

五、创造与发明、发现、创作和创意的关系

"发明"是获得人为性成果的创造类型。如中国东汉科学家张衡发明的地动仪,17 世纪法

国数学物理学家帕斯卡发明了第一台"加法计算器",等等。再如,授权发明专利的发明属于"创造",其中,已应用并实现其价值的发明属于"创新"。发明的成果可以是物质性的(如新产品),也可以是认识性的(如新方法)。

"发现"是获得天然性成果的创造类型。如《淮南子·兵略训》中就记录了公元前 1057 年哈雷彗星的出现;麦哲伦环球航行首次证实地球是个球体等。"发现"的成果同样可以是物质性的(如发现新的彗星等),也可以是认识性的(如提出万有引力等)。"创作"是文学作品的创造类型。"创意"是创造性思维的结果,属于具有"新颖性"的设想。同样,这些发现、创作和创意若能实现其价值,也属于"创新"。

第二节 创造学的研究内容与理论体系

创造学是 20 世纪 30 年代兴起的一门交叉学科,旨在研究人类从事发明创造活动的一般规律。本节主要介绍创造学的定义、研究内容和任务及其理论体系。

一、创造学的定义

创造学的定义概括起来大致有两类基本观点。一类是"活动观",即认为创造学以创造活动为主要研究对象,是旨在探索创造(或创造发明、发明创造)活动特点、规律和方法的科学;另一类是"能力观",即认为创造学主要研究人的创造能力,是研究人在创造(发明)过程中表现出的创造力的规律与方法的科学。

庄寿强教授提出行为创造学的概念:行为创造学是研究创造行为、创造过程、创造特点、创造规律和创造方法的交叉性学科。

本书将创造学定义为:创造学是研究主体与客体(环境、机制等)相互作用而产生新颖性结果的机理、规律和方法的学科。

该定义有两层含义:主体对客体的认识过程中,主体与客体形成对立统一的关系,主体是内因,客体是外因;主体在掌握创造的机理、规律和方法的基础上产生具有稳定性或可持续性的新颖性结果。

二、创造学的两条基本原理

第一条:人人都有创造潜力。

第二条:创造潜力是可以被开发的。

这两条基本原理是人们在无数实践的基础上总结出来的。创造潜力是人的自然属性。开发人的创造潜力与培养创造性人格、训练创造性思维、开展创造性实践、掌握创造技法及创造环境等因素密切相关。

创造学的基本原理及实践案例

三、创造学的研究内容和任务

(一)创造学的研究内容

创造学的研究内容可以概括为以下十个方面:创造者、创造过程、创造力、创造原理、创造方法、创造环境、创造性思维、创造性人格、创造性人才培养、创造评价。

1. 创造者

研究创造者在创造过程中的心理因素、生理因素、思维习惯、性格特征等相关素质对创造成果的影响，以期待寻求最有利于创造的主体条件。

2. 创造过程

创造过程是指创造成果准备、孕育、豁朗、验证的过程。创造学也从创造过程入手，寻求产生新颖性成果的规律。

3. 创造力

研究为什么不同的创造者在相同的条件下可以表现出不同的创造力，同一个创造者在不同的条件下也可能表现出不同的创造力。研究创造力的内在机理，以便更好地开发创造力。

4. 创造原理

创造原理是指最基本的创造规律。创造学研究这些普遍规律，并力求加以应用和推广。

5. 创造方法

创造方法包括创造技法和创新方法。创造技法是根据创造原理总结出来的具有可操作性的程序和步骤。创新方法包括 TRIZ（发明创造问题解决理论）和工业工程的方法，如质量管理、基础工业工程方法等。

6. 创造环境

创造者所处的外部环境是外因，同创造成果密切相关，如历史背景、社会状况、物质条件、激励机制、科技与文化水平等。

7. 创造性思维

创造性思维是创造学的核心。创造学研究人类创造性思维的特点、思维形式、思维机制、思维模式及思维的规律，同时也研究如何对人进行更有效的创造性思维训练。

8. 创造性人格

创造性人格是创造主体的内在特质，指主体在创造性行为上的内部倾向性和心理特征，它包括人的性格、品格和体格等。创造学需要研究创造者具备什么样的创造性人格才更有利于创造。

9. 创造性人才培养

创造学的研究目的在于开发人的创造力，创造学研究创造性人才的知识结构、能力结构和思维结构，以及培养目标、培养途径等。

10. 创造评价

创造评价主要是指对主体创造能力、创造成果、创造者的评价。创造学要研究对主体创造能力、创造成果和创造者的测定、评估、对比等内容，还可以从创造性的角度运用美学和哲学进行测评。

（二）创造学的任务

创造学的任务为：研究创造机理、探索创造原理、总结创造技法、开发创造潜力。机理是指事物发展变化的本来状态，在创造学中"人人都有创造潜力"就是机理。它是开发人类创造力的基础结论。创造原理是经过大量实践检验过的成熟的理论。创造技法是指发明创造的方法。创造学的目的就是开发人的创造潜力。

四、创造学的理论体系

庄寿强教授系统地论述了创造学的理论体系，他认为行为创造学是一门横断性学科，所谓横断性学科，即它不是以某一物质系统为研究对象，而是以许多不同的物质系统的某一共同方面为研究对象，如系统论、控制论等。创造学与哲学、心理学、人才学、教育学、管理学、思想史、科技史，以及天文学、物理学、化学等各个学科相联系。创造学虽然与所有学科都相互联系，但它不是以所有学科的本身为研究对象，也不是以所有学科的具体内容为研究对象，而是以所有学科中与创造相关的内容为研究对象。

创造学的理论体系

创造学就像一个无限大的横断面那样横切了各个学科，如图1-2所示。

如图1-3所示，由于所有学科都在不断发展并产生分支即诞生新的学科，因而这些"山峰"都在不断地向上和向侧面"生长"。创造学与每个"学科山峰"的交面可以称为知识创造面，与"学科山峰"顶点的交点可以称为知识创造点。

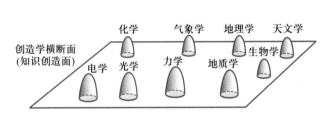

图1-2 创造学对各个学科的横断性示意图

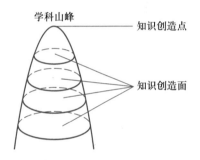

图1-3 创造学对不断发展
的学科的横断性示意图

一门学科的知识创造点一旦形成，就必然要产生创造性成果并转变为该学科的知识创造面。无数的知识创造面又会叠加成该学科的"学科山峰"，这种层层叠加有点类似3D打印。同时，我们要密切关注创造性成果产业化的时间、地点和条件。这也是创造、创新、创业教育与专业教育相结合的主要内容之一。

创造学的理论体系如图1-4所示。

目前，全国各行各业都在开展创造、创新、创业教育，却没有一个专门研究创造、创新、创业规律的本科专业，也没有创造学方面的硕士和博士学科。庄寿强教授建议参考同是横断性学科的一级学科"系统科学"，将创造学与系统科学并列放入"理学"大类中。设置一级学科：创造学；二级学科：行为创造学、心理创造学、环境创造学、评价创造学。2021年，国务院学位委员会、教育部印发通知，新设置"交叉学科"门类，成为中国第14个学科门类。本书建议将创造学放在"交叉学科"门类中。

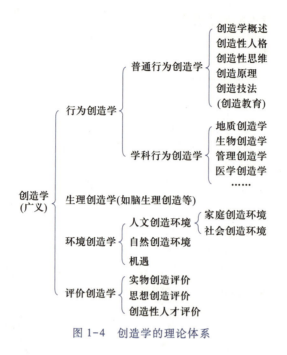

图 1-4　创造学的理论体系

第三节　国内创造学研究现状

中华民族的丰富文化遗产，闪烁着创造性思想的光辉，许多思想家、军事家、文学家、科学家的创造性成果千古流传。

一、历史根源

春秋战国时期的诸子哲学、汉魏南北朝的丰碑巨制、唐宋八大家的绚丽文章、明清之际的人生画卷，都是一座座创作的高峰。

从源远流长的工具制造技术到睿智精巧的天文学与数学；从独特神奇的中医药到巧夺天工的农田与水利技术；从造福国民的纺织与建筑到征服自然的航海与航空技术；从中国古代的四大发明到绵延万里的长城、纵贯南北的京杭大运河等。中华民族以非凡的智慧和创造力，为人类文明进步作出了不可磨灭的重大贡献。

中国科学技术大学刘仲林教授在其著作《中国创造学概论》中对中国文化中的创造至境——道，创造精神——生生日新，创造人格——明明德，创造性思维——审美逻辑、意象思维、顿悟思维、阴阳平衡思维，创造技法——取象比类、五行生克、臻美推理等的精髓要义进行了开拓性研究，取得了可喜的成果。

陶行知先生 1943 年发表了著名的《创造宣言》，提出："处处是创造之地，天天是创造之时，人人是创造之人。"他认为"儿童的创造力是千千万万祖先、至少经过 50 万年与环境适应斗争所获得而传下来之才能之精华"，提出要"解放儿童的创造力""培养创造力"。他在创办的育才学校等新型学校中积极实施创造教育，亲自拟定《育才创造年计划大纲》，还设立了"创造奖金"。

20 世纪 60 年代，我国在创造工程领域留下了划时代的一笔。1960 年，毛泽东主席把"两参一改三结合"的管理制度称为"鞍钢宪法"。"两参一改三结合"的核心内容是干部参加劳动、工人参加管理、改革不合理的规章制度，工人群众、领导干部和技术员三结合。"两参一改三结合"的管理制度最大限度地调动全体员工的主动性和创造性，人人皆员工，人人皆管理，人人能创造，极大地开发了个体或群体的创造力。"鞍钢宪法"属于制度创新，发挥了员工的创造力，员工进行岗位创业，提高了经济效益。

欧美和日本管理学家认为，"鞍钢宪法"的精神实质是"后福特主义"，即对福特式僵化的、以垂直命令为核心的企业内分工理论的挑战。用当下流行术语来说，"两参一改三结合"就是"团队合作""渗透式管理"。美国麻省理工学院管理学教授托马斯明确指出，"鞍钢宪法"是"全面质量"和"团队合作"理论的精髓，它弘扬的"经济民主"恰是增进企业效率的关键之一。老电影《青春似火》《钢铁巨人》《火红的年代》等都是反映企业工人从事技术革新主题的。值得一提的是，《青春似火》创作者曹致佐先生，1958 年进入马鞍山钢铁公司工作，《青春似火》就是反映马鞍山钢铁公司开展技术革新的故事。

二、国外创造学引进工作

20 世纪 80 年代，我国陆续引进国外创造学的研究成果。1983 年 6 月"中国第一届创造学学术讨论会"在广西南宁举行。"南宁会议"是创造学正式引进中国的重要标志，也是我国创造学发展的里程碑。

1994 年 6 月，中国创造学会正式成立，标志着创造学理论研究和学术交流的新起点。在基础教育层次，作为创造教育的实验基地，上海和田路小学总结了系统的创造教育方法。在高等教育层次，北京大学、东北大学、中国矿业大学、东南大学、安徽工业大学等院校的创造教育教学与实践工作都取得了一定的研究成果。

在企业创造力开发方面，我国创造学学者深入企业和基层，结合生产实际进行创造技法训练，组织多种形式的创造力开发活动，产生了良好的社会经济效益。

在理论研究方面，我国学者在翻译介绍国外创造学专著的基础上，潜心研究，大胆实践，自主编写创造学专著，取得了令人瞩目的成果，从 1984 年我国最早出版的由上海总工会袁张度先生编写的《创造与技法》到现在，编写了一批适合中国国情的创造学著作，共一千余种。

在学术交流方面，为了凝聚力量，加强合作，广西、上海、辽宁、江苏、湖南、天津、四川等地成立了创造学会或研究会，中国发明协会也成立了创造教育专业委员会，上海市还组建了上海市知识产权发展研究中心。各地的创造学学者通过多种渠道，与我国香港、台湾地区的同行，以及同美国、日本、英国、加拿大、澳大利亚等国家的学者建立了学术联系。

三、国内代表性创造学理论体系

在我国普及推广的创造学，主要是以心理学为基础、以创造技法为主体的一般创造学。进入 21 世纪后，不少创造学研究者致力于研究和探索符合我国实际情况的独立理论体系。其中，比较有代表性的主要有以下三类创造学理论

国内创造学
发展现状

体系。

（一）广义创造学

广义创造学是由我国著名创造学学者甘自恒教授在多年潜心研究创造哲学的基础上提出来的。特色之处在于：具有中国特色，既渗透了马克思主义哲学活的灵魂，又有意识地吸收了中华优秀传统文化；理论体系较完整；理工科与文科综合。其成果体现为《创造学原理和方法——广义创造学》（甘自恒编著，科学出版社，2010 年）。

（二）中国创造学

中国创造学是由我国著名创造学学者刘仲林教授在长期研究中国传统文化与国外创造学的基础上提出来的。中国创造学立足于中国传统文化的"创造之道"，对创造思维的阴阳两大类思维中"阴柔"思维的中国文化背景和审美逻辑进行探索。其成果体现为《中国创造学概论》（刘仲林编著，天津人民出版社，2001 年）和《中西会通创造学》（刘仲林编著，天津人民出版社，2017 年）。

（三）行为创造学

行为创造学是由我国著名创造学学者庄寿强教授在多年潜心研究创造学的基础上提出来的。行为创造学以使人产生创造行为研究的出发点和归宿点，提出并论证了行为创造学的横断性、学科行为创造学、探索创造性思维的引发机制等。其成果体现为《普通行为创造学》（庄寿强著，中国矿业大学出版社，2013 年）。

庄寿强教授提出：行为创造学是研究人们在科学、技术、管理等领域中的创造活动并探索其中创造的机理、规律、特点和方法的一门科学。行为创造学把创造主体作为一个"黑箱"，研究输入什么样的信息，以及如何输入信息方能使人产生创造行为，以使人产生创造行为为研究的出发点和归宿点。学科行为创造学是专门研究某一门已知学科中较为具体的创造行为、创造过程、创造特点、创造规律和创造方法的科学。所以说，学科行为创造学是研究已知学科内部知识创造点发展规律的科学，是专创融合发展的方向。

四、国内创新创业教育课程建构情况

2015 年，国务院办公厅发布《关于深化高等学校创新创业教育改革的实施意见》，随后大学生创新创业活动就如火如荼地在全国开展起来，创新创业教育已经成为新时代发展素质教育的新突破口。创新创业教育改革已延伸到课程、教法、实践、师资队伍等人才培养的各重要环节，实现了知识教育、能力培养、素质养成的有机结合，有效促进了学生的全面发展。截至2022 年 5 月，全国高校开设创新创业教育专门课程 3 万余门、在线开放课程 1.1 万余门，创新创业教育专兼职教师 17.4 万名，超过 1 000 多所高校的 1 395 名大学生参加了"国家级创新创业训练计划"。创新创业教育已经成为高校人才培养模式的新探索，带动了我国高等教育理念更新、人才培养机制创新、教学管理制度革新，有力推动了高校人才培养模式改革。创新创业教育成为当代大学生绽放自我、展现风采、服务国家的新平台，为世界高等教育发展贡献了新经验。尽管我国高校创新创业教育取得了很大的发展，但创新创业教育仍难以突破观念、思想、体制、制度、环境等方面的障碍，存在高校师生对创新创业教育认识不到位、创新创业教师队伍缺乏、体制机制不健全的问题，存在高校创新创业课程体系不健全、不规范、没有体现地方特色、没有挖掘校本元素的问题，存在创新创业经费投入不足的问题，等等。

国内学者认为，高等院校的创新创业教育是以培养在校学生的创造意识、创新精神、创新创业能力为主的教育，是需要分阶段、分层次进行创新思维培养和创业能力锻炼的教育，创新创业教育本质上是一种实用教育。大学生创新创业教育需要依托有效的课程载体，课程体系是实现创新创业教育的关键。但是国内对于"大学是否需要创新创业课程？创新创业是否需要以及如何进行课程教学？创新创业课都要讲什么？"的思考和争论一直没有停止过。自 2010 年以来，党中央、国务院、教育部、科技部、人社部等连续出台文件要求持续推进高校创新创业教育改革，为创新驱动发展战略、创新型国家建设培养创新创业型人才。教育部《关于大力推进高等学校创新创业教育和大学生自主创业工作的意见》提出 18 条要求，党的十八大报告要求加大创新创业人才培养支持力度、加快教育体制改革、注重培养学生创新精神，2015 年教育部《关于深化高等学校创新创业教育改革的实施意见》要求到 2020 年建立健全课堂教学、自主学习、结合实践、指导帮扶、文化引领融为一体的高校创新创业教育体系。2016 年教育部要求高等教育机构促进专业教育与创新创业教育有机融合，2017 年"复旦共识""天大行动"要求创新创业教育全面融入新工科建设，2018 年新时代全国高等学校本科教育工作会议强调坚持"以本为本"，推进"四个回归"，持续深化创新创业教育，要不断推动高等教育的思想创新、理念创新、方法技术创新和模式创新，建设世界高等教育新高地。因此，在高校设立创新创业课程，推动创新创业教育与专业教育相融合成为必然。

以同济大学为例，其通过一系列创新创业教学实践，认识到培养学生创新创业能力包含三个层面：一是基础层面，包括学习能力、分析能力、综合能力、想象能力、批判能力、创造能力；二是能力层面，包括实践能力、组织协调能力、解决问题能力；三是素质层面，即整合多种能力的能力。对应的创新创业知识可以归纳为科技前沿知识、创新思维知识、创新方法知识、工具运用知识、创新实践知识、创业知识、案例知识、人文拓展知识和知识整合等类别。为课程建立目标与知识矩阵是验证创新创业课程内容的有效手段，创新创业课程要将理论与实践密切联系，将创新思维和创业意识有机融合。

自 2010 年起，同济大学在培养方案中明确要求 2 个学分的创新能力拓展必修课，实现创新创业实践学分的全覆盖，学生可以通过参加学科竞赛、完成各级创新创业项目、发表学术论文、申请专利等创新创业活动获得学分。同济大学创新创业课程是一个共计 16 学分的系统培养体系，包括创新创业核心课程 2 学分、创新创业实践环节 2 学分、含创新创业知识的通识选修课程 6 学分、含创新创业知识的专业课程 6 学分。开设的通识选修课中含有创新创业内容的课程达 126 门，同时各类创新创业课程学分可以相互替代。学历教育分专业和辅修，通过"双创基础模块""创业技术模块""创业管理模块""学科交叉模块"四类课程，达到培养企业领袖人才、优秀创业者的要求。

目前，国内高校开设的创新创业课程有：大学生创业基础、创业学、大学生创新创业基础、创业人生、创业工程实践、大学生创业概论与实践、创造性思维与创新方法、创业管理等。

例如，同济大学采用"设计创新创业+1"模式，包括创新创业知识核心课、创新创业结合专业交叉课和专创融合课程。所谓"设计创新创业+1"模式，即将不同年级的学生放在一起强化学习一年，开设的课程有第一课堂 9 个技术专题、8 个创业专题，以及第二课堂 9 场创业实践活动。9 个技术专题为大数据、人工智能、VI 技术、产品设计、广告策划、应用文写作、工业 4.0、现代制造业、材料科技。8 个创业专题为企业家精神、创业者特质、商业想法、企业组建、企业运行、企业完善、企业壮大、商业计划书。9 场创业实践活动，可以包含创新企业参观活动、创业竞赛、创业基金对接会等。

创新创业知识核心课包括创新方法与创业基础、创业管理、创业案例分析、社会创新创业修炼等。

创新创业结合专业交叉课包括创新创业前沿导论、初创企业法律实务、创新实践与案例分析、设计思维与创新创业、绿色可持续的城市与建筑创新、机器人与人工智能前沿、新概念武器等 35 门课。

专创融合课程要求创新创业知识点达到一定学时，创新创业知识点包括创意设计、思维模式、创新工具与方法、创新案例与实践、企业管理、市场营销与创业学等知识点。

学校开办工商管理（创新创业）专业，在培养方案中突出创新创业与新工科融合，加强跨专业课程与实践，以创业为目标，推动师生高新技术成果转化，培养创业领导者与企业领袖人才。

学校认定的课程模块包括双创基础模块、创业技术模块、学科交叉模块和创业管理模块。双创基础模块包括创新方法与创业基础、社会创新创业、创业学、创新创业案例分析。创业技术模块包括初创企业法律实务、初创企业风险管理、设计思维与创新创业、大数据与可视化。学科交叉模块包括创新创业前沿导论、无边界工程师、机器人与人工智能前沿、可持续城市与绿色建筑领域的创新思维、创业人生、全球发展领导力、创业修炼、创新创业与知识产权。创业管理模块包括管理学概论、经济学、人力资源管理、战略管理、市场营销。

同济大学还探索了工科、设计类、文科艺术类专业的专创融合创新创业人才培养试验区。自 2017 年开始面向全校新生进行二次招生，招生人数 30 名，其中土木工程专业 10 人、环境工程专业 5 人、工业设计专业 5 人、汉语言文学专业 5 人、广电广告专业 5 人，这些学生除了学习自己本专业的知识外，还要学习创新创业辅修模块课程 14 学分。

地方行业性高校以安徽工业大学为例，在有限的经费支持下，要在区域经济发展和产业转型升级中发挥支撑作用，主动对接地方经济社会发展需要和企业技术创新要求，把握行业人才需求方向，充分利用地方资源，发挥自身优势，凝练办学特色，深化产教融合、校企合作、协同育人，增强学生的就业创业能力，培养大批具有较强行业背景知识、工程实践能力、满足行业发展需求的应用型和技术技能型人才。

创新创业教育的课程设计应以培养受教育者的创造性为宗旨，即如何培养学生的创造性，并通过提高创造性达到提高创造能力的目的。李嘉曾教授认为，创新能力是个体在基础能力（如智力因素记忆力、观察力、想象力、理解力等）的基础上，由创造性思维能力指导创造性实践能力带来的。庄寿强教授认为，创新能力为 K 与创造性、知识量的乘积，即

$$创新能力 = K \times 创造性 \times 知识量$$

创造性包括创造性思维、创造性人格和创造原理，这表明：创造者的创新能力取决于创造性与知识量等若干要素。在这些要素中，知识量与创造性两者之间成倍数互补关系。K 为常量，多表现为先天因素。

因此，创新创业教育的课程体系包括研究创造机理、创造规律、创造方法、企业或劳动组织的创造力开发、学科交叉类和专创融合方面的课程，还包括创造意识培养、基础能力练习、

创造性思维训练、创造性人格培育、创造性成果评价和创造性人才测评方面的课程。

创造教育核心课程包括创造学与创新能力开发、中国创造学、科学臻美方法、普通行为创造学、科学创造方法论、培养学生的创造力、创造心理学、创造工程、创造性思维训练、发明案例分析、创造技法应用、TRIZ 的理论与方法、怎样撰写专利文件、企业创造力开发、设计思维、现代工业工程等。

创业教育核心课程包括创业基础、大学生创业实训、创新创业案例分析、初创企业风险管理、人力资源管理、市场营销、财务管理、技术创新管理、组织行为学等选修课程。

学科交叉类的课程设置以机电类专业为例，包括机械类专业课程、电类专业课程、物联网专业和通识课程，如开设机电综合创新设计与训练、机器人设计与实践、大数据与可视化、物联网技术等。

专创融合类课程建设的思路是，以开发大学生的创造力为宗旨，结合具体课程的特定规律和方法，研究该课程科学成果中的创造过程、创造原理及其创造思维的特点、规律和方法。课程内容中结合专业知识需要涉及科技前沿知识、创新思维知识、创造技法知识、工具运用知识、创新实践知识、成果产业化过程知识、发明过程案例分析知识、人文拓展知识等，并有相对应的教学大纲、教案、教学日历和教学课件。

第四节　国外创造学研究现状

国外创造学
研究现状

据统计，约有 100 多个国家与地区开展了不同程度的创造学和创造力开发工作。国外创造学的研究尤以美国、苏联和日本为典型。

一、美国的创造学研究

美国的创造学研究特点是：与教育结合；与科研结合；与生产结合。

在创造学与教育结合方面，1948 年美国麻省理工学院开设了"创造性开发"课程。1950年美国加利福尼亚大学心理学家吉尔福特提出"创造力"（creativity），在世界范围产生了很大影响。1954 年奥斯本成立了创造教育基金会，旨在促进创造教育开展，以培养创造性人才。1989 年美国创造学会成立，旨在增强人们对创造学重要性的认识，以及促进人的创造潜力的开发。20 世纪 80 年代中期，以创造教育为核心的教育改革在美国基本形成共识。

美国纽约州州立大学布法罗学院把创造学作为一门独立学科而加以发展。该大学 1967 年为研究生开设了创造学课程，1974 年创造学亦成为本科生课程，1975 年正式获准设立了美国第一个创造学硕士学位授予点。到 20 世纪 80 年代，美国大部分高校开设了有关创造性训练的课程，有的专门讲授各种创造技法，有的则同专业课相结合，采用创造力训练的方法改造原有的课程安排。在高校建立创造性思维训练中心，并且把创造教育工作重心转向中小学，创造学与中小学教育相结合，进行了"静悄悄地革命"。

美国的创造学家们并没有把工作停留在学校教育层次上，而是进行了大量的实验研究和测试对比，力求使创造力开发工作朝着科学化、精确化的方向前进。

在创造学与科研结合方面，高校形成了创造学科研中心，陆续建立了相应的科研机构。比较著名的有奥斯本、帕内斯创建的布法罗学院创造力研究中心，吉尔福德领导的南加利福尼亚能力研究设计中心等。另外，美国的脑科学研究也处于世界领先位置，美国现在把大脑智力开发作为重大课题研究，研究创造性思维的神经基础与大脑动态加工过程，提出"人的双倍多倍智能开发及早期训练""使信息头脑成为能力"等问题的研究。

在创造学与生产结合方面，奥斯本创建了美国创造教育基金会，并亲自担任主席。这是一个企业性的创造力开发咨询机构，每年面向企业、学校、政府部门和社会团体举办创造性解决问题讲习班，由专家进行专题讲座，促进了参训者的创造潜力开发。

美国于 1970 年成立了创新领导力中心，1978 年成立了创造性学习中心等创造力开发咨询公司。在创造力开发咨询公司的带动下，美国许多企业开设了创造性思维或发明革新方法的课程，对广大员工进行创造力开发训练。一些著名的大公司，如国际商用机器公司、美国无线电公司、通用汽车公司、贝尔电话公司等，还设立了专门机构，负责本企业的创造力开发工作。创造学面向企业与生产结合的努力，不仅有效提高了企业的生产水平，而且也使创造学本身焕发出强大的生命力。

二、苏联的创造学研究

20 世纪 70 年代中期，苏联专利申请量和授权量均跃为世界第二位。这与苏联在发明创造方面采取的一些重要举措紧密相关：苏联把发明创造载入宪法之中；建立 100 多所各种形式的发明创造学校；在大学开设创造学课程，成立"大学生设计局"，为大学生创造力的开发提供有利条件。

在创造学研究方面，苏联的创造学研究形成了现代发明方法学体系。如阿奇舒勒于 1979 年出版了《创造是一门精密的科学》，创立了技术矛盾、物理矛盾、物场分析理论，以及发明问题解决理论并影响了全世界。同时，苏联的创造学研究建立了创造性教育和人事体制。在设计部门设立了"发明工程师"岗位，明确规定设计工程师和发明工程师的比例为 7∶1，并规定凡担任经济和科技领导职务者必须先获得发明学校的教育文凭。这些规定必然导致学生在学校学到一些有关创造学的知识。

三、日本的创造学研究

日本的创造学研究的突出特点是实用性和社会性。1982 年日本在国策审议中就做出了"开发日本人的创造力是日本通向 21 世纪的支柱"的决议，把国民创造力开发作为基本国策。日本许多企业都把职工的创造性设想和小发明看作是企业的重要实力和无形资产。日本一些企业提倡职工立足于本岗位每天提出一个设想（即"每人一日一案"），使每个职工都处于创造氛围之中。职工之间互相启发、互相激励、互相切磋、互相促进，在良好的环境中常会出现创造的机遇或灵感。

1981 年 10 月，日本东京电视台开始创办"发明设想"节目，由此引发了全国性的发明设想热。日本把每年的 4 月 18 日定为"发明节"，在这一天要举行表彰和纪念成绩卓著的发明家的活动。举办星期日发明学校，开展创造性思维训练，传授创造技法等，参加学习的人不仅有在职职工、企业管理人员，还有家庭主妇。日本非常重视和鼓励普通人的"小"创造发明，并将其提到相当高度予以对待。正是无数这些富有实效的"小"创造、"小"发明，使得日本成为一个发明大国。

1979 年，日本创造学会成立，每年召开全国性的创造学学术讨论会。20 世纪 70 年代以来，日本的创造学者出版了大量创造学论著，开发出了不少适合日本国情的创造技法，如 KJ 法、NM 法、CBS 法、MBS 法等。

2002 年，日本政府提出了"知识产权立国"。日本政府由此把知识产权的重要性提升到国家层面上，将其作为提高国家产业竞争力和重振日本经济的立国战略。上述各种创造活动对日本成为世界经济大国发挥了重要的作用。

四、国外创造、创新、创业课程建构情况

国外大学与创造学有关的课程大致分为五种类型。

第一类是把创造学作为一门独立的学科来发展，不仅设立本科专业，还设立硕士专业，因此课程的设置也很充实（如纽约州立大学布法罗学院）。

第二类是在理工科范围内增设创造学的课程，尤其是与技术开发有关的工科院校，很早就关注到创造性思维的作用，因而比较重视激发创造性思维的技法。

第三类是在心理学学科范围内增设创造学的课程，致力于研究人的创造心理，就研究方法而言，与认知心理学、发展心理学、应用心理学、社会心理学等的关系比较密切。

第四类是在教育学学科范围内增设创造学的课程，主要着眼于被教育者的创造力开发，包括学前教育、学校教育、社会教育和继续教育。

第五类是在管理学学科范围内增设创造学的课程，但重点不在管理上，而在于经营上，所以大多数课程都面向 MBA 和 EMBA。

1940 年前后，麻省理工学院机械工程系的阿诺德教授发现创造性思维与机械设计的密切关系以后，首次提出了"创造工程"（creative engineering）的概念。他不仅创建了创造工程实验室，还在 1944 年策划和组织了以创造工程为主题的美国机械工程师协会年会，出版了以创造工程命名的论文集，为推动创造学在工程领域的发展作出了积极的贡献。20 世纪 50 年代以后，阿诺德教授在斯坦福大学任教，又在那里推动创造工程的教学与研究，培养了一批富有创造力的机械工程师和学者。

1944 年，日本同志社大学的市川龟久弥博士发表了处女作《独创研究的方法论》，拉开了日本研究创造学的序幕。市川龟久弥博士长期担任该大学的电子工程学教授，开设了"创造工程"课程，还与日本第一位诺贝尔奖获得者汤川秀树教授合作出版过多部论述创造力的著作。

现在，一些大学以创造工程为主开展创造学教学与研究，如美国斯坦福大学管理科学与工程系开设"组织的创造力与创新"（1970 年由阿诺德的学生詹姆斯·亚当斯教授所创），荷兰德富特工业大学工业设计系开设"产品创新与管理"（1985 年由让·布依斯教授所创），日本北陆尖端科技大学开设"创造力开发支持系统"（1995 年由国藤进教授所创）。

在大学心理学系开设创造学关联课程的著名心理学家包括耶鲁大学的罗伯特·斯滕伯格教授、哈佛大学的霍华德·加德纳教授和加利福尼亚州立大学富勒顿分校的马克·朗科教授。斯滕伯格教授在心理学系为研究生开设了"创造性"课程，出版的创造学著作被世界上许多大学当作教材使用。加德纳教授是多元智能理论的创始人，在哈佛教育学院人格发展与心理学系为研究生讲授"创造性与道德"。朗科教授则在儿童与青少年学系为本科生和研究生讲授"创

造性"，他还是《创造性研究杂志》的主编。除此以外，加利福尼亚州立大学圣塔库鲁兹分校的戴维·哈灵顿教授开设了课程"创造性的心理学"和"创造性特论"。

在教育学领域开设创造学课程，即创造教育学的历史差不多和心理学领域一样悠久，最有代表性的是美国佐治亚大学教育学院教育心理系，长期以来，该系在系主任保尔·托伦斯教授的领导下，致力于创造教育学的教学与研究，使该系成为世界上最大的培养创造教育学人才的基地，每年在那里获得博士学位的人超过 70 人。佐治亚大学为纪念托伦斯教授而创建的"托伦斯创造学中心"，已经成为世界上两大创造学文献中心之一。现在，佐治亚大学的"英才与创造教育"模块中，面向研究生的必修课程有"创造性：教育方法与心理学的过程"和"创造性的理论"。

在马萨诸塞大学教育学院，有一个硕士学位专业方向为"创造性思维"，开设的课程包括："创造性思维""创造性研究""创造性思维与合作以及组织的变化""文学艺术中的创造性与批判"，以艾伦·布莱德福特教授为首的专职和兼职教授负责这些课程。

在日本，大阪市立大学教育学系的佐藤三郎教授、近畿大学教育学系的扇田博元教授等，都为创造教育学的发展作出过重要的贡献，但他们都已退休。现在，依然在为本科生讲授"创造教育学"和"创造性游戏"的是东洋大学文学院教育学系比嘉佑典教授，1999 年起，他开始招收攻读"创造教育学"博士学位的研究生。

在教育改革的热潮中诞生的日本教育大学，一开始就把"创造性教育论""创造性解决问题""创造性教育特论"列为研究生的实践课程。

受硅谷创业热的影响，大学生对创造力开发的期望日益高涨，大学方面也认识到开设相关课程的必要性。20 世纪 80 年代以后，美国大学中的管理学院纷纷在创业、竞争战略、组织行为、人力资源开发、技术经营等相关专业开设创造学课程。如芝加哥大学开设"创造力与创新"，哈佛大学开设"创造经营"，哥伦比亚大学开设"企业家的创造力"，密歇根大学开设"组织的创造力与创新"，麻省理工学院开设"创新与产品开发"。

在欧洲，英国曼彻斯特商学院创造力与组织变革论教授丘道尔·李卡兹从 1972 年开始讲授"创造性思维""创造力与产品开发""组织的创造力"等课程。李卡兹教授是欧洲创造与创新协会的创始人，还在 1992 年创办了《创造力与创新管理》杂志。法国欧洲商务管理学院开设的课程为"商业活动中的创造力"，由托马斯·曼纳雷利副教授主讲。

马格马斯特商学院是加拿大的创造学研究中心，闵·巴萨杜尔教授主讲"商业活动中的创造性思维"已有 20 多年的历史，与此同时，他还在经营一家名为"应用创造力研究中心"的咨询公司。

在日本，产能大学面向社会人开设的"创造性思维"课程始于 1955 年。1992 年起，该校又开设了函授课程"创造力开发"，由于此课程经文部省审查合格，学生所修得的 4 个学分在全国所有的大学都得到承认。

美国在开展创业教育上发展较成熟，基本形成了一套比较科学、完善的创业教育教学体系。其中，美国百森商学院引导了美国乃至全球高校创业教育的发展。百森商学院在建构创业教育课程结构时，将包括创业意识、创业品质、创业个性等在内的"创业遗传代码"，以及有关创业的社会知识整合在一起，形成创业课程。这种整合性课程有利于使受教育者置身于创业的社会经济与人文的背景中，引导受教育者关注与创业相关的一些经济、社会或其他问题。百森商学院创业课程既有大类课程、学科课程，也有活动课程；既有科学教育与人文教育类课程，也有智力教育与非智力教育类课程，如创业意识类的"创业精神与新创企业"课程、创业知识类的"创业企业融资"课程、创业操作活动类的"家庭创业实践"课程等，被誉为美国高校创业教育课程化的基本范式。

2011 年，伦敦商学院与德勤合作设立了一个新的机构——德勤创造、创新、创业研究院，其目标是激励和训练企业家、创新者及社会领导者，共同促进一个茁壮成长的创造、创新、创业生态系统。近年来，各国政府和各种组织都意识到创新在推动经济增长、财富创造、改善福利和解决世界上长期存在的众多问题等方面的重要性，大量的企业、公共资源及创业者都投入产生和扩展新的创意和创新上来。德勤创造、创新、创业研究院设立的目的是，希望通过提供基于证据的洞察力和战略建议，帮助所有致力于创造、创新、创业的机构和个人产生真正的影响。

斯坦福大学的创造、创新、创业课程设置体现了"理论+实践"联合授课的模式，除传统的教授外，还有大量来自产业界的客座讲师授课。斯坦福大学每周三下午举办创业思想者系列讲座，邀请硅谷创业者演讲，营造技术创业氛围，并列入全校性选修课。课程强调案例教学，大多数是原创案例，实战性强。创造、创新、创业课程与职业教育和管理实践的结合日益紧密。

美国纽约州立大学布法罗学院自始至终把创造学定位为一门独立的学科。早在 1967 年在以开发"智力激励法"而著名的阿列克斯·奥斯本生前创建的创造教育基金会的支持下设立了创造力研究中心，由希德尼·帕内斯博士挂帅。与此同时，帕内斯为研究生开设了名为"创造学"的课程，第二年也因此而晋升为世界上第一位创造学教授。1969 年起，该校正式设立创造学系，为本科生开设了多门创造学课程。

1975 年，布法罗学院开始招收攻读创造学硕士学位的研究生，把创造学的学科建设推向了一个新的阶段。全世界获得此学位的至今已有将近 200 人，其中的许多人活跃在国际创造学界，布法罗学院也成为名副其实的国际创造学人才培养基地。

创造学硕士学位课程由 12 门课组成，包括基础课程（"创造学概论""创造性解决问题""创造性领导"）、专业课程（"创造性解决问题原理""创造性学习基础""创造力的评价"）、学位课程（"团队解决问题""硕士讨论会""创造力的训练""创造教育及其发展""硕士研究"）和学位论文。担任这些课程的有 9 位专职教师，首席教师是创造力研究中心主任杰拉德·普克肖教授，他曾师从帕内斯教授。1997 年起，布法罗学院利用卫星开设了面向州外的创造学硕士学位远程教学课程。几年以后又扩大到国外。除此以外，创造力研究中心从设立之日起就注意收集世界各国出版的创造学相关书籍、论文和音像资料，现已成为世界上最大的创造学文献中心之一。

第一章习题

2

第二章

创造力及创造力开发

处处是创造之地，天天是创造之时，人人是创造之人。

——陶行知

第一节　创造力概述

创造力是创造学研究的内容之一，如何开发创造力是学习创造学的目的。创造力的基本概念是什么？创造力有哪些基本性质？其发展规律是什么？这是本节要讨论的问题。

一、创造力的基本概念

创造力概述

长期以来，不同的研究者从不同的角度对创造力的定义作出过不尽相同的表述，概括起来有以下几种代表性的观点：活动观、思维观、人格观和能力观。

1. 活动观

活动观是指着眼于创造力发挥的过程，强调创造力的实践性。国内学者认为创造力为"发现和解决新问题、提出新设想、创造新事物的实践活动"，强调从发现问题到解决问题的过程。

2. 思维观

思维观强调创造力是一种特定的思维能力或思维方式。心理学家德雷夫达尔认为，创造力是人产生任何一种形式的思维结果的能力，而这种思维结果在本质上是新颖的，是产生它们的人事先所不知的。

国内有学者提出，创造力是以直观力、想象力、逻辑能力为基础，产生革新旧事物所需要的灵感和创造性设想的能力。

3. 人格观

人格观认为，创造力与创造者的人格之间存在着必然联系。创造作品中渗透着创造者的人格特征。创造力中体现着人的情感、意志、理想、人生观、世界观等非智力因素。

亚洲创造学会创始会长袁张度提出："创造能力是指能创造性地完成一项活动所必需的心理特征……这是在长期实践中形成的，又会在完成一定活动中体现出来。"

4. 能力观

能力观认为，创造力是指产生新设想的创造性思维能力和产生新成果的创造性技能。创造力是根据已知发现未知的能力。创造力是将现有知识有效地综合运用去实现新的功能的能力。例如，一位中学生发现了检测墙内布线位置的方法。他发现磁带播放机中的磁头敏感性很高，便将磁头取出，当用磁头探测到墙内的电线时，耳机就发出"嘀嘀"的声音，探测效果很好！

李嘉曾教授认为，创造力是人在认识与实践过程中表现出来的、产生新的精神成果或物质成果的思维与行为能力的总和。

庄寿强教授认为，创造能力是指一个人（创造主体）在理想环境中通过一定活动而产生新颖性结果的能力。

本书将创造力定义为：创造力是主体与客体（环境、机制等）相互作用而产生新颖性结果的能力。

该定义有三层含义：首先，创造力强调的是主体与客体（环境、机制等）相互作用而带来的能力；其次，主体产生的结果具有新颖性；最后，创造力也是能力，但不是一般的能力，而是能够产生新颖性结果的能力。

二、创造力的基本性质

从宏观角度来考察，创造力具有五方面的基本性质：普遍性、特殊性、社会性、能动性和可开发性。

创造力的基本性质

（一）普遍性

创造力的普遍性是指人人皆有创造潜力，它是人的自然属性。

1. 创造力无时不有

人类的历史是从制造工具开始的，人类从制造工具起就开始创造。创造现象与人类的历史同在，在历史发展的每个时刻都有新的成果出现，文明进化的历史就是人类创造的历史。所以，创造力无时不有。

2. 创造力无人不有

每一个能从事思考或实践活动的人，在一定的条件下都能产生新的思维或行为，都具备一定程度的创造力。

（1）创造力与先天性生理素质（先天素质）的关系。人的先天性生理素质对创造力有一定影响，但是并不能决定其在某一领域的创造力高低。所谓三百六十行，行行出状元，行行有英才。

（2）创造力与后天性影响因素的关系。研究表明，人在社会生活中得到的如身份、学历、财富等，不会对创造力产生决定性的影响。学富五车的大师、声名显赫的权威固然有创造力，而初出茅庐的"小人物"也有不可估量的创造力。

从布衣毕昇到钻头倪志福，从阿炳的《二泉映月》到陈钢、何占豪的《梁祝》都是"小人物"的发明成果。那么，为什么"小人物"的成果与"大人物"的成果能够媲美？即为什么会行行出状元？这就要研究"人才教育"中的"非人才"效应。简言之，在"人才教育"的环境中产生了"非人才"（小人物）的创造性成果。"人才教育"的"人才"与"非人才"构成了对立统一的关系。

（二）特殊性

创造力是人的一种十分珍贵的特殊能力。它的特殊性主要表现为个人创造时间的有限性和创造时机的随机性。

1. 个人创造时间的有限性

由于个人的生命总是有限的，创造者进行创造的时间也总是有限的，而且不可能时时进行创造，由此看来，个人创造时间更为有限。

2. 创造时机的随机性

创造力的特殊性也表现为创造时机的随机性。创造力的有效发挥往往是内因与外因相结合的结果，一旦错过了特定的时间、地点、条件，原来有可能表现出来的某种创造力或许将永远失去机会。正如我们常说的"机不可失，时不再来"。

（三）社会性

创造力的社会性是指创造力同人类社会存在千丝万缕的联系，并能较好地反映社会发展的水平。

1. 创造力是人的社会属性

创造力不仅是人的自然属性，而且是人的社会属性。创造活动是群体的共同实践，创造成果是群众集体智慧的结晶。金字塔是谁设计的？万里长城是谁建造的？实际上它们分别是古代埃及人和古代中国人的群体智慧结晶。

2. 个人的创造离不开社会条件

创造力在形式上表现为个人的思维与行为，但离不开社会提供的必要条件。个人进行创造时利用的工具、材料等是社会提供的物质条件；个人进行创造时运用的知识和技术、借鉴的经验和教训等是社会提供的精神条件。

在完全脱离人类社会的条件下，个人的创造力是难以产生的。狼孩的悲剧就是一个例证。由于自幼与社会隔绝，狼孩只是动物学意义上的人。

3. 创造力成果的水平反映一定的社会发展水平

一定的时代产生一定的创造成果。从原始社会的石器到现代社会的计算机，人类的创造成果总是当时社会的生产、科技和文化水平的综合体现。因此，创造力产生的成果也必然反映当时社会的人类实践水平与认识水平。

（四）能动性

创造力对客观世界产生强烈的反作用，造成深远的影响。

1. 创造力是智力因素的综合运用

在创造者进行创造的过程中，往往要综合运用观察、记忆、思考、想象等智力因素，使它们有效组合，产生出前所未有的崭新成果。创造力能动性的意义首先就在于此。

2. 创造力受非智力因素激发

创造力受人的理想、抱负、意志、感情、情绪、精神状态等非智力因素的影响。不畏艰辛、不怕挫折者，以顽强的意志和毅力长期坚持，终于在某个领域获得新的突破与成功，这也是创造力受非智力因素激发的例证。人的创造行为同动物因条件反射或生存本能所表现的异常行为有本质上的不同。人的创造力不是受环境支配的消极被动能力，而是改造客观世界的积极主动能力。

（五）可开发性

可开发性是创造力的一个鲜明特点，意味着创造力存在可以挖掘的潜在优势。

1. 创造力的差异性是可开发的前提

尽管人人都有创造潜力，但很显然，不同人在同一领域中的创造力的成果是不一样的。创造力的差异性不但是创造力可开发的前提，而且也体现了开发创造力的必要性。

2. 创造力可开发性的生理基础

人脑是创造性思维的物质承担者。现代生物科学的研究表明，人的大脑皮质是思维的器官，表面约集中了 140 亿个神经细胞。

根据实验资料推测，人脑的记忆容量相当于五亿多本书籍，单项记忆可保持八十余年。即使一个人读书万卷，也只利用了大脑功能的百分之几。人脑存在的巨大潜力为创造力的可开发性提供了生理基础。

3. 创造力具有可开发性

创造学开发培训的实践结果证明，创造力是可以开发的。

安徽工业大学从 2001 年开始系统开展创新教育和人文素质教育，每年开办"创新能力试点班"，开设六门创造学系列课程，结合课程学习，学生六个学期坚持"每日一设想，每日一观察，每周一交流，每学期一创意，每人一项专利"的"五个一"实践活动。试点班的学生90%以上都有专利成果，毕业后到企业能够结合工作岗位开展技术创新活动。例如，安徽工业大学机械工程学院 2009 届研究生王香瑞，成为中国平煤神马集团六矿的第一个"大学生采煤班"班长。他主动要求到井下一线工作，一干就是八年。他爱岗敬业，常年无偿加班，研究设备故障原因。他立足岗位，坚持技术革新活动，完成了 18 项技术攻关项目，保证采煤设备无故障运行，提高生产率，降低成本。他自主开发采煤设备精细管理软件系统，提醒设备维修时间点。他所带的采煤班先后获得"全国工人先锋号""全国青年文明号"等荣誉称号。2014年，王香瑞被评为全国劳动模范，2015 年获得全国五一劳动奖章！

三、创造潜力和创造能力

创造力和创造能力这两个概念在学术界一般被认为是同义词，两者的内涵其实并不完全相同。

有学者认为"人人都有创造力"。我们仔细推敲这句话，可以发现它存在逻辑上的矛盾，刚出生的婴儿也是人，他的创造力显然与成年人是不一样的。即使都是成年人也有古今中外不同的人，他们所生活的环境和后天的教育条件不可能完全相同，他们的创造力也并不相同。庄寿强教授认为，这里讲的"创造力"其实是"创造潜力"。

庄寿强教授将创造力区分为创造潜力和创造能力两种。创造潜力是每个人都具有的一种自然属性。创造能力是一个人在理想环境中通过一定的思维或实践活动获得新颖性成果的能力。创造力一旦开发出来就不再是先天的创造潜力而是后天的创造能力了。

庄寿强教授提出"创新能力"理论模型：

$$创新能力 = K × 创造性 × 知识量$$
$$创造性 = 创造性思维 + 创造性人格 + 创造原理$$

这个模型表明：创新能力取决于创造性与知识量之间成倍数互补关系，K 为常量，与先天因素有关；如果创造者的知识量大、创造性强，创造者的创新能力就会更强。

本书结合学校多年来大学生创造能力培养的实践经验，参考李嘉曾教授和庄寿强教授的"创新能力"理论模型，抽象出具有普适性的"创新能力"理论模型：

$$创造性 = 创造性思维 + 创造性实践 + 创造性人格 + 创造方法$$

所以

$$创新能力 = K × (创造性思维 + 创造性实践 + 创造性人格 + 创造方法) ×$$
$$(基础知识量 + 应用知识量 + 专业知识量)$$

这个模型表明：

（1）创新能力与表示先天素质的常量 K 相关。

（2）创新能力与创造性思维、创造性实践、创造性人格、创造方法等要素相关。

（3）创新能力与基础知识量、应用知识量、专业知识量相关。

（4）创造性思维、创造性实践、创造性人格、创新方法等要素与知识量及先天素质 K 成倍数互补关系，即创造性思维、创造性实践、创造性人格和创造方法越强，则创造者的创新能力更强。

（5）拓展创造者的知识量，可以提高创造者的创新能力。

当然，创造能力是经过创造性评价判断后得到的。

基础能力（如记忆力、理解力、想象力、观察力、注意力等）是创造性和知识量的基础要素，内化到创造性思维、创造性实践、创造性人格、创造方法和知识量等各要素中。

第二节　创造力开发的原理与途径

创造力开发分为两大系统，一是从个体角度探讨开发个人的创造力，二是从社会主体角度探讨开发组织的创造力。本节探讨的是个体创造力的开发。

一、创造力开发的原理

本书主要综合有关开发创造力的内容，探讨创造力开发的一般原理。创造力开发的一般原理包括压力原理、激励原理、流动原理、调节原理。

（一）压力原理

压力原理是指适当的压力对于创造是十分有意义的。压力可以驱散惰性、激发创造欲望。每个人都有惰性，这种惰性需要靠一定的压力来驱散。无恐则怠慢，怠慢则难以创造。

创造者的压力主要来自以下四个方面。

第一，社会压力。来自社会方面的压力，如强烈的民族自豪感和责任心，对于国家、民族的希望等，能激发创造力。鲁迅为了拯救苦难中的中华民族，最初去日本留学学医，希望通过学医使国民身体强壮起来。但后来他认识到"救国救民需要先救思想"，因此他毅然弃医从文以唤醒民众。

第二，经济压力。经济是一个人最基本的生存需求。一定的经济压力，能够促使人们进行发明创造，以期获得更好的经济效益。许多面临倒闭的工厂因为职工创造出新产品而重获发展。许多下岗职工因为再创业也做出了突出的成绩。例如，一个下岗职工在市场靠卖榨菜等"小菜"来维持生计，后来他发现无论是家庭还是宾馆，对于各类"小菜"的需求量还是比较大的，但是各家超市因为"小菜"进货比较麻烦，都不愿上架。他突然萌生了一个想法，给这些小菜统一注册一个商标——"小菜一碟"，并组成一个专业小菜配送公司，年销售额竟然超过 1 500 万元。把"小菜"做成了大生意，给下岗职工上了一堂生动的创业课。

第三，工作压力。工作压力是指由于工作上的需要而不得不进行某些创造性的活动。工作压力太大或许会把人压垮，但如果工作上没有压力，人的创造才能也可能难以发挥出来。许多研究所、科学院、技术开发中心，都是给研究者提供一定工作条件，同时也给他们一定的工作压力。在创造、创新、创业课程教学中，我们要求学生"每日一设想，每日一观察"，作为考勤要求和考试内容之一。在这样的压力下，有的学生开始苦思冥想，甚至连吃饭时、睡前都在思考，最终都提出了颇有新意的设想。有学生说："要不是老师逼一下，我们是不会动这种脑筋的，现在感到这样做很有效。"由此可见，适当的工作压力有利于人们创造力的提高。

第四，自我压力。自我压力是指来自创造者自身的压力。创造者给自己规定了某种目标，形成了一种内在的自我压力。凡是为人类作出了重大贡献的科学家和发明家，多依靠自我压力激发创造力。他们善于运用所掌握的知识，巧妙地将外界压力转变为自我压力，从而调整自己的目标和行为，主动地开创新局面。有一位企业家在自己居室中挂上了"吾日三问创新"的条幅，鼓励自己时时不忘创新，激发自己的创新热情，从而达到了自我加压开发创造力的目的。安徽工业大学自动化专业 2008 级的曹飞同学，在初期参加创新能力试点班时，给自己设定了一个目标——申请 10 项专利，当他完成了 10 项专利申请之后，又继续努力，到毕业时授权专利达到了 40 项。自我压力的实质是自己向自己挑战、自己与自己竞争、自己为自己确立更高的目标。

（二）激励原理

激励原理是指通过科学的管理方法激励人的内在潜力，使每个人都能在组织中尽其所能，展其所长，为完成组织规定的目标而自觉、努力、勤奋地工作。

第一，信息激励。在我们的生活中充满了各种各样的信息，我们要有意识地注意、发现、分析、利用有关信息，从而引导自己的创造活动，这是开发创造力的有效途径。创造者要善于识别、寻找那些对自己创造活动有利的信息，多看、多听、多写、多记、多参加各类学术活动。海尔集团创始人张瑞敏得到一位农民的反馈，他说自己买的海尔洗衣机不好用，因为用来洗地瓜的时候，排水管被泥沙堵住就没办法用了。一般人听到这个信息，觉得洗衣机本来就是洗衣服的，当然不能洗地瓜。但张瑞敏却敏锐地捕捉到这个新的创意，之后就研制出了一种功率大、排水管粗的可以洗地瓜的洗衣机。这种洗衣机一问世就创造出了一个全新的市场。

第二，心理激励。心理激励包括的范围比较宽，这里仅介绍研讨和争论在开发人们创造力中的作用。首先，研讨和争论能振奋人的精神，激发探索未知领域的积极性，增强创造意识。其次，研讨和争论可以开阔视野、丰富知识，使思维更加活跃。最后，研讨和争论可以发现问题、深化认识。1902 年，爱因斯坦在瑞士的专利局从事专利审查工作，他经常同一些年轻朋友在瑞士首都的一家咖啡馆聚会，研讨学术问题，比如讨论光速不变与伽利略相对性原理中伽利略变换之间的矛盾，恰恰是这种研讨和争论促使爱因斯坦提出了狭义相对论。

第三，激励机制。激励机制是指通过一些制度、条例、法规，来鼓励人们开发创造力。激励机制在一定意义上属于创造环境的范畴。物质激励是目前我国企业普遍使用的一种内部激励模式，包括奖金、津贴、福利等，是激励的主要模式。

（三）流动原理

合理的人才流动可以促进人们创造力的开发，而不合理的人才流动会阻碍人们创造力的发挥。人才流动应遵循以下几个基本原则。

第一，按兴趣和爱好实施人才流动。强烈的兴趣和爱好，能够促使人们对事物进行仔细观察、深入思考和广泛联想，因而有利于创造力的开发。

第二，按智力层次结构的转化规律实施人才流动。人的创造力的表现形式各有不同，有的适合从事理论研究，有的适合从事技术开发研究，有的适合从事管理工作。按照个体智力程度及其转化规律合理地进行流动，就能够实现人员合理搭配，充分发挥各自特长和优势。

第三，按照受阻迂回方式实施人才流动。人们在遇到某些阻力时，可以像河水遇到高地一样采取迂回方式，避开锋芒、独辟蹊径，以发挥自己的创造能力，例如换到更适合发展的岗位或地方。应该说，合理的人才流动在一定意义上对人们的创造力开发是有利的。

（四）调节原理

对于创造者来说，在某一时期的创造活动应该有相对稳定的奋斗目标。但是创造者也要有一种意识，需要根据自己的实力和条件的变化，特别是在创造过程中遇到新的机遇时，经过反复考量，对原有目标进行调节。这种调节当然不是见异思迁、随心所欲地改变原有目标，而是为了更好地发挥自己的优势，从而达到最佳的创造效果。正所谓"有心栽花花不开，无心插柳柳成荫"。顺便提及的是，我们在研究某一个问题的过程中，偶然的发明其实是必然中的偶然，它就是我们要探索的发明的"秘密"。

二、创造力开发的主体因素

创造力开发的主体因素是指创造者本身与发展创造力有关的要素，是创造力开发的内因，主要有三个方面：创造力开发的生理基础，创造力开发的智力因素，创造力开发的非智力因素。

（一）创造力开发的生理基础

生理是指机体的生命活动和体内器官的机能，人的机体的生命活动和有关器官的机能是创造力开发的基础。

1. 脑

人的大脑是思维的物质承担者，也是创造力的物质承担者。人脑包括端脑、小脑、间脑及脑干（中脑、脑桥、延髓）等结构。

人脑约由 140 亿个细胞组成。人的大脑很可能是无限宇宙的缩形，又好比是内存超大的计算机，人脑的巨大潜力是创造力的基础。不同细胞之间通过突触传输神经递质，形成信息回路。信息回路是脑内信息处理的基本单元。人的大脑由左右两个半球组成，两个半球之间有 2 亿多条神经组织组成的胼胝体相连接。大脑左右半球控制着相反的半边身体的活动。左脑控制身体的右半边，右脑控制身体的左半边。左脑主要负责抽象思维、控制语言、概念、数学计算分析推理（科学思维），右脑主要负责形象思维、视觉形象、图形、记忆综合（艺术思维）。研究发现，右脑分管的形象思维特别是潜意识可以诱发灵感，同创造性思维密切相关，所以开发右脑也成为开发创造力的一条捷径。

开发右脑的方法一般有：① 视觉练习（如观察图形和图案、绘画、摄影等）；② 艺术练习（如音乐活动、美术活动、欣赏文学作品和影视作品等）；③ 想象力练习（如猜想、设想练习等）；④ 左肢练习（如用左手做事，多活动左手手指等）。

2. 性别

关于性别对创造力的影响曾经有许多偏见，认为男性的创造力比女性强，这种观点是不科学的。从产生创造力的生理基础来看，两者是没有差别的，由于传统的习惯势力的影响，一些微不足道的差异被固定、放大和误导，造成了种种不正常的现象与偏见。

3. 年龄

人的年龄与创造力的关系可以分三段来讨论。

0~18 岁：创造力随着年龄增长而迅速增长。

19~65 岁：创造力在总体上呈现稳定增长的发展趋势。

65 岁以后：创造力发展基本持平，但不存在减弱的趋势。

从人的成长发展过程来看，以创造力的提高为主线。布鲁姆跟踪千名儿童的研究结果为：

（1）如果以 17 岁的智力水平为 100%，那么，0~4 岁获得的智力占 50%，4~8 岁获得 30%，8~17 岁获得 20%。

（2）35 岁为创造临界年龄线，在 35 岁之前有创造成果的话，以后的创造力及成果很可能会延至终身；如果在 35 岁之前没有创造成果，则以后具有创造成果的只占 7%~8% 的人。

有不少早慧和神童的例子。白居易 14 岁就写出"离离原上草，一岁一枯荣"的诗句。湖南少年刘俊杰 4 岁识字 2 500 个，破格进入三年级，10 岁高中毕业。早慧现象值得研究，可能是环境对其产生不同的影响，表现为记忆力、理解力等智力因素及非智力因素的影响。如果 20~30 岁之间有发明创造的才能，不应忽视。比如，牛顿 22 岁发现广义二项式定理；爱因斯坦在 26 岁创立相对论；陈钢、何占豪分别是在 24 岁、26 岁时谱写《梁祝》；马克思、恩格斯分别是在 30 岁、28 岁时发表《共产党宣言》。

（二）创造力开发的智力因素

智力是指人认识客观事物并运用知识和经验解决实际问题的能力。智力通常由观察力、记忆力、想象力、思考力、判断力等因素组成。创造学认为，智力和创造力是两个不同的概念，组成智力的若干因素对创造力开发有重要的影响。

1. 观察力

观察包括"观"和"察"两个方面。观察是一种智力活动，通过观察可以发现一事物与他事物之间的关系，通过观察可以培养和提高学生的思维修养。观察力是通过观察认识外界客观事物的能力，观察力是认识世界的重要途径。

（1）观察力与创造力之间的关系

观察能使人收集大量的、丰富的材料，为进一步创造打下坚实的基础。观察到的丰富的材料对创造有促进作用，主要体现在两个方面：一是丰富的材料中蕴藏着规律性的成果；二是丰富的材料可以打开思路，为创造提供机遇。

例如，江苏省淮安市的耿建康在拔大头菜时发现有的块根特别大，分析发现是因其被虫子咬造成的。他经过研究发现，人为地挖去菜心也能使块根增大。

又如，开普勒三大定律的发现。开普勒的身世比较悲惨，但是他的老师第谷非常看重他，把 330 年来前人观察收集的天文学方面的大量资料传给了他。经过分析，他总结出了其中的规律，即开普勒三大定律。

生理学家巴甫洛夫有句名言："观察、观察、再观察。"青霉素的发明者弗莱明说过："我的唯一功劳是没有忽视观察。"古人论述观察力与创造力之间的关系。庄子说："天地有大美而不言，四季有明法而不议，万物有成理而不说，圣人者，原天地之美，达万物之理。"秦朝李斯在《谏逐客书》中写道："泰山不让土壤，故能成其大。河海不择细流，故能就其深。"俗话说"处处留心皆学问"，就是强调观察力与创造性成果之间的关系。

（2）观察力的培养方法

培养观察力，必须培养观察意识，如安徽工业大学开展"每日一观察"实践活动，在观察时始终思考"是什么？"和"为什么？"这两个问题，多观察、多实践、多思考、多交流。可以通过以下三个环节进行观察：一是细心分辨，耐心观察事物的变化；二是变换角度，多维思考；三是坚持不懈，培养观察力需要长期的磨炼，有时甚至要付出艰苦的劳动，要有毅力、理想、兴趣等。

20 世纪 70 年代后期，江西有个青年人叫段元星，他从小就热爱天文学，在农村劳动时，经常一个人夜晚到野地去仰望星空，观察天象，同时培养出了敏锐的观察力。1975 年 8 月 30 日 19 时 35 分，他发现在某星座熟悉的位置上多出一颗十分微弱的亮点，立即敏感地意识到这很可能是过去未曾发现的一个新星。他马上向中国科学院北京天文台和中国科学院紫金山天文台发了一份"关于发现新星的报告"的电报。段元星用肉眼发现了一颗新星，创造了当代天文学发现史上的奇迹。

2. 记忆力

记忆力是指记住经历过的事物，并能再现或再认识它的能力。记忆的过程包含三个阶段，即识记、保持、再认。

（1）记忆力与创造力之间的关系

记忆力与创造力之间没有直接的关系，记忆力与知识积累有直接的关系，记忆力是观察力、想象力和理解力的基础，增强记忆力有助于提高创造力。

（2）记忆力的培养方法

记忆力通过培养是可以提高的。心理学表明，人的记忆力发展水平为：10~17 岁为 85%；18~29 岁为 100%，30~49 岁为 92%，50~69 岁为 83%。"记不住"是一种假想，工作任务重，考虑问题多，注意力不集中，常使人们误认为"记不住"是记忆力衰退造成的。记忆力通过培养是可以逐渐提高的。

培养记忆力应针对记忆过程的三个阶段来进行。

① 识记阶段。第一，注意抓住反映事物本质的主要信息。如记住一个陌生人，五官、身材、声音、名字等。第二，加强注意力，集中思想。有研究显示，人最多可同时感知九个信息，这些信息如果在 20 秒内得不到复习，就会被新的信息排挤出去。

② 保持阶段。

第一，在短时间内要记住某个信息，可以利用结构联系和联想联系。

第二，对有逻辑联系的材料通过建立意义联系来记忆。

第三，反复记忆。重复是学习之母，记忆是知识之母，遗忘是有规律的。德国心理学家艾宾浩斯曾经用实验法总结出时间间隔与记忆效果的关系，称为艾宾浩斯遗忘曲线，如图 2-1 所示。

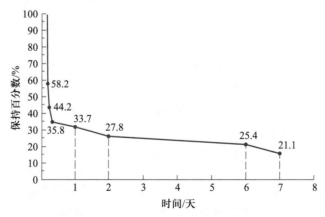

图 2-1 艾宾浩斯遗忘曲线

依据艾宾浩斯遗忘曲线合理安排复习之间的时间间隔，注意做到：及时复习（1 小时后，课堂上用笔写记），经常复习（2 天左右即开始重复记忆），过度复习（养成思维习惯，使反复无意识的思考成为享受）。

③ 再认阶段。再认与回忆是大脑中神经联系的痕迹受到有关刺激而重新活跃的过程，如触景生情、故人相遇、考试作答等。为了能够有效地提高记忆力，要积极地进行回忆。

在日常生活中，不仅要开展无意的回忆活动，还要开展有意、有目的的回忆活动。不仅要开展无中介的直接回忆活动，还要开展借助中介进行的间接回忆活动。

3. 想象力

想象力是指在原有感性形象的基础上产生新形象的能力。

（1）想象力与创造力之间的关系

想象与创造密不可分，是鱼与水之间的关系。想象有两种类型：一种为再造想象，即根据语言文字提示重新构造之新形象；另一种为创造想象，即根据一定的目的、要求和任务，在头脑中首次建立新形象的过程。例如，对文学作品的欣赏，就离不开再造想象；又如，气象学家魏格纳的大陆漂移说，就是想象力孕育创造性成果的范例。

爱因斯坦说："想象力比知识更重要，因为知识是有限的，想象是无限的。""从感性到理性，从现象到本质，在一系列抽象和概括中，都不可能离开创造想象活动。"

（2）想象力的培养方法

人的想象力主要是后天培养得到的。想象力的培养方法主要有：① 增加知识积累和经验积累。知识和经验是想象的基础素材，知识越渊博，经验越丰富，想象力就越主动、越自由。② 提高思维速度。可以通过思维的流畅性、变通性、灵活性提高思维速度，还可以通过算式、汉字、概念，尽可能多地列举同一类事物名称，促进想象力的发展。③ 发挥语言的促进作用。语言文字在训练想象力方面起着重要作用，艺术作品能够以具体的形象反映世界，具有具体性、形象性、可感性等特点。

（三）创造力开发的非智力因素

爱因斯坦曾说："智力上的成就在很大程度上依赖于性格的伟大，这一点往往超出人们通常的认识。"非智力因素在传统教育中是受到排斥的，然而随着教育科学研究的深入，教育科学的实践证明：非智力因素是智力因素的基础，非智力因素决定智力因素。

1. 理想

理想是创造的动力。只有树立崇高的理想，才会产生远大的抱负。爱因斯坦说："每个人都有一定的理想，这种理想决定着他的努力和判断的方向。"孔子一生颠沛流离，梦想实现他的大同社会的理想。明朝后期王艮的"百姓日用"思想，即"以百姓日用为生民利益"，与功名利禄无关。一个人只有将他的理想与最广大的劳动人民相结合，他的生命和创造才会具有永恒的动力。这充分说明理想在人生中的重要作用。李时珍完成了当时世界上内容最丰富、考订最详细的药物学著作《本草纲目》，服务百姓，为民造福，自不待言。宋应星的《天工开物》是中国 17 世纪的工艺百科全书；书中着重介绍纺织、制瓷、采煤、炼铁、火药等手工业生产技术，对其生产过程、工序及分工进行了说明和描述，并附有大量插图。创新的本质是人文精神的体现。

2. 意志（毅力）

意志是为了达到既定目标而自觉努力的心理状态。意志（毅力）是创造力的可靠保证。冥思苦想、废寝忘食、夜以继日，这些成语既反映了创造的艰辛不易，也鼓励大家磨炼毅力。例如，居里夫人用旧锅持之以恒地炼镭；爱迪生为了发明，一生经历无数失败，却仍然坚持。又如，中国古典四大名著之一《红楼梦》，"字字读来皆是血，十年辛苦不寻常"；明代科学家宋应星用十年时间遍访名家，完成著作《天工开物》。

3. 兴趣

兴趣是积极探究某种事物或从事某种活动的倾向。兴趣是创造力的催化剂。有言道：兴趣是最好的老师。没有兴趣的创造是被动的，是索然寡味的。兴趣通常是在社会实践中产生的。从心理活动过程来看，在活动中产生、活动结束就消失的是短暂兴趣，长期存在、成为个人心理特征的是稳定兴趣。兴趣是可以培养的。大学生需要培养读书的习惯和能力，思维的习惯和能力，实践的习惯和能力。孔子曰："知之者，不如好之者。好之者，不如乐之者!"兴趣能导致好奇心，好奇心是创造力的诱发因素。有志成为创新型人才的学生，要在实践中注意培养自己稳定的兴趣，使创造力永葆青春。

三、创造力开发的外部条件

外部条件主要包括社会条件、环境条件和物质条件等三个方面。

（一）社会条件

1. 历史背景和社会状况

历史上，科学、技术、文化、艺术等各个领域创造性成果的大量产生，无疑受益于一定历史时期稳定的政治局面和安宁的社会状况。例如，活字印刷和火药都是在唐宋这样社会稳定的时期出现的。反之，在社会动荡时期，创造力的发挥就受到了很大影响。在两次世界大战期间，诺贝尔奖获奖者和候选人在世界权威性学术刊物上发表的论文也比之前或之后明显减少。由此可见，历史背景和社会状况对创造力开发具有重要的意义。

2. 社会风尚和社会舆论

奥斯本说："创造力是何等娇嫩的一朵鲜花，赞扬能让她盛开怒放，而泄气则常常使她在蓓蕾之中夭折。"社会风尚会对人们的思想和行为产生潜移默化的影响。良好的社会风尚能极大地调动社会成员的创造积极性。在形成良好社会风尚的过程中，社会舆论起着重要的导向作用。如果创造发明家的事迹得不到应有的宣传，他们在创造发明过程中付出的艰辛鲜为人知，长此以往，将不利于创造力开发。

3. 社会事业与社会活动

创造力开发可以从组建专门机构和开展各类活动两个方面进行。专门机构主要有三类：第一类是创造教育与训练机构，如我国各大高校普遍成立的创新创业学院、日本的星期日发明学校等；第二类是咨询与开发机构，如我国各地成立的省或市级创造学会、创造发明协会、创新方法学会等，还有日本创造工程研究所和创造力开发研究所、中国的上海市创造工程研究所等，这类机构主要提供创造力开发方面的咨询服务，同时也开展多种形式的培训活动；第三类是研究机构，如我国教育部高等学校创新创业创造研究与发展中心、美国纽约州立布法罗大学国际创造力研究中心等，主要开展有关创造力和创造性思维的实验、测试和专题研究。

开展创造力开发的社会活动也能推动创造力开发，如我国各级各类青少年科技创新竞赛活动、中国创造学会关于创新创业创造教育的征文活动，又如美国学者托兰斯于 20 世纪 80 年代初期发起并组织了一次主题为"2010 年展望"的少年儿童征文，该活动有效地促进了青少年的创造力开发工作。

4. 法律保护和政策保证

法律保护和制度建设是创造力开发得以长期开展的保障。法律保护不够，还需要制定有关政策补充完善。例如，创造教育虽然已在不少地方和学校开展起来，但在升学制度和人事制度中未能把创造力作为必要因素来加以考虑。20 世纪 80 年代后期，苏联学者沃尔科夫在中学建立了"创造证明书"制度，把学生在校期间的创造成果用证书的形式予以记录并证实，学生毕业时则把创造证书和毕业文凭一同转送给接收单位。

总之，如果具备稳定的社会状况、良好的社会风尚，积极开展相关社会活动，加强政策保障机制，创造力开发就会取得显著的成效。

（二）环境条件

1. 家庭环境

人大多是在家庭环境中接受最初的教育，创造力的萌芽也大多是在家庭环境中得到开发的。家庭环境对创造力的影响通常是经由两个途径进行的：一是先天的遗传，二是后天的潜移默化和教育训练。

2. 师承关系

师承关系原指由师傅和徒弟组成的、技艺上一脉相传的体系。师生和师徒关系对创造力开发的有利影响主要可以从两个方面体现出来。首先是"名师识高徒"，高明的教师能够发现学生的能力和潜力。植物学教授亨斯洛看到达尔文具有非同一般的观察能力和思考能力，就全力举荐他参加贝格尔号舰的科学考察，为达尔文日后创立进化论提供了必要条件。其次是"名师出高徒"，高明的教师可以通过知识传授、思维训练和方法指导，培养出具有高创造力的学生。有人统计过诺贝尔奖获得者的师承关系状况，发现半数以上的获奖者曾经接受过高明教师的指导，凡接受过高明教师指导的人的获奖时间比跟随一般教师学习的人平均要早，说明了师承关系对创造力开发的重要作用。

3. 工作群体

每个人都要在一定的群体中工作。即使是个别创造者的独立创造活动，往往也离不开其他人的帮助和影响。有利于创造力开发的工作群体应具有合力效应和互补效应。

合力效应是指群体中的成员能够互相合作，互相激励，齐心协力，共同奋斗。互补效应是指群体中的成员充分发挥各自的特长，以此来互相弥补不足，从而达到取长补短、开发创造力的目的。总之，在一个能够产生合力效应和互补效应的理想工作群体中，个别成员和工作群体的创造力都有可能得到充分开发。

（三）物质条件

物质条件同创造力开发的关系是非常密切的。其一是生产力水平。生产力发展水平直接影响甚至决定创造成果的水平，如高技术的兴起的发展过程。从 20 世纪 70 年代开始，随着社会生产力水平急剧上升，电子信息技术、生物技术、新材料技术、新能源技术等快速发展，最终促使高技术作为一种先进的技术群和产业群迅速发展壮大，成为 20 世纪向 21 世纪转变中的一个重要主题。高技术正是 20 世纪晚期社会生产力上升促成的重大创造成果。其二是工具水平。所谓"工欲善其事，必先利其器"，工具越先进，创造成果往往越具有更大的价值。除电子计算机外，现代化的通信设备、办公设备、光学仪器、交通工具等，都能为创造者提供便利。其三是材料与工艺水平。创造活动，特别是产生物质性成果的创造发明活动，往往有一定的加工对象，因此，材料和加工技术、工艺水平也会对创造力产生重要影响。我们应当学会充分利用社会提供的物质文明成果，把创造力开发引向深入。

四、创造力开发的途径

（一）实施创造教育

李嘉曾教授认为："创造教育是通过传授创造学知识或运用创造学原理与方法，致力于开发受教育者创造力的教育思想、教育观念、教育原则和教育方法的总和。"狭义的创造教育包括创造学知识体系的教学与传授，创造力的培养、创造性思维的训练以及创造发明活动的组织与开展等。实施创造教育是一个系统工程，需要创造性的教师、创造性的教材、创造性的教学方法和管理方法、创造性的评价标准和考核方法等。所以，开展创造教育首先要开设创造学课程，并纳入人才培养方案中。

（二）开展创造性思维训练

创造性思维可以通过思维训练得到提高。如果想较快地提高自己的创造力，其捷径就是对创造性思维进行专门训练。创造性思维训练的内容，一是对创造性思维基本特征的训练，包括思维的敏感性、独特性、流畅性、灵活性、精确性和变通性；二是对创造性思维有效途径的训练，包括发散思维与集中思维、求同思维与求异思维、正向思维与逆向思维、横向思维与纵向思维等；三是对创造力相关因素的训练，包括观察力、记忆力和想象力等。

（三）开展创造技法练习

创造技法是创造过程中有效的创造性思维方式的模式化概括总结。可以应用头脑风暴法、列举法、联想法、设问法、TRIZ 以及工业工程的方法等开展练习，并应用设想处理模式对设想进行处理。

（四）开展创新创业活动

开展创新创业活动包括第一课堂和第二课堂。第一课堂创新创业活动是指在人才培养方案计划内的实践课程，如工程训练（金工实习）、认识实习、生产实习、毕业实习和课程设计等，包括结合课程开展的一些创造性的实践活动，如角色扮演、研究性学习等。第二课堂创新创业竞赛活动是指人才培养方案以外的科技与实践活动，主要包括思想政治素养和社会责任培养、实践实习能力和创新创业能力提升、文体素质拓展、技能培训认证等。目前，全国各类创新创业活动有 130 多个项目，如"互联网+"大学生创新创业大赛、"挑战杯"全国大学生课外学术科技作品竞赛、全国大学生机械创新大赛、全国大学生电子设计竞赛等。

（五）开展创造性人格教育

爱因斯坦说过："智力上的成就在很大程度上依赖于性格的伟大，这一点往往超出人们通常的认识。"一个人的创造力与他的人格特征密切相关，要想更有效地开发创造力，就应该注意培养自己的创造人格，如好奇心、思维和行动的独创性、思维和行动的独立性、丰富的想象力等。

（六）营造创造环境

1. 强化组织保障

学校成立创新创业教育中心或创新创业学院。创新创业教育中心或创新创业学院应组织实施各级各类大学生学科竞赛活动的组织与管理；负责学生参与学科竞赛的组织协调；负责大学生创业孵化基地组织申报与管理，以及拔尖人才培养。

2. 建设制度机制

制度机制包括教学计划、课程设置、激励机制、人才评价标准、第二课堂创新创业活动等方面的内容。学校成立以校领导为组长的"校创新创业教育与实践活动领导小组"和"校学科竞赛指导委员会"。制度机制建设是引导学生树立创造意识、训练创造性思维等的重要杠杆。

3. 建设教师队伍

百年大计，教育为本；教育大计，教师为本。开展创新创业教育必须要建设一支专职师资队伍。没有专职师资队伍，没有好的带头人和教学骨干，创新创业教育就失去了基础。所以，应像建设其他学科一样培养和造就学术带头人和骨干，建设好从事创新创业教育的教师队伍。

4. 建设物质环境

物质环境主要包括：进行创新创业研究的实验设备、创客空间、学术交流场所、图书馆信息环境、人文环境、必要的经费（如设立专利基金、设立创新创业竞赛基金）等。物质环境建设是培养创造性人才的客观条件和物质保障。

五、安徽工业大学创造力开发实践案例

安徽工业大学的前身是创建于 1958 年的马鞍山钢铁工业学校；1985 年更名为华东冶金学院，隶属于原冶金工业部；1998 年划转安徽省，实行"中央与地方共建，以安徽省管理为主"的管理体制；2000 年经教育部和安徽省人民政府批准，华东冶金学院和安徽商业高等专科学校合并，组建安徽工业大学。长期以来，学校坚持立足安徽，面向全国，服务地方，服务行业的办学定位，致力于培养实践能力、创新能力和社会责任感强的应用型高级专门人才。经过 20 多年的探索，建立了以创新创业能力培养为中心，以"创新能力培养试点班"为示范，以"创造学与创新能力开发"系列课程教学为抓手，以创造性思维训练为核心、创造性人格培养为根本、创新性实践为路径、掌握创新方法为重点，以优化培养方案为依托，以强化机制为保障，面向全体学生的创新能力培养体系，学校形成了"理论引导、试点引路、整体推进，突出创造意识启迪，强化动手技能训练，注重创新性成果评价"的创新能力培养特色。

（一）研究创新能力理论模型，明确大学生创新能力培养总体思路

依据创造理论研究成果，以"创新能力 $=K\times$ 创造性 $\times$ 知识量"为指导，我们结合学校多年来大学生创造能力培养的实践经验，抽象出具有普适性的简约化的创新能力理论模型：

$$创新能力 =K\times(创造性思维+创造性实践+创造性人格+创造方法)\times$$
$$(基础知识量+专业知识量)$$

大学生创新能力培养总体思路：探索将掌握专业知识、涵养人文精神、强化实践能力、开展创造性培训、中西医健康知识有机结合为中心内容，以训练创造性思维和培养创造性人格、中医药养生为着力点，以"培养创造意识、应用创造方法、实践创新过程"为主线，对人才培养模式的改革进行整体性研究与实践探索。

（二）大学生创新能力培养的实施路径

1. 调整课程结构，优化人才培养方案

将现有人才培养方案学分精简到 170 学分。在培养方案中增设"创造学与创新能力开发"必修课（2.5 学分）以及第二课堂创新创业实践必修环节（4 学分）。

制订创新能力试点班培养方案。试点班每年面向全校招生 140 人。在现有各专业培养方案的基础上，开设创造学与创新能力开发（2.5 学分）、创造技法（1.5 学分）、发明与专利（1.5 学分）、发明案例分析（1.5 学分）、TRIZ 的理论与方法（1.5 学分）、创造心理学（1.5 学分）六门必修课程，共 10 学分；增加人文素质教育模块（10 学分）必修课程，参加 6 个以上创意作品或学科竞赛活动。

2. 以创造学与创新能力开发教学为抓手，突出启迪创造意识

为了让学生了解创造活动的一般规律、特点和方法，加强创新能力培养的课程建设，开发教学内容，改革教学方法，培养学生对创新的敏感性和自觉性。

一是依据创造学原理，学校建设了融技术、人文和实践于一体，涵盖自然科学、社会科学、思维科学和创造学科等理论知识和创新实践的"创造学与创新能力开发"课程。系统传授创造学方面基础知识，使学生了解创造力及其开发原理、创造性思维及其训练方法，熟练应用创造原理及其技法解决实际应用中的问题。

二是在课程教学中，学校注重创造性思维的训练，加强案例教学，创设"启发—讨论—训练"互动式课堂教学模式，激发学生创新欲望，培养学生不断探索的意识。

三是结合创造学与创新能力开发课程教学，开展"五个一"创新实践活动，即要求学生"每日一设想，每日一观察，每周一交流，每学期一创意，每人一项专利"，让创新活动走到学生身边，走进学生生活中不方便之处，以启迪学生的创造意识，培养学生的创新习惯。

四是结合课程内容开展"日新月异""创新的价值"每学期一次的创意竞赛，坚持培养学生的创新行为和动手能力。

五是学习知识产权与专利文件撰写，要求学生了解知识产权、有关专利的国际条约等内容，学会专利文件撰写。

该课程于 2001 年开始在创新能力培养试点班开设。自 2006 年开始，将该课程列入全校必修课，2007 年获省级精品课程，2013 年"大学生创新能力开发"被选入国家级精品视频公开课，在全国高校推广，标志着该课程达到国内先进水平。

3. 以创造学系列课程为载体，开展创造性思维训练

以创新能力试点班为平台，六个学期分别开设创造学与创新能力开发、创造技法、发明与专利、发明案例分析、TRIZ 的理论与方法、创造心理学六门课程，同时坚持"每日一设想，每日一观察，每周一交流，每学期一创意，每人一项专利"的"五个一"创新实践活动，通过"每周一交流"督促学生完成"每日一设想，每日一观察"，长期坚持，由"显意识行为"转变为"潜意识行为"，使学生对观察、设想、改进形成"路径依赖"。

结合创造学系列课程，要求学生开展创造性基本特征练习，如思维的敏感性、独特性、流畅性、灵活性、精确性、变通性。开展创造性思维有效途径练习，如发散思维与集中思维、求同思维与求异思维、正向思维与逆向思维、横向思维与纵向思维。开展创造性思维基本形式训练，如逻辑思维、形象思维、灵感思维、直觉思维。创造性思维相关因素练习，如观察力、记

忆力、想象力等。

4. 第一课堂与第二课堂有机结合，培养创造性人格

第一课堂加强思想政治理论课、人文素质教育课教学，夯实学生创造性人格基础；第二课堂坚持常年开展"读百部名著、观百部名片、唱百部名歌"人文素质教育活动和各类科技文化活动、社会实践活动，着力培养学生创造性人格。要求每位学生养成写观后感、读后感，以及多阅读、多思考、多交流、多做笔记的习惯，并建立考核评价机制。

5. 运用创造技法，掌握创新方法

结合创造技法、TRIZ 理论及应用课程，要求学生学习头脑风暴法、缺点列举法、强制联想法、设问法等 20 种创造技法，掌握 TRIZ 方法中的系统分析、冲突解决、物场分析等方法，提高解决复杂技术问题的效率。

6. 以创造性思维为指导，开展创新性实践

（1）优化第一课堂实践教学内容

学校结合学科、专业特点和校内外教学资源实际，构建了"三阶段支撑、六大类递进"的实践实训与创新实践教学内容体系（如图 2-2 所示）。第一阶段基础技能，包括工程训练+课程实验与认识实习；第二阶段专业能力，包括暑期顶岗实习/暑假社会实践+课程设计与生产实习；第三阶段创新实践，创新创业训练项目/自选课题+毕业设计与专利申请。

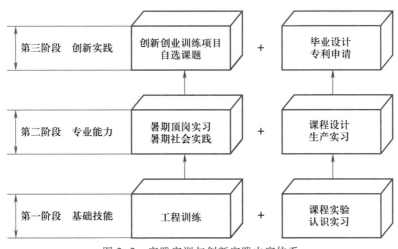

图 2-2　实践实训与创新实践内容体系

鼓励学生担任教师的"科研小助理"；要求学生毕业设计选题 70% 以上结合企业和社会实际问题，真题真做，培养学生的实践能力和动手能力。

（2）强化第二课堂创新创业竞赛活动

创新创业竞赛是培养学生观察问题、提出解决问题方案、培养实践能力和团队合作精神的平台。学校强化第二课堂创新创业竞赛活动的组织和建设。

一是全方位构建"4544"学科竞赛体系，即由 4 个阶段、5 个层次、4 种类别、4 种能力组成的全方位学科竞赛体系，如图 2-3 所示。

学校每年举办 110 多个各层级的学科竞赛活动，如挑战杯、数学建模、智能车、电子设计大赛、机械创新设计大赛等，参加学科竞赛活动的学生一万余人，学生通过参加学科竞赛，体

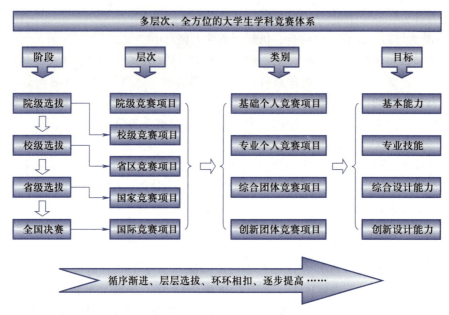

图 2-3　全方位学科竞赛体系

验创新过程，培养创新能力。

二是实施"四个结合"，提升学科竞赛内涵"四个结合"是指：

① 加强学科竞赛与创造性思维训练相结合。让学生学会运用创造技法进行方案设计，把学科竞赛作为培养学生创造性思维和创造能力的重要手段。

② 加强学科竞赛与实践教学相结合。结合各项学科竞赛，开放校院两级创新实践基地，学生在基地内动手设计与加工零件，完成竞赛项目。

③ 加强学科竞赛与科研项目相结合。学校鼓励教师吸收学生参与课题研究，让学生接受科研训练，培养创新能力。

④ 促进理论知识与实践知识相结合。通过综合类竞赛项目的训练，学生将所学的基础理论与专业应用知识结合起来，促进知识的系统整合、各门课程之间的知识贯通。

三是加强"四个互动"，促进学科竞赛提升完善。"四个互动"是指：

① 加强校院互动。校职能部门与学院既各司其职，又相互沟通、相互支持。

② 加强师生互动。充分发挥教师的主导作用和学生主体作用，师生共同研讨分析问题，激发学生的创造性思维。

③ 加强学生互动。通过学校学生科协和素质教育中心、各学院学生科协以及学生社会团体等促进学生之间的交流。教师注重对学生互动的引导，让学生之间的交流充满活力。

④ 加强跨学科互动。学校积极促进跨学科研究，如艺术、电子信息、经管专业学生与机械专业学生等联合组队参赛。

（3）实施国家级创新创业训练计划项目

学校以创新创业训练计划项目立项为抓手，大力实施大学生科研训练计划，形成了校级、省级、国家级创新创业训练计划相结合的项目体系。2019—2021 年，批准学生创新创业训练计划立项 2 000 余项，资助经费 1 000 万元以上，直接参与科技训练计划的学生近 14 000 人次。

（4）鼓励专利申请，让学生在创造发明中分享创新成果

学校每学期开设"发明与专利"选修课，每年暑假举办"大学生发明与专利社会实践队"培训班。要求学生结合"每日一设想"活动、各级创新创业项目、教师科研课题，设计新的技术方案，及时申请专利，培育专利保护意识和创新能力。

7. 改革教学方法，开展创造性课堂教学

以启发式教学和研究性学习为核心，探索实施"导入、自学、笔记、讲授、讨论、练习"课堂教学六步法，教师导学与学生自主研学相结合，发挥学生主体作用。挖掘专创结合内涵，即根据各专业、各门课程的性质、特点，结合案例，研究创造者的创造过程、创造性思维的特点、规律和应用的方法。坚持延迟评判原则，优化课堂教学氛围。

（三）强化机制建设，有效保障创新型人才培养方案实施

学校强化机制建设，不断完善组织、队伍、平台和制度，为学生创新能力培养提供有力保障。

1. 强化组织保障

学校成立以校领导为组长的"校创新创业教育与实践活动领导小组"和"校学科竞赛指导委员会"。各学院成立相应的"创新教育活动指导小组"，由教学副院长或相关负责人任组长，负责本院学生创新创业教育活动的日常组织工作，主持学生创新实践学分的初步审查、评定等工作。

组建工程实践与创新教育中心（创新教育学院），采用"两块牌子、一套班子"管理模式，设置创新教育部、先进制造实训部、机械基础实训部、创新实践科、教学秘书办公室，大学生创业服务中心和大学生萃智众创空间挂靠工程实践与创新教育中心（创新教育学院）。开展校级、省级和国家级创新创业训练计划项目的管理与考评工作，负责大学生创业孵化基地与管理。学校整体构建了创新能力培养的有效运行模式。

2. 强化教师队伍保障

通过加强对教师的激励政策，不断壮大创新创业课程教学及学科竞赛指导教师队伍，建立了一支老中青结合、校院结合的稳定的指导教师队伍。学校制定了《安徽工业大学教育教学成果（项目）奖励办法》和《安徽工业大学绩效工资实施办法（修订）》。教师开展学科竞赛工作也计入教学工作量；学校每年评选学科竞赛先进集体、学科竞赛优秀指导教师，并纳入职称评审条件和绩效工资考核，极大地调动了指导教师的工作积极性。

3. 强化平台保障

学校已建成以工程实践与创新教育中心（创新教育学院）为主体，结合各学院相关实验室实际，具有综合性、设计性、开放性、创新性特点的各类创新性实践平台100多个。各学院实验室根据各学科特点开展科研、学科竞赛等相关创新实践活动。

同时，学校也很注重校外实践基地建设。近几年，学校先后在钢铁行业和大中型企业建立校外实践基地110个。2013年，安徽工业大学与马鞍山钢铁股份有限公司合作，建立工程实践教育中心，获批国家级地方高校"本科教学工程"大学生校外实践教育基地。

4. 强化制度保障

学校制定和完善了若干制度，进一步明确了创新能力培养在学校人才培养工作中的地位和作用，明确了各级组织在创新能力培养工作中的职责及运行机制，明确了学生创新能力培养的

经费保障。学校先后制定了《安徽工业大学关于加强大学生创新教育的意见》《安徽工业大学大学生创新教育专项经费管理办法》《安徽工业大学学科竞赛管理办法》《关于试行科技（体育）竞赛项目奖励分类方案的通知》《安徽工业大学绩效工资实施办法（修订）》《安徽工业大学大学生创新创业能力学分转换课程学分管理办法（试行）》《安徽工业大学"第二课堂成绩单"制度工作实施办法》等管理文件，形成了一套比较完善的包括各类奖励办法和学科竞赛组织、培训辅导、工作量计算、学分认定等环节的管理制度。这些制度有效地保障了学生创新能力培养工作的顺利实施。

（四）致力改革，成果凸显创新之处

1. 思路创新，突出针对性和科学性

针对地方院校一般本科院校高等教育大众化的特点，在办学经费、教学资源和师资力量等要素相对受约束的情况下，基于创造学原理，依据创新能力形成的要素，对学生进行创造力开发和培训，不需要专辟场地和投入过多的经费，具有较强的科学性和普适性，可移植、推广。

2. 体系创新，突出实践性和系统性

学校构建的创新能力培养体系，将专业教育、人文教育和创造学教育相结合、拔尖人才培养与全面普及相结合、理论与实践相结合、工作运行与机制保障相结合等，体现了创新能力培养的实践性和系统性。

3. 课程创新，突出应用性和先进性

开设的创新教育系列课程由六门创造学相关课程组成，对创新人才的创造意识、创造性思维、创造性人格、创新方法、创造性实践等方面进行系列培养，融理论知识与实践训练于一体，内容深入浅出、应用性强，在国内为首创，其中"大学生创新能力开发"课程获评国家级精品视频公开课。

（五）久久为功，人才培养成效显著

将创新教育实践、创新教育课程等相对成熟的成果固化到学校人才培养方案中，形成学生创新能力培养长效机制，使全校学生受益；"大学生创新能力开发"国家级精品视频公开课面向社会开放。2016年学校被评为全国首批深化创新创业教育改革示范高校，2017年被评为全国创新创业典型经验50强高校。

1. 学生创造意识、创新积极性等明显增强

一是学生的创意、设想每年共计100多万条。二是各类创新教育实践活动的规模不断扩大，进入校内各类实践基地的学生人数快速增加，每年约有14 000人次。三是参加学科竞赛和创新创业训练计划项目的学生人数逐年增多。

2. 学生创新能力显著提高

一是学生自2016年至2021年共申请专利1 565项，获授权专利1 131项。有30多项专利技术成果转让给相关企业。二是学生在各类国内外大型竞赛中取得良好成绩。近些年，学生参赛项目、获奖人次逐年增加，获奖等级不断提升。学生创新能力的提高有效促进了创业能力的提升，涌现一批批创新创业优秀人才。

例如：高亚飞，2002届计算机专业，2007年创办了安徽浩翔农牧集团公司，担任董事长。现企业总资产达到8 000余万元，年产值12 000余万元。现任第12届全国人大代表，获"全国农村青年致富带头人"等荣誉称号。

陈传盛，2007届机械专业，在校期间申请专利12项，现在莱钢集团设备检修中心工作，结合工作岗位开展技术革新活动，授权专利46项，为企业创造综合效益1 000余万元，2018年获得全国青年岗位能手称号。

王香瑞，2009届机械专业，中国平煤神马集团六矿第一个"大学生采煤班"的班长。踏实肯干、主动要求下井钻探作业，精于技术革新。2012年获得共青团中央授予的全国青年岗位能手标兵称号。2014年被评为全国劳动模范。2015年获得全国五一劳动奖章。他所带的采煤班先后获"全国工人先锋号""全国青年文明号"等荣誉称号。

吴雪健，2013届冶金工程专业，在校期间申请专利34项，授权专利25项（发明2项）。2015年被评为中国大学生自强之星（提名奖）。2015年获得第十四届"挑战杯"全国大学生课外学术科技作品竞赛一等奖。2018年获得全国第四届工程硕士实习实践优秀成果奖。

3. 坚持不懈，创新成果社会影响不断扩大

（1）多家媒体纷纷报道

2006年《光明日报》以《安工大：一"高"一"低"天地宽》为题进行了专题报道。《科技日报》分别在2007年1月10日和2006年6月5日以《安徽工大创新教育解析》《创新·实践·成长》为题进行了专题报道。《人民日报》在2010年6月30日以《奋勇创新 永不停息》为题报道安徽工业大学学生的创新创业事迹。新华社在2012年9月以《"三步法"成就创造达人——安徽工业大学探索创新素质教育之路》为题的专电被国内外媒体纷纷转载，产生了较大的社会反响。《科技日报》在2012年10月1日以《创新试点班批量打造发明家》为题刊载安徽工业大学创新创业教育经验。新华网、人民网、搜狐网、中国科技网、《中国科学报》等媒体进行了转载。

（2）社会评价充分肯定

同行专家对安徽工业大学"创造学与创新能力开发"课程给予了高度评价，认为该门课程的建设在国内处于领先水平；教育部原副部长周远清教授，中科院严陆光院士和杨叔子院士、前日本创造学会会长徐方启教授、前北京师范大学校长钟秉林教授等专家学者来学校调研时，都对学校培养大学生创新能力的实践活动给予高度评价。

（3）相关成果不断推广

一是"大学生创新能力开发"课程入选国家级精品视频公开课，在全国高校推广。二是创新人才培养的"三步法"、"五个一"实践和"三百"人文素质教育活动，以及创造学模块课程，已被东南大学机械工程学院、安徽理工大学、合肥工业大学、上海电机学院经济管理学院、宁波职业技术学院、河北化工医药职业技术学院、浙江建设职业技术学院等院校借鉴。

（4）毕业生深受用人单位好评

近三年的毕业生跟踪调查显示：创新能力试点班90%的同学在企业中申请过专利。用人单位普遍认为安徽工业大学毕业生专业基础、分析、解决问题的能力，开拓创新能力"很好"或"较好"；95%以上的用人单位认为安徽工业大学毕业生不仅具有团结精神、吃苦精神和较强动手能力，还有创新精神。马钢公司的高层管理者说："安徽工业大学毕业生具有吃苦耐劳、勤奋好学的精神和解决实际问题的动手能力，有创新精神。"

（六）总结

在现有人才培养方案的基础上，依据创造学理论，学校提出了以"训练创造性思维、培养

创造性人格、强化创新性实践、掌握创新方法"为重点的创新创业能力培养思路。以"创造学与创新能力开发"全校必修课程为抓手，面向全体学生开展"每日一设想、每日一观察、每周一交流、每学期一创意、每人一项专利"的"五个一"创新实践活动，形成了"理论引导、试点引路、整体推进，突出创造意识启迪、强化动手技能训练、注重创新性成果评价"的创新能力培养特色。

学校以"创新能力试点班"为平台，校内外实践基地相结合，以"创造学与创新能力开发"等系列课程教学为载体，以第一课堂专创融合教学为主阵地，以第二课堂创新创业竞赛活动为抓手，以文化素质教育为核心，优化培养方案，以强化机制为保障，建立拔尖人才创新能力培养体系，促进学生创新创业能力的提升。学校开创了地方一般本科院校应用型拔尖人才创新能力培养新模式，培养了一批批创新创业能力强的优秀人才。

第三节　创造过程

创造过程是指个体从开始创造到产品落实的一段心智历程。

一、沃拉斯的创造过程四阶段说

1926 年，英国心理学家沃拉斯在前人的基础上，总结出至今仍享有盛名的创造过程四阶段说，即准备、孕育、豁朗、验证。

（1）准备阶段，创造者主要是发现问题，收集资料，整理分析。创造发展到了某种程度，创造者常会受到种种挫折，苦思不解。这一阶段称为饱和阶段，也称为"过度思考"阶段。这时可以将问题暂时搁置一旁。

（2）孕育阶段，又称酝酿阶段。创造者虽然将问题搁置一旁，不再有意识地努力，但其潜意识仍在围绕这个问题思考。在时间上，孕育阶段可能是短暂的，也可能是漫长的。创造者的观念仿佛是在"冬眠"，在等待突如其来的豁然开朗。这一阶段也称为"适当放松"阶段。

（3）豁朗阶段，又称明朗阶段。经过一个时期的孕育，在某个偶然的时刻，创造者突然出现"豁然开朗，一通百通"的境界。这一心理现象通常被称为灵感。

（4）验证阶段。在豁朗阶段所获得的灵感是否就是答案，或者说，新的方案是否具有新颖性，尚需经过验证，验证需要经过逻辑推敲和完善，并经过实践的检验。

当然，对沃拉斯的创造过程四阶段不可教条地理解，把一切创造成果的产生都纳入四阶段的框架之中，更不能认为顺序是固定不变的。在创造过程四阶段中，只有第一阶段和第四阶段可以鲜明地区分开，其他阶段在实际中很难划分。有的创造成果从问题提出到结果验证随即得到解决，没有明显的孕育阶段。

沃拉斯提出创造过程四阶段后，有许多心理学家通过实验对其进行了验证。最著名的是帕特里克的实验，她研究了 113 人，其中包括 55 名有成就的诗人和 58 名普通人，帕特里克与这 55 名诗人面谈 15 分钟到 1 小时，然后，要求受试者必须就所给的图画立即作诗，将思考过程和诗意尽量说出来以便记录。对 58 名普通人的实验是让受试者设计一个解决问题的创新设想。帕特里克将诗人作的诗和普通人的创新设想以及所花的时间分为四个部分，每一部分都将有关思想的改变、观念的再现、第一个草稿及修改等详细记录下来。同时，每位受试者需要填写有关问卷。两个实验的结果都支持创造过程四阶段说。

二、费邦的创造过程七阶段模式

费邦提出创造过程七阶段模式：期望、准备、操纵、孕育、暗示、顿悟、校正。

（1）期望阶段：创造主体面临问题时，期望得到问题解决的方法。

（2）准备阶段：类似于沃拉斯模式的第一阶段准备阶段。

（3）操纵阶段：创造主体积极地去查阅背景资料，找出最感兴趣、最能产生美感的想法。

（4）孕育阶段：类似于沃拉斯模式的第二阶段孕育阶段。

（5）暗示阶段：创造主体产生一种良好的温馨的感觉，它常出现在已接近得到答案的前期。

（6）顿悟阶段：类似于沃拉斯模式的第三阶段豁朗阶段。

（7）校正阶段：类似于沃拉斯模式的第四阶段验证阶段。

三、其他国外学者提出的创造过程模式

继沃拉斯以后有不少人又提出三阶段、四阶段、五阶段、六阶段、七阶段等创造过程模式。例如，苏联创造心理学家鲁克提出创造过程五阶段模式：（1）提出问题；（2）搜索相关信息；（3）酝酿；（4）顿悟；（5）检验。美国创造学家奥斯本提出创造过程七阶段模式：（1）定向；（2）准备；（3）分析；（4）设想；（5）孕育；（6）综合；（7）评判。

四、王国维的"三境界"创造过程

王国维在《人间词话》中描述的"三境界"与沃拉斯的创造过程四阶段说的第一、第二、第三阶段具有相当的一致性。其对应关系是：

（1）"望尽天涯路"的冥想境界，相当于"发现问题"的准备阶段；

（2）"消得人憔悴"的苦索境界，相当于孕育阶段；

（3）"蓦然回首"的顿悟境界，相当于豁朗阶段。

王国维的"三境界"中没有验证阶段。其实，有了前面的"三境界"之后，"第四境界"就会其"义"自现，取得创造的结果，即文学领域中的"情"、在科学领域中的"理"。

五、刘勰《文心雕龙》中的创造过程

刘勰在《文心雕龙·隐秀》中说："夫立意之士，务欲造奇；每驰心于玄默之表""恒匿思于佳丽之乡。呕心吐胆，不足语穷，锻岁炼年，奚能喻苦？""露锋文外，惊绝乎妙心""裁云制霞，不让乎天工。"其与创造过程的对应关系是：

（1）"立意""造奇"等同于"提出问题与知识准备"的阶段，属于第一阶段。

（2）"呕心吐胆""锻岁炼年"等同于"过度思考"阶段，也属于第一阶段。

（3）"驰心""匿思"可谓"适当放松"阶段，属于第二阶段。

（4）"惊绝乎妙心"等同于"灵感产生"阶段，属于第三阶段。

（5）"不让乎天工"等同于"验证阶段"，属于第四阶段。

六、创造过程的本质特征

海纳特认为，创造过程的本质特征是"紧张"与"松弛"的循环，即从"紧张"到"松弛"到"紧张"，再经过"松弛"阶段产生"灵感"。这是将"过度思考"与"适当放松"抽象为"紧张"与"松弛"。

本书认为，"紧张"可以进一步抽象为"动"；"松弛"可以再进一步抽象为"静"。创造过程的本质特征是"紧张"与"松弛"或者"动"与"静"的对立统一。"静"为"动"之本，"动"为"静"之用，存在不断循环的辩证统一关系。

本书认为，此处的"动"实可类比为静力学中的"变速运动"，此处的"静"也可类比为静力学中的"静止或匀速运动"。在进行创造性思维训练时，要充分考虑到"动"与"静"的对立统一关系。

第四节　创造力的分类、测评与评价

创造力的分类与测评

为了对创造力进行更深入的研究，许多学者根据创造力在不同领域的发展规律、不同创造者的个体差异，将创造力划分为不同的种类。由于不同研究者分类的依据或标准不同，其分类方案也各不相同。

一、创造力的分类

（一）创造力的五层次分类

美国心理学家泰勒根据创造成果的新颖程度和价值大小，把创造力分为五个层次。

1. 表达式创造力

表达式创造力是指少年儿童在日常生活中表现出来的创造力，如幼儿在语言表达、绘画或歌舞中表现的创造力。

2. 生产式创造力

生产式创造力是指生产过程中表现出来的一般创造力。

3. 发明式创造力

发明式创造力是指通过发明成果表现出来的创造力，如设计新产品、发明新工具等。

4. 革新式创造力

革新式创造力是指对旧事物进行较大的变革和创新所表现的创造力，如改革工艺流程、完成技术改造等。

5. 高深创造力

高深创造力是指在科学、技术、生产、文化、艺术等领域获得重大创造发明成果，产生深远影响的创造力。

在上述创造力的五个层次中，表达式创造力是基础，为以后各层次创造力的发展做好了必要准备。

（二）创造力的三层次分类

我国一些学者倾向于根据创造成果的价值和意义，把创造力分为三个层次。

1. 低层次创造力

低层次创造力是指仅对创造者本人的个体发展有意义，一般不体现社会价值的创造力。

2. 中层次创造力

中层次创造力是指具有一般社会价值的革新或创造发明所体现的创造力。

3. 高层次创造力

高层次创造力是指对人类和社会产生巨大影响、具有很大社会价值的创造发明所体现的创造力。

（三）马斯洛的创造力分类

美国心理学家马斯洛根据创造者的情况和创造力的作用，把创造力分为两种类型。

1. 特殊才能的创造力

特殊才能的创造力是指体现科学家、发明家、艺术家、文学家等杰出人物特殊才能的创造力，其创造成果对于人类社会来说是前所未有的。

2. 自我实现的创造力

自我实现的创造力是指普通人在创造活动中体现自身价值的创造力，其创造成果对于创造者自己而言是前所未有的。

（四）创造力的新颖程度分类

根据创造成果的新颖程度，把创造力分为两种类型。

1. 相对创造力

相对创造力是指创造者超越本人在某一领域具有新颖性结果的创造力。其创造成果对于创造者自己而言是前所未有的、首次获取的，其新颖性却是相对的，故称相对创造力。例如，一个小学生设计了一种带有 USB 接口的插座，经专利查新后，发现有人已申请过此项专利了，但对于这个学生来说，则是超出其原有认识水平的，表现出了相对创造力。

2. 绝对创造力

绝对创造力是指创造者超越前人在某一领域具有新颖性结果的创造力。由于其新颖性是绝对的，故称绝对创造力。例如，我国古代的四大发明，爱因斯坦创立相对论以及授权的发明专利等，其成果均属历史首创，都表现出了绝对创造力。

绝对创造力并非只为杰出人物所有。普通创造者在日常生活中的创造发明，也可能体现出绝对创造力来，"小项目"亦可以是绝对创造力的产物。

3. 相对创造力和绝对创造力的关系

从创造成果的新颖性来看，绝对创造力必然是相对创造力，而相对创造力不会是绝对创造力。

只有在不断开发相对创造力的基础上，才有可能开发绝对创造力。

相对或绝对只是对创造力所获取成果的新颖性的评价，并不涉及这些成果的科技、学术、经济和社会价值。换言之，即使是相对创造力，也可能产生具有极大科学价值或社会、经济效益的创造成果。

二、创造力的测评

人的创造力的高低可以采用一定的方法进行衡量或对比。目前国外比较流行的创造力测评方法大致有创造成果分析、专家评估和创造力测试三种，其中创造力测试最为常用。

创造力测试主要有人格检测、个体调查和创造力测验三种。

（一）人格检测

人格是人的性格、气质、能力等心理特征的总和。创造力人格检测是通过分析被测试者对一系列问题的选择性答案，判断其人格特征并推测其创造力的高低。

比较著名的人格检测有美国心理学家托兰斯等于1970年设计的"你是哪种人"测验和戈夫于1979年制定的"创造个性量表"。

"你是哪种人"测验根据被测试者从词汇表上选择的关键词来判断其创造力的强弱。经过统计分析，发现选择"好奇的""主动的""慷慨的"等词的人创造力较强；而选择"谦恭的""顺从的""殷勤的"等词的人创造力较弱。

戈夫的"创造个性量表"包含300个形容词，供被测试者自己选择。戈夫还总结出了可以区分创造力高低的30个词。其中，18个与创造力正相关，如"有才能的""聪明的""有信心的""幽默的""个人主义者""不拘礼节"等；12个与创造力负相关，如"谨慎的""平凡的""循规蹈矩的""兴趣狭窄的"等。

（二）个体调查

个体调查是指采用问卷、采访等方式系统调查被调查者的详细情况，掌握详尽的材料，经过分析研究，衡量或推测被调查者的创造力水平。

调查的内容包括被调查者家族史、父母和其他家庭成员、家庭经济状况、社会关系等背景情况；被调查者出生日期、童年状况、健康、学历、学习成绩、职业、专长、性格、爱好等本人情况；被调查者创造力的最早表现、首次创造成果情况、思维习惯、研究方向等与创造力有关的内容。也可以针对与创造力有关的某一方面进行深入调查，内容可涉及对某一门学科的兴趣、读书内容、与同事的关系等。

比较有名的个体调查是美国创造行为研究所的"阿尔法个案调查"和谢弗的"创造力个案调查"。

（三）创造力测验

创造力测验是指采用书面试卷的方式，由被测试者在规定时间内独立完成，再按照一定标准对答案评分，并根据得分情况来衡量被试的创造力高低。其中，吉尔福特的创造力测验和托兰斯的创造性思维测验较为常见。

1. 吉尔福特的创造力测验

根据吉尔福特的智力结构理论，发散思维的外在行为表现即代表人的创造性。他设计的创造力测验专门测试发散思维，所以亦称发散性思维测验。

吉尔福特的创造力测验的主要内容包括14个方面：词汇流畅性，概念流畅性，联想流畅性，表达流畅性，用途变通，比喻引申，用途列举，故事命题，结果推断，职业象征，图形组合，图形变化，火柴拼图，装饰设计。

创造力测验的答案将从流畅性、变通性和独特性三方面加以评定计分。

2．托兰斯的创造性思维测验

根据托兰斯的理论，创造性思维是创造力的核心，创造性思维的基本特征主要为流畅性、灵活性、独特性、周密性等。因此，对创造力的测验即可集中表现为创造性思维上述特征的考核。托兰斯的创造性思维测验通常由三套试卷、十二类测试题型组成。

第一套为词语测验，有七类测试题型：第一类至第三类为提问和猜测，第四类为物体改进，第五类为用途变通，第六类为非常问题，第七类为假设推断。

第二套为图形测验，有三类测试题型：第一类为根据给定的图形添加内容画出有趣的故事，第二类为将给定的简单线条和图形组成物体略图，第三类为根据给定的平行线段或图形画出各种图画。

第三套为有声音刺激的言语测验，有两类测试题型：第一类为声音想象，第二类为象声词想象。这套测验需要用录音、录像提供引导语和声音刺激。

3．弗拉纳根智巧测验

该测验是测量发明或以巧妙及简捷的方法解决问题的能力。

弗拉纳根认为创造与智巧有别。创造是首创前所未有的事物，智巧是一种解决问题的能力。创造必须包括以下三种条件：第一，解答必须是有实用性的，是对实际问题的解答；第二，解答不但合乎条件，而且巧妙，与众不同；第三，解答必须兼顾逻辑与巧妙，以解决特殊问题，根据逻辑与机械方法所得到的解答不算是智巧的解答。

弗拉纳根还拟定了测验题命制的六项标准。

4．欧文斯机器设计创造力测验

该测验通过设计者能够了解设计问题的性质，并能创造一种巧妙而又有实用价值的机器来衡量人的创造性。它包括力源器械测量和机械应用测量。

创造力测验
试题选编

5．创造性人格测验

该测验通过独特人格的表现来衡量具有创造倾向的人才。它包括卡特尔十六种人格因素问卷、奥尔变态等价值观念研究、类型指南等测验。

三、创造力的评价

创造力的评价包括对创造成果的评价和对个体创造能力的评价。

第一，创造成果要具有新颖性，在此基础上，评价创新成果要考虑创新成果的性价比、价值和理想度。

创新成果性价比是指性能与价格之比，即 $I = F/P$，式中，I 为性价比，F 为性能，P 为价格。性能体现在产品的功能和质量两个方面。

创新成果价值是指产品物美价廉的程度。该评价是为实现功能最好、成本最低的解决办法。

创新成果理想度是指系统的功能与所耗成本之比，理想度比值越大，表明理想度水平越高。可以参照 TRIZ 矛盾矩阵中的通用工程参数对功能的定义，并结合模糊计算方法计算出具体功能的值，以便理想度的计算。

第二，个体创造能力目前主要是通过"创造力测试"来进行的。值得提出的是，目前尚缺乏有关智力测试的理论基础。如何评价一个人的创造能力成为当代创造学研究的主攻方向之一。

第五节　大学生创新能力评价指标体系与评价方法研究

大学生创新能力评价指标体系与评价方法研究为 2015 年安徽省重大教学改革项目。该项目研究梳理国内外专家学者创新能力测评研究的成果，提出评价体系构建指导理论，设计大学生创新能力评价指标体系和评价方法，并运用何种评价方法对大学生创新能力进行综合评价。

一、国外创新能力结构理论综述

（一）吉尔福特的创新能力结构理论

由于创新能力的实际心理结构极其复杂，很难用一个单纯的定义涵盖其全部内容，由此，创新能力的结构理论应运而生。创造力的概念是吉尔福特在 1950 年首先提出的。对此，德国心理学家海内尔特曾评价说："吉尔福特提出的创造力概念可以看作是对先前各种观点和解释的成功总结。"

吉尔福特在早期的心理学研究中，就对传统智力测验评估人的才能的做法存有异议。他认为，智力测验不应忽略创造性，因为，创造性思维和创造性生产似乎是智力达到较高水平的标志。到 20 世纪 40 年代，受实业界掀起创造力开发热潮的启发，吉尔福特开始涉足创新能力的心理学理论研究，不仅提出了一些关于创新能力的基本假设，在研究方法上也做出了独特贡献，其具体内容也甚为丰富。

吉尔福特形成了智力及其成分的一般理论模式。该模式将人类智力分为运演、内容和产品三个心理维度，共 16 个类别。

第一个心理维度是运演，即加工处理原始信息的心理过程，包括五种心理操作方式，它们是认知、记忆、发散性加工、收敛性加工和评价。

第二个心理维度是内容，即原始信息的具体内容，包括五种信息内容，它们是视觉、听觉、符号、语义和行为。

第三个心理维度是产品，即智力活动的结果，包括六种产品，它们是单位、门类、关系、系统、转化和含义。

每一维度中的任何一项，同另外两个维度中的两项结合，就可构成一种智力因素，这样就可产生 30 种认知因素、30 种记忆因素、30 种发散性加工因素、30 种收敛性加工因素、30 种评价因素，即组成为 150(5×5×6) 种能力或功能，每种能力都是三维的。

（二）托兰斯的创新能力结构理论

吉尔福特的著名演说《创造力》一文发表后，美国学术界掀起了研究创新能力的热潮，出现了十余个科研机构。在创新能力结构理论上，托兰斯、帕内斯和斯坦都对吉尔福特的理论有所发展。下面仅就托兰斯的贡献进行分析和讨论。

托兰斯在创新能力的测量和评估方面辛勤耕耘几十年。20 世纪 60 年代，托兰斯在吉尔福特理论基础上建构其创造思维操作测验，即 TTCT。衡量创造性思维品质的指标主要是发散性加工能力，即思维的流畅性、灵活性、独特性，以及他增加的精细性。该测验被许多国家广泛使用，1980 年，一份 TTCT 测验的目录累积收录了 1 000 多篇有关这套测验的文献。这时托兰斯认识到原有测评标准的局限性，并大大扩展了他的研究视角和范围。受斯佩利关于大脑两半球功能特化理论启发，他编制了"声音和表象测验"和"人类信息处理测验"。在《评估创造潜力的新范围》一文中，他指出："只是在最近，学者们才普遍意识到人类的重大创造性成就涉及超出理性思维，而不是与理性思维相反，只是在它的领域之外的思维。"

（三）阿玛布丽的创新能力结构理论

哈佛大学教授阿玛布丽的研究侧重影响创新能力的社会环境因素。其代表作为《创新力社会心理学》（1983），再版时更名为《情境创造力》（1996）。阿玛布丽提出了创新能力结构理论。该理论以其对日常经验的概括和提炼而形成的 10 条基本假设为前提，依据基本假设而将其自成体系的创新能力结构概念加以展开，即构成为其创新能力结构理论的主要内容。

阿玛布丽的创新能力结构模式有三个组成部分，即：领域技能（domain-relevant skills）、创造技能（creativity-relevant skills）和工作动机（task motivation），如表 2-1 所示。

表 2-1　阿玛布丽的创新能力结构模式

能力结构	领域技能	创造技能	工作动机
主要内容	1. 该领域的知识 2. 基本技能 3. 特殊才能	1. 认知风格 2. 工作方式 3. 运用创造方法的能力	1. 对工作的基本态度 2. 从事该工作理由的认知
影响因素	1. 先天素质 2. 正规和非正规教育 3. 社会实践	1. 训练 2. 创造实践 3. 个性特征	1. 内在动机初始水平 2. 环境约束的强弱 3. 降低外部干扰强度的能力

其中，领域技能是创造个体在某一领域进行创造的背景材料，包括掌握该领域的知识、基本技能和特殊才能，如画家对色彩的辨别能力，科学家在想象中完成思想实验的能力。创造技能主要依赖一个人的个性，同时也依赖与领域训练有关的认知风格、工作方式，以及在过程中发展起来的创造方法。创造技能是对创造水平具有最直接影响的方面，只具有领域技能的人可以成为科学家，却不能成为有创造性的科学家。工作动机包括内在动机（即对工作的基本态度）和外在动机（即在特定情境下个体对自己从事该工作的理由的认知）。内在动机是个体在评价工作与自己的兴趣匹配程度时形成的，外在动机的形成与外部环境对这一工作的各种约束的强弱有关，也与个体抵御外部约束的能力有关。

（四）斯腾伯格的创新能力结构理论

斯腾伯格是美国近几十年来对创新能力研究卓有成效的心理学家。斯腾伯格利用自然科学实证方法与社会科学调查统计等方法的结合而建构起他的理论框架。

根据调查统计的结果，斯腾伯格在他的智力三元理论的基础上，提出了智力、认知风格、人格特征/动机三位一体的创新能力三维模型结构。

（1）创新能力的智力维度

创新能力的智力维度包括成分智力、情境智力和经验智力三方面。其中，成分智力是核心。

① 成分智力（componential intelligence）

成分智力指的是智力诸要素中那些与个体内部精神活动相联系的方面，故又称与内部世界联系的智力。

② 情境智力（external intelligence）

情境智力或称与外部世界联系的智力，是指个体与环境相互作用时表现出来的改变环境以适应自己，或改变自己以适应环境，而达到生活需要的实用性智力。情境智力包括三种情境功能：适应现存环境、改造现存环境和选择新环境。

③ 经验智力（experiencial intelligence）

经验智力或称与经验联系的智力，是指个体善于运用经验，形成新观念，对新事物处理时能迅速进入新情况，且能表现出较高的工作效率的能力。

（2）创新能力的认知风格维度

创新能力的认知风格，是指导一个人在思维和活动中使用智力的方式。一定智力水平对创新能力来说是必要条件，但不是充分条件。斯腾伯格指出，认知风格是联结智力和人格这两方面的桥梁。

（3）创新能力的人格特征/动机维度

斯腾伯格在研究中发现，下面这些人格特征相对其他特征来说，更有助于创造行为的产生，即：① 容忍悬而未决的情境；② 克服困难的意志；③ 成长的意愿；④ 内在动机；⑤ 中等程度的冒险精神；⑥ 愿意为得到认可而努力工作。

以上这些特征，并没有完全穷尽创造性人格特征的全部；而且，每一创造个体也无须具备所有这些特征。但是在创造性个体身上，人们的确更容易发现这些特征。

二、大学生创新能力测评方法

创新能力是一种极其复杂的能力，创新能力测评方法也处在发展中。目前，创新能力测评方法大体可划分为三种：创新能力测验、产品分析和主观评估。

（一）创新能力测验

尽管创新能力测验比智力测验要复杂得多，但与产品分析和主观评估相比，还是较容易控制的一种方法，且适用范围广，结果易于统计。创新能力测验又可分为人格测量、个案调查和行为测量三类。

① 人格测量是指通过测验人格的方法来推测其创新能力水平。② 个案调查是通过测量、访问、谈话等方式，系统研究一个人的生活史，从而衡量其创新能力形成和发展过程的特点。③ 行为测量是通过一些操作性的题目来测定其创新能力水平。

（二）产品分析

产品分析主要是通过分析产品的创造性水平或通过他人对该产品的创造性水平的评价反映，直接或间接地衡量产品设计者的创新能力。

（三）主观评估

主观评估是通过个人和群体观察者，对研究对象的个性品质和产品的主观判断来评估其创新能力。

三、创新能力测评的意义和存在的问题

迄今为止，创新能力测评仍然是评估创新能力开发训练效果的较客观的方法，而且，创新

能力的理论研究也需要运用这一方法，将其作为提供经验资料的实践基础，因而无论从理论还是实践来看，创新能力测评都具有重要意义。但它也存在明显的问题，研究者们对它也有一定的争议。

（一）创新能力测评的意义

首先，从理论意义来说，创新能力测评是创新能力理论研究的直接检验。从这个意义上看，创新能力测评是衡量一个理论体系的科学性工具或手段。

其次，创新能力测评的实践意义表现在两个方面：一方面，有利于较早地在儿童和年轻人中发现富于创造性的人才；另一方面，创新能力测评研究对创新能力开发活动也具有重要意义。

（二）关于创新能力测评的问题

综合来看，可以将问题概括为两个方面：一方面，创新能力理论不成熟带来的问题，创新能力理论研究薄弱和创新能力概念的混乱，使创新能力测评的研究也难以深入；另一方面，创新能力测评方法带来的问题，通常编制的心理测验量表，往往牺牲了创造过程的一般属性。

（三）测评效度问题

测评效度问题是创新能力测验的难点。一些专家认为，个体是非常复杂的有机体，绝不能简单地认为取得创造性成就的人一定具有许多与众不同之处。

四、关于创新能力测评理论研究的问题

创新能力测评研究的发展前景，既依赖于创新能力测评的理论研究，也有赖于创新能力测评实施方面一些具体问题的解决。

（一）关于创新能力测评的理论研究

创新能力测评的发展，最关键的还是需要有较完善的创新能力理论体系，并在此基础上进行创新能力测评的理论研究。

（二）关于创新能力测评的具体实施

根据测评的目的不同，有必要采用不同的测评方式。例如对创造潜力的测评，应以人格测量为主（如一般人格、创造动机的测评），但也包括情感、智慧的测评，同时进行操作性测量，对其创造技能作出评估。此外，还应进行能力倾向或专业技能方面的测评。

五、创造性人格的特征及内涵

创新能力是创造主体的内在特质与外在表征的统一。人们在早期的档案、传记研究中发现，那些天才人物不仅智力过人，而且具有独特的个性，于是关于创造性人格的问题也就成为揭示创造奥秘必不可少的内容。

（一）关于有创造性成就人群的调查研究

巴伦根据自己的研究和对以往研究的总结，归纳出科学家的十种共同特征：情绪稳定、独立、控制冲动、超越的能力、抽象思考、自我控制和强烈的意见、拒绝从众、人际关系较远、对提出预见极感兴趣、喜欢秩序也接受矛盾和例外。

（二）关于创造性人格的约定俗成观点的调查研究

托兰斯调查询问了 87 名教育家，要求每人提出儿童的五种创造性行为特征，然后将这些行为特征按出现频率高低排序，如表 2-2 所示。

表 2-2 对儿童的创造性行为特征的调查统计

排序	行为特征	频率
1	好奇心强、不断提出问题	68%
2	思维和行动的独创性	58%
3	思维和行动的独立性，个人主义，自足	38%
4	想象力丰富，喜欢叙述	35%
5	不随大流，不依赖集体的公认	28%
6	探索多种关系	17%
7	喜欢做实验	14%
8	灵活性	12%
9	顽强、坚韧	12%
10	喜欢虚构	12%
11	对错综性事物感兴趣，喜欢用多种思维方法探讨复杂事物	12%
12	耽于幻想	10%

（三）科学家与发明家创造性人格特质的差异

由于领域的性质不同，科学家与发明家尽管同样具有创造性人格特征，但在自我意识、认知风格、情感气质、内在动机等人格特征上也存在许多差异。

1. 自我意识

科学家需要全面系统掌握本领域科学知识，必须受到良好的高层次的专业教育和训练，才能为创造打下基础。发明家则大都从实践中学习，甚至靠自学补充知识，所以发明家的成功道路一般更坎坷，他们在学业上的自信不如科学家，但曲折不平的创造之路使他们更具坚韧性，因而对整个人生充满了自我肯定的信念。

在罗斯曼的研究中，发明家把坚韧性排在最重要位置。他调查分析了 710 名发明家认为成功应具有的特征，结果表明，坚韧不拔是最重要的品质，之后才是想象力，以及知识和记忆力，具体见表 2-3。这说明，发明家面对复杂的社会环境，经常失败多于成功，一些非智力因素（如意志品质）比智力因素所起的作用更大。发明家的发明有时并不需要高深的理论研究，却需要综合地审视社会，创造性地解决各种复杂问题来满足社会需要。

表 2-3 发明家应具有的人格特征

序号	特征	赞同人数
1	坚韧不拔	503

序号	特征	赞同人数
2	想象力	207
3	知识和记忆力	183
4	办事能力	162
5	独创性	151
6	常识	134
7	分析能力	113
8	自信	96
9	敏锐的观察能力	61
10	机械方面的能力	41

2. 认知风格

在认知风格上，发明家更灵活，科学家更严谨。发明家要有"用手去想"的技能，即思维的外化，通过具体的图纸、模型、产品来表达其思维，一个个构件、材料都是其思维的要素。科学家有时也要用模型，但更抽象、更严谨，往往需要用数学模型。

3. 情感气质

科学家面对客观世界，需要冷静的情绪，客观和公正的态度，与繁杂的人际社会的联系较为间接。而发明家的创造成果要成为商品直接推向社会，与人际社会的联系更直接紧密。所以，科学家性格更内倾，发明家更为外倾。陈昭仪调查认为，发明家大多数为内、外倾均衡的稳定型；卡特尔的研究则表明，科学家中内倾者较多。

4. 内在动机

科学家的研究与社会大众往往不直接关联，许多课题来自理论和实验的需要，对社会的影响也多是间接的，因而他们的创造也多出自内在动机的需要。发明家则不然。发明家必须首先考虑其发明能否推向社会成为商品，有的发明家前期考虑什么能赚钱就发明什么，到后期才脱离纯赚钱的考虑，而专职研究发明。有的发明家前期按自己的创意去发明，后来发现其发明不一定被市场所接受，经摸索后才修正方向。

讨论科学家与发明家人格特征差异的启示是：在培养创造性人格问题上，不能用一种模式要求所有的人；不同领域创造者的人格特征各有千秋，这是由不同的工作性质所决定的。

六、大学生创新能力评价指标体系及评价方法

（一）国内大学生创新能力评价指标体系及评价方法综述

国内著名创造学者李嘉曾教授，在开发大学生创造力方面坚持研究三十多年，取得一定成效。在测评学生创造性思维特征的基础上，总结了不同因素与创造力水平之间不尽相同的关系，明确了提高大学生创造性思维能力的努力方向。以创新强化班为试点，开设了一门新课"创造学"，同时在教学方法上进行改革，普及创造学知识，开展创造性思维训练，推广创造

教育，使大多数学生的创造力明显提高。为了给开发创造力的工作提供理论背景，参考美国心理学家托兰斯的创造思维操作测验，设计出适合中国学生的试卷，对学生的创造性思维能力进行测试。测验中，被评价学生创造性思维的主要特征为流畅性、灵活性和精确性，并得出以下结论：思维流畅性和灵活性的得分同创造性思维的总体水平密切相关。思维流畅性得分与创造性思维总成绩的相关系数为 0.742 1，思维灵活性得分与创造性思维总成绩的相关系数为 0.735 8。而思维精确性得分与创造性思维总成绩的相关系数只有 0.3 左右，表明思维精确性同创造性思维的总体水平关系不大。思维灵活性与思维精确性之间的相关系数仅为 0.245 4，表明两者之间大约不存在线性正相关的关系。

李嘉曾教授对拔尖人才基本特征与培养途径进行了探讨。提出拔尖人才理想的知识结构应由基础知识、应用知识和专业知识组成；能力结构应由自我完善能力、自我价值实现能力以及与他人协调能力组成。素质特征则可从共性和个性两方面来规范，前者包括德、智、体、美、劳等内容，后者包括识、悟、情等内容。培养拔尖人才的有效途径表现为以下三个方面：适应社会需求与引导全面发展，实行因材施教与强化个性特征，重视非智力因素与优化综合素质。

武汉理工大学王家祺教授在对大学生创新能力深入分析的基础上，设计了大学生创新能力综合评价指标体系。运用定性与定量相结合，以及专家评分和精确计算互为补充的多级模糊综合评价方法和改进的 AHP 法，建立了大学生创新能力多层次的分解评价模型；并通过实例进行检验，为综合评价大学生创新能力提供了一种更加系统、全面、可行的方法。王家祺教授借鉴多元智能理论，参考大学生创新素质的量质化评价指标体系，并遵循科学性、全面性、可操作性原则，设计了大学生创新能力综合评价指标体系及等级标准。其中，评估时间周期以 1 年为单位，评估得分实行百分制。将大学生创新能力的影响因素分成了四个指标，即创新学习能力、创新知识基础、创新思维能力和创新技能。创新学习能力可以用发现问题能力、信息检索能力、知识更新能力和标新立异能力四个二级指标来反映；创新知识基础可以用基础知识水平、专业知识水平、交叉知识水平和创新知识水平四个二级指标来反映；创新思维能力可以用直觉思维能力、逻辑思维能力、创新想象能力、批判思维能力和灵感思维能力五个二级指标来反映；创新技能选取创新活动成果、课题独特水平、课程设计质量和毕业论文质量四个二级指标来反映。评价方法采用设计评价指标集和设计评语集。王家祺教授设计的大学生创新能力评价体系，定量地全面分析大学生创新能力的现状、优势和劣势，克服了对大学生创新能力的评价采用定性分析方法的不足。

电子科技大学邵云飞教授和杨燕博士应用 TRIZ 方法构建大学生创新能力评价指标体系。TRIZ 理论体系中一个核心的概念就是最优理想解，应用 TRIZ 方法来求解出构建大学生创新能力培养质量评价指标的最优理想解，核心在于分析、确定问题的实质，然后应用 TRIZ 方法体系中的 40 条原理、TRIZ 算法等工具来解决具体的问题。界定的创新能力的培养质量包括知识积累、创新实践能力、创新素质三个方面。她借鉴国内学者马万民构建的高等教育人才培养质量评价模型 $Q = (A_0 + e_1 K) Kn$，将之迁移到大学生创新能力评价指标的构建中。模型中，Q（quality）表示创新能力的培养质量，A（ability）表示创新实践能力，A_0 表示创新实践能力常数，e_1（efficiency）表示知识积累创新实践能力效率系数，K（knowledge）表示知识积累，n（nature）表示创新素质。经过 TRIZ 方法改进后的步骤为：定义问题，界定系统，确定理想解，确定约束条件，最终克服约束，形成了大学生创新能力评价指标体系。

学者王凤科等运用层次分析法，将定性的东西进行定量评价，评价创新人才素质。学者沈兴全等参考日本学者稻田享太的创造性素质测试题，设计了用于评价中国理工科大学生的创新能力水平的试卷。学者彭美慈等编制了中文版批判性思维能力测量表。

（二）本书提出的大学生创新能力评价指标体系

国内创造学专家庄寿强教授经过多年的研究认为：创新能力 = K×创造性×知识量。结合学校多年来大学生创造能力培养的实践经验，本课程抽象出具有普适性的简约化的"创新能力"理论模型：创新能力 = K×（创造性思维+创造性实践+创造性人格+创新方法）×（基础知识量+专业知识量）。

评价方法采用层次分析法和模糊评价法综合评判。层次分析法（analytical hierarchy process，简称 AHP），是美国运筹学家萨蒂教授在 20 世纪 70 年代提出的一种定量和定性相结合的系统分析方法。他将复杂系统的问题所包含的各种因素划分为相互联系的有序层次，使之条理化，并根据定性的判断对同一层次因素的相对重要性给出定量的描述，再利用数学方法确定每一层次因素相对重要性权值，最后根据各个指标的数值及其权值，对所研究的问题做出综合评价。底层节点是影响结果的具体指标，称为"子指标层"；第二层为"指标类层"，它将若干相关的指标组织为一个类（或称为子系统）以反映在某个更大范畴的表现；顶层为"目标层"，它只有一个节点，表示了最终评价的结果。整个指标体系自顶向下每一层的指标所考察的范围逐渐缩小，指标也逐渐细化。在实际操作时，采用一定的评价方法就可以通过底层的各个细化指标计算得出顶层指标的评价值，即最终评价结果。模糊评价方法的基本思想是将影响评价结果的所有因素综合考虑，并为各因素分配一定的权重值，通过模糊矩阵运算，最后得出综合结果。

依据创新能力理论模型，本书建立了大学生创新能力评价指标体系。

一级指标共六个，包括创造性思维能力，创造性实践能力，创造性人格，创新方法运用能力，基础知识量，专业知识量。

在六个一级指标下设立二级指标。

创造性思维能力的二级指标共七个，包括逻辑思维能力，形象思维能力，灵感思维能力，直觉思维能力，发散思维能力，求异思维能力，逆向思维能力。

创造性实践能力的二级指标共五个，包括实验课程与实习实训质量，课程设计质量，毕业论文质量，创新创业项目质量，第二课堂创新创业实践活动获奖水平（包括发表文章、学科竞赛及专利授权等）。

创造性人格的二级指标共四个，包括创造者动机，创造者意志，创造者情感气质，创造者威廉斯创造力个性倾向测验。

创新方法运用能力的二级指标共三个，包括创新方法基础知识，创造技法运用频次，TRIZ知识及运用水平。

基础知识量的二级指标共七个，包括自然科学知识，跨学科知识，创造学知识，健康知识，外语知识，计算机知识，管理知识。

专业知识量的二级指标共三个，包括专业基础课程知识，专业课程知识与技能，就业领域专业知识与技能。

大学生创新能力评价指标体系与评价分值如表 2-4 所示。

表 2-4　大学生创新能力评价指标体系与评价分值

一级指标	二级指标	内容	评价等级标准				分值
			A（很强）	B（较强）	C（一般）	D（差）	
创造性思维能力	逻辑思维能力	具有形式逻辑、辩证逻辑思维方面的知识及运用能力	有主见,善于由此及里,以及归纳、演绎,抽象、概括（85~100）	运用概念判断推理概括能力较强（70~85）	能透过现象看本质,使感性认识上升为理性认识（55~70）	基本停留在感性认识基础上,不会推理、概括（<55）	
	形象思维能力	能借助具体形象展开思维过程,能从客观世界中获取知识并且运用想象	形象思维很丰富,善于借助图形、表格、音像、符号等将抽象的知识形象化（85~100）	具有创造性的形象思维,形象思维比较丰富（70~85）	能进行一些联想、想象,但缺乏新意（55~70）	形象思维较匮乏（<55）	
	灵感思维能力	能有意识地开展灵感思维活动,如针对要解决的问题有意识地苦思冥想、过度思考,以及人为放松思维	灵感思维活跃,善于苦思冥想、人为放松思维,常发奇想、充满创意（85~100）	灵感思维比较活跃,能苦思冥想、坚持不懈,突然领悟（70~85）	偶尔会突发奇想,但往往较肤浅（55~70）	灵感思维较差,缺乏之新思路（<55）	
	直觉思维能力	具有整体把握、直观透视、空间整合基础上进行的快速立体思维,能把握事物在复杂表象之下的内在关系	具有敏锐的观察力,对新事物能迅速识别和直觉判断（85~100）	观察力较强,能够较快地判断新事物、新问题（70~85）	对突然出现的新事物不敏感,不能引起思想共鸣（55~70）	对新事物置若罔闻,漠不关心（<55）	
	发散思维能力	具有从一点出发,向不同方向辐射,产生大量不同设想的思维能力	具有很强的发散思维能力,面对新问题能够流畅地产生大量特异性设想（85~100）	具有较强的发散思维能力,面对新问题能够产生较多的奇特性设想（70~85）	具有一般的发散思维能力,面对新问题能产生奇特性设想（55~70）	面对新问题提不出新的设想（<55）	
	求异思维能力	具有从同类事物（现象）中寻找不同之处的思维能力	具有很强的从同类事物中寻找不同之处的思维能力（85~100）	具有较强的从同类事物或现象中寻找不同之处的思维能力（70~85）	面对新事物不敏感,很难从同类事物或现象中寻找不同之处（55~70）	面对新事物提不出新的设想（<55）	

续表

一级指标	二级指标	内容	评价等级标准				分值
			A（很强）	B（较强）	C（一般）	D（差）	
创造性思维能力	逆向思维能力	具有不按照规常思路、或与自然事物（现象）的常见特征、一般趋势相悖的思维能力	具有很强的不按照常规思路、与自然过程相反的思维能力（85~100）	具有较强的不按照常规思路、与自然过程相反的思维能力（70~85）	面对新事物不敏感，很难提出与事物常见特征不同的思路（55~70）	面对新事物提不出新的见解（<55）	
	实验与实习实训质量	进行系统科学实验技术和实验方法训练后，具有科学实验能力和动手能力	能很强地开展实验、执行计划、解决实际问题（85~100）	能较强地开展实验、执行计划、解决实际问题（70~85）	能一般地开展实验、执行计划、解决实际问题（55~70）	不能开展实验、执行计划、解决实际问题（<55）	
	课程设计质量	掌握某一课程内容所进行的设计，包括达成课程目标所需的技术因素、程序以及进行构思、实现目标的过程	熟练运用创新技巧，设计水平很高，成绩优秀（85~100）	操作能力较强，水平较高，成绩良好（70~85）	达到创新教学规定的目标，成绩一般（55~70）	不能完成创新教学规定目标，成绩差（<55）	
创造性实践能力	毕业论文质量	能综合运用所学知识和技能，分析与解决工程实际问题，在实践中实现知识与能力的深化升华，具有创新意识和发明能力，具有严肃认真的科学态度和严谨实事的工作作风	毕业论文科学性极强，创新难度很高，成绩优秀（85~100）	毕业论文行文严谨，创新难度较高，成绩良好（70~85）	毕业论文创新度一般，达标，成绩一般（55~70）	毕业论文基本满足要求，不能完成学业、需继续学习，成绩差（<55）	
	创新创业项目质量	能自主完成研究项目的设计、研究条件准备和项目实施、研究报告撰写、成果（学术）交流等工作	创新创业项目成果达到很高水平，成绩优秀（85~100）	创新创业项目成果达到较高水平，成绩良好（70~85）	创新创业项目成果达到一般水平，成绩一般（55~70）	没有创新成果、创业成果差（<55）	

续表

一级指标	二级指标	内容	评价等级标准 A（很强）	B（较强）	C（一般）	D（差）	分值
创造性实践能力	第二课堂创新创业实践活动水平	第二课堂参加各级各类创新创业实践活动的获奖等级（包括社会责任感、发表文章、竞赛及专利授权等）	第二课堂课堂成绩单学分优秀（>12学分）	第二课堂课成绩单学分良好（>8学分且<6学分）	第二课课堂成绩单学分一般（>6学分且<4学分）	第二课堂课堂成绩单学分差（<4学分）	
	创造者动机	具有内在动机（即对工作的基本态度）或外在情境（即在特定工作情境下个体对自己从事该工作的理由的认知）	具有远大的理想和强烈的工作兴趣；个体抵御外部干扰的能力很强（85~100）	具有一定的人生目标，具有较强的工作兴趣；个体抵御外部干扰的能力较强（70~85）	具有一定的职业规划，具有较弱的工作兴趣；个体抵御外部干扰的能力一般（55~70）	对职业没有规划，工作兴趣较低；个体缺乏抵御外部干扰的意识（<55）	
	创造者意志	具有达到既定目标而自我努力的心理状态	具有坚韧不拔的品质和顽强的意志与毅力（85~100）	具有坚持不懈的品质和较强的意志与毅力（70~85）	有一定的拼搏意识和一定的工作毅力（55~70）	没有毅力，做事浅尝辄止（<55）	
创造性人格	创造者情感气质	面对客观自然界，具有冷静的情绪，能做出稳定的判断，保持客观公正的态度	个性单纯、率真又兼备复杂，适应性强。工作作风既灵活又严谨，事必躬亲，勤于动脑动手（85~100）	个性单一、适应性较强，适应性有严谨。具有能够动脑的工作作风（70~85）	个性呆板、适应性较弱，不够灵活。工作作风松散，不愿意动脑动手（55~70）	缺乏个性，适应性差，不够灵活。工作拖沓；做事不动脑动手（<55）	
	创造者威廉斯创造力个性倾向测验	威廉斯通过创造力量表测验过个人的一些性格特点、好奇性、想象力和挑战性）来测量个人的创造性倾向	成绩优秀（折合分值85~100）	成绩良好（折合分值70~85）	成绩一般（折合分值55~70）	成绩差（折合分值<55）	

续表

一级指标	二级指标	内容	评价等级标准				分值
			A（很强）	B（较强）	C（一般）	D（差）	
创新方法运用能力	创新方法基础知识	了解创造技法的基本概念。掌握头脑风暴法、联想法、列举法、设问法等技法的实施和设想处理。掌握 TRIZ 的基本知识，如系统分析、冲突解决，物场分析等。掌握工程方面的知识，如质量管理、设施规划、实验设计等	相关课程平均成绩优秀（85~100）	相关课程平均成绩良好（70~85）	相关课程平均成绩一般（55~70）	相关课程平均成绩差（<55）	
	创造技法运用频次	在解决问题时，具有自觉应用创造技法的倾向和意愿	能自觉地应用创造技法去解决遇到的问题（85~100）	能想到应用创造技法去解决遇到问题的（70~85）	有时能想起应用创造技法去解决遇到的问题（55~70）	从未想到应用创造技法去解决遇到的问题（<55）	
	TRIZ 知识运用及运用水平	在解决复杂技术或管理问题时，具有自觉应用 TRIZ 的倾向和意愿	在解决复杂技术或管理问题时，能自觉运用 TRIZ 去解决（85~100）	在解决复杂技术或管理问题时，能想到应用 TRIZ 去解决（70~85）	在解决复杂技术或管理问题时，有时候会想起应用 TRIZ 去解决（55~70）	从未想到应用 TRIZ 理论去解决复杂技术和管理问题（<55）	
基础知识量	自然科学知识	综合掌握数、理、化、生等自然科学知识	成绩优秀（85~100）	成绩良好（70~85）	成绩一般（55~70）	成绩差（<55）	
	跨学科知识	综合掌握哲学、政治、经济、法律等知识，以及文学，艺术、美学等文学艺术类知识	成绩优秀（85~100）	成绩良好（70~85）	成绩一般（55~70）	成绩差（<55）	

续表

一级指标	二级指标	内容	评价等级标准				分值
			A（很强）	B（较强）	C（一般）	D（差）	
基础知识量	创造学知识	掌握人类发明创造的机理、规律、方法、特点方面的知识	成绩优秀（85~100）	成绩良好（70~85）	成绩一般（55~70）	成绩差（<55）	
	健康知识	掌握中医、西医方面的健康知识	成绩优秀（85~100）	成绩良好（70~85）	成绩一般（55~70）	成绩差（<55）	
	外语知识	掌握听、说、读、写等外语知识	成绩优秀（85~100）	成绩良好（70~85）	成绩一般（55~70）	成绩差（<55）	
	计算机知识	掌握文字处理、软件应用、程序设计、上网等计算机知识	成绩优秀（85~100）	成绩良好（70~85）	成绩一般（55~70）	成绩差（<55）	
	管理知识	掌握管理方面的基本原理与基本方法	成绩优秀（85~100）	成绩良好（70~85）	成绩一般（55~70）	成绩差（<55）	
专业知识量	专业基础课程知识	掌握专业基础领域的基本原理、基本知识、基本方法	成绩优秀（85~100）	成绩良好（70~85）	成绩一般（55~70）	成绩差（<55）	
	专业课程知识与技能	掌握专业领域知识及学科前沿知识	成绩优秀（85~100）	成绩良好（70~85）	成绩一般（55~70）	成绩差（<55）	
	就业领域专业知识与技能	掌握工作岗位所需专业知识和技能	成绩优秀（85~100）	成绩良好（70~85）	成绩一般（55~70）	成绩差（<55）	

第二章习题

3

第三章

创造性思维及训练

以不息为体，以日新为道。

——唐·刘禹锡

第一节   创造性思维概述

一、思维的基本形式

思维的基本形式

思维是人脑对客观事物间接和概括的反映。思维的基本形式包括四种，即逻辑思维、形象思维、灵感思维和直觉思维。

（一）逻辑思维

李嘉曾教授认为，逻辑思维是运用概念、判断、推理等来反映现实的思维过程。

甘自恒教授认为，所谓逻辑思维是指在感性认识的基础上，以概念为细胞，以判断推理为基本形式，以辩证方法为指导，间接、概括地反映客观事物的理性思维过程。

1. 逻辑思维的分类

逻辑思维分成形式逻辑思维与辩证逻辑思维两大类。形式逻辑思维（包括数理逻辑思维）是撇开具体的思维内容，仅从形式结构方面研究概念、判断、推理及其相互联系的思维过程。形式逻辑思维对于提出问题、验证假设、表达创造成果是不可缺少的；从创造性思维的全过程来看，都是需要运用形式逻辑思维的。例如，三段论就是传统形式逻辑推理，它由三个性质判断组成，其中两个性质判断是前提，另一个性质判断是结论。亚里士多德在《工具论》中举例说：

如果所有阔叶植物都是落叶性的，

并且所有葡萄树都是阔叶植物，

则所有葡萄树都是落叶性的。

这就是三段论。其中，第一句是大前提，第二句是小前提，第三句是结论。

所谓数理逻辑思维是指一切用符号和数学方法研究逻辑的思维过程。1847 年，英国数学家布尔发表了《逻辑的数学分析》，建立了"布尔代数"，并创造一套符号系统，利用符号来表示逻辑中的各种概念；同时，布尔建立了一系列运算法则，利用代数的方法研究逻辑问题，初步奠定了数理逻辑的基础。例如，天文学家根据万有引力定律和天王星轨道运行的偏差，推算出海王星的准确位置，就是运用了数理逻辑思维。

辩证逻辑思维是运用辩证逻辑的方法、遵循辩证逻辑的规律而进行的思维，反映客观事物发展变化及其内在矛盾。辩证逻辑的规律就是唯物辩证法的量变质变规律、对立统一规律、否定之否定规律。辩证逻辑的规律、原则和方法对创造性思维活动有直接的指导作用。由马克思创作、恩格斯整理出版的巨著《资本论》被公认为创造性思维的伟大成果，主要是运用辩证逻辑思维创作的。

2. 逻辑思维的特点

（1）抽象性，即撇开事物的具体形象，提取本质。战国时期的哲学家、名家代表人物公孙龙有一个命题"白马非马"，即"马者，所以命形也；白者，所以命色也。命色者非命形也，故曰白马非马"。"马"一词是指马的形态，凡是具有马的形态的都命名为马。"白"一词是指白的颜色，凡是白颜色的都命名为白。"白马"是马的形态再加上白的颜色，亦即白颜色的马。可见，马与白马是两个不同的概念，所以"白马非马"。这是把抽象的概念当成脱离具体事物的精神实体，也导致了客观唯心主义的结论。

（2）顺序性，即科学抽取本质、合理推理的过程。在2000多年前的《庄子·秋水》篇章中记述的庄子"知鱼之乐"的故事，充分体现了逻辑思维推理过程的严密性和合理性。

［原文］庄子与惠子游于濠梁[1]之上，庄子曰："鲦鱼出游从容，是鱼之乐也。"惠子曰："子非鱼，安知鱼之乐？"庄子曰："子非我，安[2]知我不知鱼之乐？"惠子曰："我非子，固不知子矣，子固非鱼也，子之不知鱼之乐，全矣。"庄子曰："请循其本，子曰'汝安知鱼乐'云者，既已知吾知之而问我，我知之濠上也。"

［译文］庄子和惠子一起在濠水的桥上游玩。庄子说："鲦鱼在河水中游得多么悠闲自得，这就是鱼的快乐。"惠子说："你又不是鱼，怎么知道鱼是快乐的？"庄子说："你不是我，怎么知道我不知道鱼是快乐的？"惠子说："我不是你，当然不知你；你本来不是鱼，所以你不知鱼的快乐，全了吧！"庄子说："让我们回到刚开始的问话，你开始问我'你是在哪里知道鱼是快乐的呢'的话，你既然知道了还来问我，（现在我告诉你）我是在濠水的桥上知道的。"

［注释］

［1］濠梁：濠水的桥上。濠，水名，在现在安徽凤阳。

［2］安：有"怎么"和"哪里"的含义。

钱学森认为："抽象思维是一维的、线性的思维形式。"

（二）形象思维

李嘉曾教授认为："形象思维是借助于具体形象来展开的思维过程。"

甘自恒教授认为："形象思维是指主体善于形象的观察、构思、表达和欣赏；以形象为主要思维材料，以典型化（即形象化与思维化的统一）为思维运行机制，促使思维成果达到形象性与思维性的辩证统一，并具有形象性、情感性、审美性、独创性的思维过程。"

钱学森说："形象思维是'面型'思维。"

形象思维有如下三个特点。

第一，以具体形象为基础。例如，当我们看到树叶凋落，就知道秋天来了；当我们读到"汽车在雨中行驶"这句话时，脑海中就会浮现出相应的画面。

第二，运用想象。形象思维从客观世界中获取材料并且加以想象。例如，四个盲人摸象，第一个人摸到了鼻子，他说："大象像一条弯弯的管子。"第二个人摸到了尾巴，他说："大象像根细细的棍子。"第三个人摸到了身体，他说："大象像一堵墙。"第四个人摸到了腿，他说："大象像一根粗粗的柱子。"盲人凭借想象把大象和自己以往的生活经验中的某些事物建立了联系。当然，这些认识还有片面之处，有待于运用逻辑思维提取其本质。

第三，相似性。形象思维不像逻辑思维那样直接，它的过程比较复杂，需要从一大堆复杂材料中准确地提炼出"相似"的东西来。如人能从方言、口音、同音字、语法等多种因素中准确理解说话者的意思，就表明形象思维能从繁杂的材料中准确地提炼出"相似"的东西来。形象思维是多途径、多回路的思维。

在形象思维过程中，逻辑思维起到非常重要的作用，从某种意义上说，形象思维是深层次的逻辑思维。

（三）灵感思维

灵感思维是主体在不知不觉中突然产生结果的思维。这个结果可以是新颖性结果，也可以是非新颖性结果。李嘉曾教授认为灵感思维有两个特征：一是突发性，灵感思维是突然发生的，没有预感或预兆。数学家高斯回忆求证定理时像闪电一样，谜一下子解开了，他也说不清楚是什么导线把他原先的知识和使他成功的东西连接了起来。二是与潜意识密切相关。灵感的孕育不在意识的范围内，而在意识之前的可以称为潜意识的阶段。灵感出现之前，先在潜意识范围内酝酿，一旦成熟，立即以灵感思维的形式涌现出来。潜意识不仅能进行信息的存贮与提取，甚至能在意识之外进行信息的处理和加工，似乎存在一个独立的系统。灵感是建立在现有的显意识所意识到的信息的基础上。灵感来自潜意识，经脑力劳动后被显意识捕捉到。陆机《文赋》提道："馨澄心以凝思，眇众虑而为言。"列宾说："灵感，不过是顽强劳动而获得的奖赏。"总之，灵感思维比形象思维更复杂，是一种三维的"体型"思维。

灵感思维是实现创造性思维的重要途径。灵感在心理学上是指人在进行创造性思维的过程中，某种新形象、新思想、新方案突然产生时的心理状态。

阿基米德在跨进澡盆洗澡时，从水面上升获得启示，得到关于浮力问题的重大发现，即阿基米德浮力原理。但阿基米德浮力原理留下了一桩千年未释的悬案，即灵感究竟是如何跑进创造者的大脑的？灵感产生的情景机制是什么？人们能否掌握灵感产生的规律？

1. 灵感思维的主要性质

（1）引发的随机性

灵感思维引发的随机性是指灵感不会像逻辑思维那样可以有意识地导入，也不会像形象思维那样可以自觉地进行思索；灵感思维是由创造者事先想不到的原因而诱发产生新成果的一种思维。

（2）出现的瞬时性

灵感思维出现的瞬时性是指灵感往往是以"一闪念"的形式出现的，常常是瞬息即逝。因此，灵感思维一旦出现，就要立即抓住。宋代的严羽在《沧浪诗话》中把灵感描写为"羚羊挂角，无迹可求"。

（3）目标的专一性

灵感思维目标的专一性是指任何灵感都是针对某一问题而产生的；同一个灵感不可能解决多个问题；当然，多个问题也不能同时由一次灵感得到解决。比如，高斯的灵感使他求证了定理，但不可能同时去论证浮力原理。

（4）结果的新颖性

灵感思维结果的新颖性是指灵感常常能够带来新颖性的成果。因此，有人把灵感看作狭义的"创造"是有一定道理的。许多重大的科学发现、技术发明和杰出的文艺创作都与灵感思维结果的新颖性有关。例如，文人的"神来之笔"，军事指挥家的"出奇制胜"，科学家的"茅塞顿开"等。

2. 灵感思维的产生过程

（1）提出问题

灵感与要解决的问题之间有直接的关联。例如，创造者想设计一个斜拉桥缆索机器人，即将无损探伤仪顺着缆索推送到缆索顶端的机器人。

（2）知识储备

灵感思维是以一定的相关知识量为先决条件的。查阅背景资料，反复谈论，找到设计的"瓶颈"。庄寿强教授提出，灵感思维需要有一定量的相关知识，但不一定需要很多，具体多少因人而异，它取决于课题的性质、创造者的思维能力以及功能实现的强弱等因素。例如，创造者找到了设计斜拉桥缆索机器人的"瓶颈"是：在意外断电时，缆索机器人能匀速返程，而不能"挂缆"或者"冲缆"，以免损伤大桥。

（3）冥思苦想

冥思苦想是对"瓶颈"问题进行反复的、艰苦的、长时间的思考。但有研究表明，过度思考的结果并不与思考的时间成正比，反而会形成"饱和"停滞状态。例如，创造者一直思考如何使缆索机器人实现匀速返程，但没有取得实质性突破。

（4）适当放松

当创造者经过"过度"思考进入僵化状态后，可以主动地把要解决的问题暂时放一放，使大脑放松放松，也可以去散散步，变换一下环境，缓解一下思考的紧张，使大脑不再受到压抑。放松搁置的时间不等，与项目的难易程度、创造者的素质和水平有关，有的人需要一两天，甚至一两个小时即可，有的人则需要几个月到几年不等。这个过程正如唐代诗人贾岛所说："两句三年得，一吟双泪流。"

现代创造心理学研究结果表明：人在长期思考某一问题时，在大脑皮层中会形成优势中心区。停止思考让大脑放松一下，或使思考转到另外的问题上，优势中心区被抑制，自发地引起中心区外围皮层细胞的兴奋，常规思路外围的知识和经验就能够被激发出来，从而打破常规。

同时，大脑放松时，大脑血液中的含氧量会增加，思维就会变得敏捷，因此容易产生灵感。

（5）灵感产生

灵感是人脑对信息加工的产物，是人的认识的一种质变和飞跃，但是由于其信息加工的形式、途径和手段以及思维成果表现形态的特殊性，使灵感成为一种难识真面目的、极其复杂而又神奇的特殊思维现象。

灵感产生的条件和过程

潜思维能从比显思维的信息库大得多的潜思维信息库中反复地检索和提取有关信息，进行信息加工，以极高的速度反复尝试进行各种各样的组合，因此它能够获得显思维所不能获得的成果。当潜思维对问题的思考有了一定的结果后，便立即与显思维沟通，将结果输送给显思维，此时就表现为灵感。[①]

我们经常有这样的体验：某个问题，久久萦绕脑际，总是解决不了。有一天，偶然听到旁人一句话，或者看到一篇文章，或者触景生情，受到启发，顿时大彻大悟，一通百通，问题便迎刃而解了，这表明灵感到来了。

在放松阶段，大脑中已形成的潜意识信息一旦遇到相关的信息刺激，便会产生顿悟。或者身体接触到某一相关物体，便会产生顿悟或者体悟。或者在某一环境下，主体受到外在氛围的影响，极易产生灵感，如作家进行采风活动、体验生活等。《中庸》提道："吾听吾忘、吾见吾记、吾做吾悟。""吾做吾悟"道出了"做"与"悟"之间的密切关系。人体内的各个器官

① 眭平．创新力提升的横向研究［M］．北京：清华大学出版社，2016.

会与大脑相互传递反馈信号，即通过眼、耳、鼻、舌、身等将信息传递给大脑，成为意识的关键组成部分。这也解答了阿基米德的灵感之谜，即他在跨进澡盆洗澡时，身体与水的接触在更深的层面上促进了大脑的思考而引发了灵感。

例1：来自生活的灵感。

创造者有一天看到钟表的秒针在匀速转动，突然想到一个方案，利用钟表内擒纵机构的原理（图3-1），设计出缆索机器人匀速返程的机构（图3-2）。

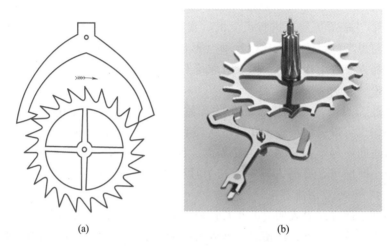

(a)   (b)

图3-1　钟表内的擒纵机构原理图

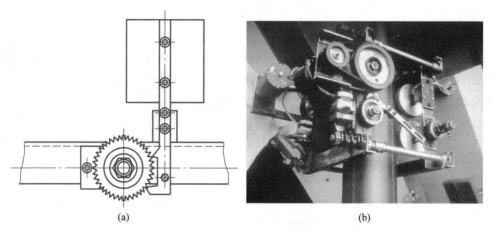

(a)   (b)

图3-2　缆索机器人上的匀速返程机构

例2：诺曼底登陆中的灵感。

选择诺曼底登陆的优势之一是德军防备力量薄弱。选择诺曼底登陆的劣势之一是诺曼底滩险水深，机械化部队难以登陆。盟军苦思冥想后得到灵感：利用混凝土沉箱、防波堤等造出两个人工港口。

例 3：屠呦呦发现青蒿素的灵感。

20 世纪 60 年代初，全球疟疾疫情难以控制。根据古典中医书上记载，青蒿中含有抗疟疾的成分。屠呦呦首先想到的是采取煮中药的方式，即"热提取工艺"，但未获得满意的效果。有一天，她突然想到葛洪《肘后备急方》中提道："青蒿一握，以水二升渍，绞取汁，尽服之。"是否应采用冷浸后用手绞扭青蒿取汁，而不是加热青蒿煮汤服之？1971 年，她采用"乙醚冷浸法"，经过反复实验，分离提纯出抗疟新药青蒿素，终于获得成功。

创造心理学研究表明脑波的频率与人的设想状态密切相关。

β 波是一种有意识的脑波，它以 13~26 Hz 的频率运行。当人们处于清醒、专心、保持警觉的状态，或者在思考、分析、说话和积极行动时，大脑就会发出这种脑波。

δ 波是人们沉睡无梦时发出的脑波。它以 0.5~4 Hz 的频率运行。

θ 波状如一连串的凹形，常在方睡未醒、无意识状态下产生。它以 4~8 Hz 的频率运行。

α 波通常在休息的时候产生，尤其在昏昏欲睡之时加强活动，它以 8~13 Hz 的频率运行。这种脑波并非能让每个人都进入佳境，有的人的 α 波或有或无，甚不规则。

低频率的 α 波与 θ 波常与幻想（reverie）和冥幻（hypnagogic imagery）并生。[①]

爱迪生说过："天才就是 1% 的灵感，加上 99% 的汗水。"周恩来说过："长期积累，偶尔得之。"其实这些名人名言也说明了灵感思维的产生过程，即由"过度思考"到"灵感产生"的规律性认识。中国先哲也发现："无冥冥之思，无昭昭之明。"大量实践证明，冥幻与顿悟有内在联系。

（6）诱发主体产生灵感的环境条件

德国物理学家亥姆霍兹认为，一些巧妙的设想往往不是出现在精神疲惫或伏案工作之时，而是出现在一夜酣睡之后的早上，或是缓步攀登小山之时。日本一家创造力研究所曾经对日本发明家进行统计，结果表明 52% 的人躺在床上时产生过灵感；45% 的人在乘车时产生过灵感；46% 的人在步行中产生过灵感；只有 21% 的人在办公桌旁产生过灵感。法国物理学家居里认为在森林中更容易产生灵感。意大利物理学家费米躺在草地上时容易产生灵感。有人认为酒意会带来灵感，如唐诗人许瑶的《题怀素上人草书》："志在新奇无定则，古瘦漓骊半无墨。醉来信手两三行，醒后却书书不得。"所以，每个人要主动地去寻找诱发自己产生灵感的最佳方式和最好时机，从而更好地进行创造。

（四）直觉思维

直觉思维指主体在积累了大量的信息、知识和实践经验，发展了将感性认识功能和理性认识功能高度统一的视觉思维能力的基础上，直接看见某个客体或现象时，未经一步步逻辑推理的过程，突然在一瞬间闪电般地把握客体的整体形象，或透视客体的内在深层本质，或提出一种新的科学猜想。

直觉思维是与空间表象有关的视觉信息加工机制，是在整体把握、直观透视、空间整合的基础上进行的快速立体思维。

直觉思维具有以下三个特点。

第一，直觉思维在本质上是对事物之间的内在联系的整体把握。

---

① 郭有遹．创造心理学［M］．3 版．北京：教育科学出版社，2002：30-31.

第二，直觉思维虽然是在瞬间作出快速判断，却并非凭空而来的毫无根据的主观臆断，而是建立在丰富的实践训练和宽厚的知识积累基础之上的。

第三，实践经验越丰富，知识积累越宽厚，思维的点越集中，直觉判断也就越正确。在实践中，往往是体悟与心悟相互交融，产生联想。设计时，往往是凭直觉作出对创意的猜测，然后在猜测的基础上再进行逻辑思维判断与求证。

在创造性活动中真正可贵的因素是直觉。比如篮球动员将篮球投入篮筐那一瞬间，是凭直觉思维完成的。手艺人熟能生巧的"手感"也常因直觉思维的"非逻辑性"而使人难以把握其推理的过程。"只可意会，不可言传"则是指直觉思维的"瞬间性"难以表述。

学者们在讨论解决长江葛洲坝工程中很多复杂问题时，都以保留葛洲坝旁的一个江心岛为前提，在现场，专家凭直觉提问：挖掉葛洲坝旁这个江心岛是否可行？后来经过研究，认为这个想法是可行的！

二、创造过程与灵感思维的关系

创造过程是指个体从开始创造到产品落实的一段心智历程。在第二章第三节中介绍了沃拉斯提出的创造过程四阶段说。沃拉斯以后也出现不少不同观点，苏联创造心理学家鲁克提出创造过程五阶段模式：提出问题、搜索相关信息、酝酿、顿悟、检验，美国创造学家奥斯本提出创造过程七阶段模式：定向、准备、分析、设想、孕育、综合、评判。本书综合各名家所说总结出创造过程七步法：立题、调研、凝练、冥想、静思、朝悟、求证。

灵感与创造过程

我们知道，从问题到答案要从渐变过程到突变过程再到渐变过程，直至得到答案。在创造过程中，灵感出现在孕育阶段与豁朗阶段的交界处，是突变过程的产物（图3-3）。因此，灵感思维显现在创造过程中。

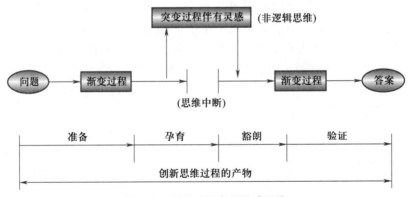

图 3-3   创造过程中的灵感思维

本书总结出的创造过程七步法，包括立题、调研、凝练、苦思、冥想、朝悟、求证。

（1）立题：创造者在感兴趣的研究领域内，充满期待地选一个课题或一个项目。

（2）调研：创造者围绕课题查阅背景资料，走访相关人员，结合自己的兴趣或优势，了解课题的研究现状及前沿成果，找到项目的关键方向。

（3）凝练：创造者通过应用创造技法如头脑风暴法等，不断琢磨、研讨并找到该课题的一个或多个"瓶颈""未突破点""关键点"等。

（4）苦思：创造者对课题的"瓶颈"问题进行一定时间的思索和设想；根据"瓶颈"的难易，苦苦思索的时间长短不等。

（5）冥想：创造者在冥想一段时间无结果后，应暂时放一放，但在潜意识中需要自我暗示一下不要完全放弃该设想；有意识地选择自己的兴趣与爱好去放松一下情绪，如去听听音乐、喝喝茶等。若有可能，寻找与课题相近的环境去感受一下，即通过眼、耳、鼻、舌、身、意感受环境的影响，特别是找机会进行身体的直接接触更佳。静思的时间短则几分钟、几小时或者几天，也有可能长达几个月甚至几年。

（6）朝悟：创造者突然有一天受到环境中某种信息的触发，猛然间思如泉涌，恍然大悟，得到了一个新的设想或者方案。

创造活动实践案例

（7）求证：朝悟得到的方案不一定就能满足实际的要求，需要创造者制作模型或者经过理论与实践的验证。若验证未能达到设计目标的要求，需要重新从冥想、静思、朝悟等环节不断循环，直到达到预期的效果为止。

三、创造性思维的定义

不同的研究者提出了关于创造性思维的不同表述，李嘉曾教授认为："创造性思维是产生前所未有的思维新结果、达到新的认识水平的思维。"庄寿强教授认为："创造性思维是能产生新颖性思维结果的思维。"创造性思维的英文是 creative thinking，其含义是有创造性地去思维，或者是指产生新想法、新点子的思维，或者是肯动脑筋，有钻研劲头，创造性思维并不属于思维的基本形式。

创造性思维的定义

据此，本书将创造性思维定义为主体与客体（环境、机制等）相互作用而产生新颖性结果的思维。

该定义有三层含义：首先，创造性思维的主体是人、组织或团体。其次，主体受环境、机制等影响产生具有新颖性的结果，旨在强调环境的不可分割性。最后，创造性思维是思维，但不是一般的思维，而是能够产生具有新颖性结果的思维。

四、创造性思维与思维的基本形式的关系

创造性思维不具备特定的思维形式，更多的是几种思维的交互作用和有效综合。钱学森指出："实际上的每一个思维活动过程都不会是单纯一种思维在起作用，往往是两种，甚至是三种先后交错在起作用。"比如人的创造思维过程就绝不是单纯的抽象思维，总要有点形象思维，甚至要有灵感思维。

思维的四种基本形式，即逻辑思维、形象思维、灵感思维、直觉思维，均能产生创造性思维成果。

当然，四种思维基本形式均有可能产生新颖性结果，此时，带来新颖性结果的思维即是创造性思维。如果，思维的基本形式产生非创造性的思维成果，那么，这时思维的基本形式即是非创造性思维。所以，创造性思维不是思维的基本形式，其结果更多的是四种思维基本形式的交互作用下产生的思维。有一点必须明确的是，创造性思维与新的命题是密切相关的，它要求在新的命题下破除原有思维（包括逻辑思维等）的束缚，建立新的逻辑关系的思维。

五、创造性思维的分类

（一）相对创造性思维

创造性思维
的分类

相对创造性思维是思维结果的新颖性超越本人原有认识水平的创造性思维。比如，某位学生发明了一个中间带针眼的绣花针，经过查新后发现别人早就发明过了并申请了专利，但对其本人来说是首次的、具有新颖性，因此它是这位学生的相对创造性思维的成果。与相对创造性思维对应的创造能力是相对创造能力。

（二）绝对创造性思维

绝对创造性思维是思维结果的新颖性超越人类在该领域的最高认识水平的创造性思维。与绝对创造性思维对应的创造能力是绝对创造能力。值得提出的是，超越人类该领域的最高认识水平的创造性成果是需要经过查新或社会检验而得到的。由于查新的成果仍有局限性，以及社会检验具有滞后性，所以从某种意义上来说，绝对创造性思维的成果也具有相对性。

无论是相对创造性思维的成果，还是绝对创造性思维的成果都是指新颖性的超越，而不涉及它的技术水平、经济价值及社会效益。相对创造性思维的成果虽然不具备新颖性，有的成果也具备重大的经济价值和社会效益，如原子弹、卫星等，虽然不是我国首先发明的，但这些成果对我们国家的重要意义是不言而喻的。绝对创造性思维的成果可以是重大科学理论或技术发明，也可以是在生产过程中的小革新、小产品及工艺方法等。

（三）相对创造性思维与绝对创造性思维的关系

1. 绝对创造性思维包含于相对创造性思维之中

主体对客体的认识过程中，总是要经过一个由相对真理到绝对真理的阶段，所以每个人最初的创造成果总是相对创造性思维的体现，在经过长期的实践和学习后才能得到绝对创新成果，可见绝对创造性思维包含在相对创造性思维中。

2. 相对创造性思维促进绝对创造性思维

创造者一般无法及时获得绝对创造性思维成果的评价，但相对创造性思维成果的评价是容易获得的，因此，对创造者开展创造性培训活动有利于获得相对创造性思维成果，相对创造性思维成果的获得有利于促进绝对创造性思维成果的获得，相对创造性思维可以促进绝对创造性思维。

3. 相对创造性思维与绝对创造性思维构成对立统一的关系

相对创造性思维与绝对创造性思维是产生新颖性成果既对立又统一的两个方面，没有相对创造性思维就不会获得绝对创造性思维，绝对创造性思维也是在相对创造性思维前提下。比如，经过查新后获得的绝对创造性思维成果，也是受查新人员的分析判断能力以及查新系统中数据的约束；经过实践检验的成果，也会受到检测手段的约束，从而具有相对性。所以，相对创造性思维与绝对创造性思维相结合，相互促进，不断提升，才是获得新颖性成果的理想过程。

六、创造性思维的基本特征

根据美国心理学家吉尔福特、托兰斯等人的研究成果，典型的创造性思维一般具备六方面的基本特征，即敏感性（sensitivity）、独特性（originality）、流畅性（fluency）、灵活性（flexibility）、精确性（precision）、变通性（redefinition）。

（一）敏感性

敏感性是指敏锐感知客观世界变化的特性。人们通过各种器官直接感知客观世界，但要理性地认识客观世界，就需要敏感的思维。

创造性思维
的特征

在1820年4月的一次讲座上，奥斯特演示了电流磁效应的实验。当电池与铂丝相连时，靠近铂丝的小磁针摆动了。这一不显眼的现象没有引起听众的注意，而奥斯特非常兴奋。奥斯特对磁效应的解释证明了电和磁能相互转化，为电磁学的发展打下基础。英国科学家法拉第敏锐地认识到这一发现的重要性，经过大量的实验，终于发现了电与磁之间的转换规律，并于1831年发明了单极电机。法拉第的成功与他创造性思维的敏感性存在着有机的联系。

（二）独特性

独特性是指按照与众不同的思路展开思维，达到标新立异效果的特性，体现个性。创造性思维的思路是独特的，不同于一般。在托兰斯设计的创造性思维测验中，根据被测试者给出同样答案的频率来记分，并用以衡量创造性思维独特性的高低，某一答案的频率越高，其独特性得分就越低。当有15%以上的被测试者给出同样答案的时候，其得分就是零分。

（三）流畅性

流畅性是思维速度较快的特性，是指能够迅速产生大量设想。人们常用才思敏捷来形容科学家，用才华横溢来描述文学家，这正反映了思维的流畅性。

德国数学家高斯上小学时在数学方面就崭露非凡的才华。一次，老师要大家计算从1到100之间所有自然数的和，话音刚落，高斯就算出了正确的答案5050。原来，他想出了创造性的方法，把100个数组合成1加100、2加99……直至50加51这样50个组，每组的和都是101，然后乘以组数50，便立即得出了正确答案。高斯的算法是创造性思维流畅性的范例。

（四）灵活性

灵活性是指能产生多种设想、通过多种途径展开想象的特性。思想方法上多回路、多渠道、四通八达的思维方式，生动活泼、体现无穷魅力。

（五）精确性

精确性是指能周密思考，精确地满足详尽要求的特性。随着科技的不断发展，客观事物的复杂性要求人们细心观察，周密思考。

（六）变通性

变通性是运用不同于常规的方式对已有事物重新定义或理解的特性。打破常规，克服思维障碍，找到突破口。

我国古代神童曹冲称象的故事反映了创造性思维变通性的特点。有人送给曹操一头大象，为了测定象的重量，很多人想尽办法却没有结果。曹操的幼子曹冲灵机一动，让人把象牵到船上，记下船吃水的深度；然后换上使船吃水深度相同的石块，再分批称出石块的重量，石头的总重量即为大象的重量。就创造性思维的变通性而言，曹冲使用了等值变换法，把欲求重量的对象由不可分割的大象换成了可分割的石块。

综上所述，敏感性、独特性、流畅性、灵活性、精确性和变通性是典型的创造性思维所具备的基本特征。其中尤以流畅性、灵活性和独特性为主。然而，并非所有的创造性思维都具有上述全部特征，而是各有侧重，因人因事而异。因此，我们在评价创造性思维时应全面衡量，不能苛求完美。

第二节　创造性思维的有效途径

思维是有方向的，"换一种思路或者说换一种视角看问题"的说法都体现着思维有方向的内涵。有时换一种思路后能够带来一种新的想法或路径，这就是创造性思维。创造性思维既可以是单一方向的直线思维，也可以是二维空间的平面思维，还可以是三维空间的立体思维。

一个思维能力很强的人，如果其思维方向不合适，也会导致不恰当的结果。

曾有一位著名心算家每晚在台上为观众表演心算，无论观众出多么难的题也从未难倒过他。有一次，一位先生上台开始出题："一辆载着375名旅客的列车驶进车站，这时下来83人上去65人。"心算家轻蔑地笑了一下，他又补充说："在下一站下来49人上去112人，又在下一站下来7人上去96人。"这时他加快了讲话速度："再在下一站下来74人上去69人；再下一站下来17人上去273人；再下一站下来55人仅仅上去2人；再在下一站下来43人又上去7人……"心算家问："完了吗？""不，请您接着算，火车继续向前开，到了下一站又下来137人上去117人；再下一站下来23人上去28人。"这时，他用手敲了一下桌子："完了，先生！"心算大师不屑一顾地问道："您现在就想知道结果吗？车上旅客……""那当然，请问，这趟列车究竟停靠了多少个车站？"这时，著名心算家顿时呆住了。从这个例子可知，思维的方向在整个思维过程中具有举足轻重的作用。

思维的方向性本质上反映了事物处于既对立又统一的两个方向上的思维。方向性思维包括发散思维与集中思维、发散思维与求异思维、正向思维与逆向思维、横向思维与侧向思维等。创造性思维的有效途径包括发散思维与集中思维相结合、求同思维与求异思维相结合、正向思维与逆向思维相结合、横向思维与侧向思维相结合。

一、发散思维与集中思维

（一）发散思维

　　1. 发散思维的定义

　　发散思维是从一点出发，向不同方向辐射，产生大量不同设想的思维方式。

　　2. 发散思维的作用

　　（1）产生大量设想，提供更多选择机会

发散思维与集中思维

发散性思维可以不拘一格、别出心裁地产生设想，这些设想中常常会有新颖性的方案。美国科学家贝尔说："有时需要离开常走的大道，潜入森林，你就肯定会发现前所未有的东西。"发散性思维在创造过程中具有举足轻重的作用。

回形针有哪些用途？

做文件夹、发卡、书签、西装领带上的别针，装在窗帘上代替金属圈，拉开一端烧红后在软木塞上钻孔，拉开一端能在蜡烛或泥地上画图或写字，拉直后当编织的织针，还可以把它作为鞋带、鱼钩、挂钩……

我们可以这样思考：把回形针做成数字和运算符号，可以有很多种运算；做成音符，可以创造无数的乐曲；做成英、俄、日、希腊、拉丁等外文字母，进行拼读又可有无限的字词文章。

我们还可以这样思考：将回形针与硫酸反应生成氢气等，进而引发不同的化学反应；与不同比例的几十种金属可以分别化合成上万种化合物。

（2）摆脱思维定势

思维定势是指人们运用固有的知识和经验去解决新问题的倾向。正如任何运动的物体都有惯性，思维也有惯性。逻辑思维和重复性的实践等能够形成思维定势，亦称思维惯性。发散思维的流畅性、灵活性和独特性有助于打破思维定势。例如，最少需要用几根线将图 3-4 中所有九个点连接起来？这就是一个要摆脱思维定势的典型问题。

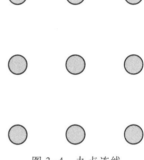

图 3-4　九点连线

洗衣服要用洗衣粉已是常识。但清洁剂会带来水污染，破坏环境。该怎么解决？海尔打破了常规，提出研发一种不用清洁剂的洗衣机。新型洗衣机的基本原理就是把水电解，用碱离子去除衣服上的污垢。这一设计打破了思维定势。

（二）集中思维

1. 集中思维的定义

集中思维是在分析、综合、对比基础上推理演绎，从所列因素中作出最佳选择的思维方式。

爱迪生在研制白炽灯的时候，根据制作的需要，先后选用了 3 000 种金属丝、2 000 种炭化动物毛、2 000 多种植物纤维，进行了大量试验，终于找到了当时比较理想的灯丝材料——钨丝。

2. 集中思维的作用

集中思维有助于在并列因素中选择，克服盲目性。发散思维必然要走向集中思维，并进行合理的选择。集中思维的价值正体现在作出科学性、正确性选择。

3. 集中思维的方法

（1）将发散思维中产生的想法，用卡片写下来，每张卡片上写一个。

（2）分析每张卡片，将内容相关、内在联系比较紧密的卡片放到一起。

（3）仔细思考内容相似的卡片的内在联系，形成新的思想材料，继续写成卡片，追加上去。

（4）反复整理卡片，进行各种不同的排序。

（5）不断地调整、不断地思考，从发散思维时的多个不同方向，逐渐指向一个方向，进而指向一个中心点，直到满意为止。

4. 集中思维的原则

集中思维对并列因素的选择力求达到结果优化的目的。优化选择的判别原则是准绳，不同的原则会产生不同的判别结果，作出不同的选择。集中思维应遵循以下原则。

（1）相对最大原则，如俄国寓言故事《公鸡和珍珠》中提示的，对公鸡来说，粮食比珍珠重要。

（2）市场评价原则，如机理简单、可靠、成本低等。

（3）科学合理的选择原则，如新颖性、科学性、实用性、可能性、效益性优先等。

（三）发散思维与集中思维相结合

发散思维与集中思维相结合

发散思维是集中思维的前提和基础。只有以发散思维为基础，集中思维才能有效地展开。集中思维是发散思维的目的。发散思维不是目的，而是手段和过程。发散思维必然要走向集中思维，最终作出唯一的选择。

发散思维与集中思维的对立统一是开发创造性思维的有效途径。发散思维和集中思维不断更替、不断反复、不断叠加的过程，正是开发创造性思维的有效过程。

创造性解决问题的过程：提出问题——起点；思维发散——探索可能的解决办法；思维集中——选择较佳的（最佳的）因素；如此反复直至解决问题——终点。科学的发明或发现，即发现问题与解决问题之间一般不会是直线的关系，多呈现为一种迂回反复的发散与集中的过程。如图 3-5 所示[①]。

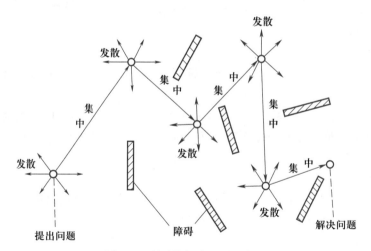

图 3-5　创造性解决问题示意图

值得提出的是，在发明过程中，即在发散与集中的过程中，"偶然"因素导致发明，其实不是"偶然"而是一种"必然"，可以被称为发明的"秘密"。"有心栽花花不成，无心插柳柳成荫"也诠释了"偶然性"与"必然性"之间的关系。

1928 年的一天，英国细菌学家弗莱明在他的实验室里培养葡萄球菌。由于盖子没有盖好，

①　李嘉曾．创造学与创造力开发训练［M］．南京：江苏人民出版社，1997.

无意中一粒面包渣掉在了器皿中。过了很长时间，他发现器皿中长了一团青绿色霉菌。当时，显微镜已发明，他立即用显微镜观察这一现象，惊讶地发现霉菌周围的葡萄球菌菌落已被溶解。他设法培养这种霉菌进行多次试验，证明青绿色霉菌可以在几小时内将葡萄球菌全部杀死。这个偶然的发现使弗莱明发明了葡萄球菌的克星——青霉素。

（四）发散思维的训练

以材料、功能、结构、关系、形态、组合、方法、因果八个方面为"发散点"，进行具有集中性的多端、灵活、新颖的发散思维训练。

发散思维的训练

1. 材料发散

以某个物品作为"材料"，以此为发散点，设想它的多种用途。

练习：尽可能多地列出"砖"的各种用途。

① 建筑（各类）	② 垫路、铺路	③ 垫车脚（刹车）	④ 敲门砖
⑤ 自卫武器	⑥ 气功表演（砸砖）	⑦ 代哑铃锻炼	⑧ 当锤子
⑨ 当板凳	⑩ 当路标	⑪ 当球门	⑫ 压东西
⑬ 堵烟筒	⑭ 杠杆支点	⑮ 当枕头	⑯ 当秤砣
⑰ 门开关定位	⑱ 压水龙头	⑲ 担子平衡物	⑳ 作绘画颜料
㉑ 作装修涂料	㉒ 作几何教具	㉓ 当粉笔	㉔ 当尺测量
㉕ 粉碎喂鸡	㉖ 砖雕艺术品	㉗ 丢砖游戏	㉘ 作多米诺骨牌
㉙ 记录（刻字）	㉚ 作刑具（老虎凳）	㉛ 堵鼠洞	㉜ 测水深
㉝ 化学试验材料	㉞ 当棋子	㉟ 小贩充分量	㊱ 作吸水剂
㊲ 绊人	㊳ 挂砖潜水	㊴ 作模具	㊵ 磨刀
㊶ 作乐器	㊷ 爱情见证物	㊸ 测压力、重力	㊹ 作奖牌
㊺ 烧红治病	㊻ 当增高物	㊼ 作碗碟	㊽ 过滤东西
㊾ 图腾象征	㊿ 作机器零件	51 作首饰	52 发泄闷气
53 磨粉作假药面	54 磨粉充辣椒粉	55 儿童积木	56 航天试验材料
57 作铅锤	58 作道具	59 卖钱	60 作为发散思维题

2. 功能发散

以某事物的功能为发散点，设想出获得该功能的各种可能性。

练习：怎样才能达到"取暖"的目的？

晒太阳、多穿衣、钻进被窝、吃饱饭、喝酒、烤火、空调、电暖气、暖气、红外灯、烧火炕、运动、摩擦、热水袋……

3. 结构发散

以某种事物的结构为发散点，设想出利用该结构的各种可能性。

练习："孔"结构有哪些应用？

零件上的连接孔、钢笔上的墨水孔、排风扇上的进气孔和出气孔……

4. 关系发散

从某一事物出发，以此为发散点，尽可能多地设想与其他事物之间的各种联系。

练习：写出"汽车"与其他事物之间的关系。

汽车是司机、乘客和货物的运输工具、汽车是停车场的服务对象、汽车是汽车制造厂的产品、汽车是设计师的作品、汽车是环境污染的制造者、汽车是资源的消耗者……

5. 形态发散

以事物的形态（如形状、颜色、音响、味道、气味、明暗等）为发散点，设想出利用某种形态的各种可能性。

练习：利用"红颜色"可以做什么？

红灯、红旗、红墨水、红芯铅笔、红围巾、红喜报、红皮鞋、红袖章、红衣服、红领巾、红封皮的日记本、红皮球、红色救火车、红十字标志、红星、红色印泥、红灯笼、红头绳、红指甲油……

6. 组合发散

从某一事物出发，以此为发散点，尽可能多地设想与另一事物（或一些事情）联结成具有新价值（或附加价值）的新事物的各种可能性。

练习："钥匙圈"可以同哪些东西组合在一起？

同小刀组合，同指甲剪组合，同小剪刀组合，同图章组合，同纪念章组合，同微型手电筒组合，同开瓶器组合，同开罐头的刀组合，同微型圆珠笔组合，同微型温度计组合，同小的工艺品组合……

7. 方法发散

以人们解决问题或制造物品的某种方法为发散点，设想出利用该种方法的各种可能性。

练习：利用"激光"可以解决哪些问题？

激光加工，如打孔、切割、焊接、热处理等；激光手术刀，激光治疗仪；激光全息技术，激光测量技术，激光通信技术；激光消毒，激光美容，激光防伪，激光导航，激光光刻，激光印刷；激光照射植物种子提高产量；激光高能武器；激光控制核聚变……

8. 因果发散

以某个事物发展的结果为发散点，推测造成该结果的各种原因；或以某个事物发展的起因为发散点，推测可能发生的各种结果。

练习：列出造成"玻璃杯破碎"的各种可能的原因。

手没抓稳，掉在地上摔碎了；被某种东西敲碎了；冬天冲开水时爆裂了；杯里水结冰胀裂了；撞到了坚硬的东西；被猫碰倒，掉在地上摔碎了；被弹弓的子弹击碎；被火烧裂……

二、求同思维与求异思维

（一）求同思维

求同思维与求异思维

求同思维是指从不同事物（现象）中寻找相同之处的思维方法。即透过现象，发现事物之间的本质联系。如果发现一事物与其他事物之间的本质联系，那么，通过求同思维的启发获取的新认识，就是产生的创造性思维成果。

"万艺同宗""殊途同归"体现了从不同现象中寻找相同之处的内涵。庄子曰："天地有大美而不言，四季有明法而不议，万物有至理而不说。"早在2000多年前，庄子就发现任何事物或现象都存在着规律性的内在联系。古人认为万物都是由"金、木、水、火、土"组成。古希腊德谟克利特认为万物由"原子"构成。莱布尼茨认为万物是由"单子"

组成。近代实验科学认识到物质是由分子或原子组成。

（二）求异思维

求异思维是指从同类事物（现象）中寻找不同之处的思维方法。在了解事物规律性联系的基础上，洞察事物之间的差异。事物的复杂性和事物之间差异的隐蔽性常常使寻找差异成为并不容易的事。求异思维启发我们找出过去没有发现的差异，带来认识上的突破，产生创造性思维成果。

艺术形式千变万化；物质都是由相同的原子组成，但由于其原子排序的不同，结构形式也不一样；"龙生九子，各不相同"；原油经过炼制后能产生汽油、煤油、柴油、沥青等。这些都说明了事物之间的差异也是客观存在的。

有一年，澳大利亚牧场上的羊群得了一种病，其表现是不停地叫、跳、打斗，最后因衰弱不堪而死亡，澳大利亚科学家贝内茨决定寻找发病的原因。有一天，他突然想到这种病一定是神经系统的病，他给两批羊注射了氯化氨后，病羊的症状明显减轻，但给第三批羊注射后，没有任何效果，贝内茨百思不得其解。

经过思考，他想到缺乏某种元素也会引起疾病，这些病羊是否缺某种元素呢？如果是这样，那为什么第一、第二批羊注射氯化氨后，病羊的症状明显减轻，而第三批羊注射后无效呢？他进一步想到，是否第三批的针剂有差异？关键是要分析三次注射样品的相同和相异点，经过仔细分析，第一、第二批氯化氨中含有铜元素，而第三批没有铜元素，他初步断定羊病是缺铜造成的，经过实验验证了这一判断，羊群的病也治愈了。

（三）求同思维与求异思维相结合

事物之间本质上的相同与外在现象上的差异的对立统一构成了既纷繁复杂又相互依赖的有机世界。任何事物都是异中有同、同中有异。找到了同，就是找到了不同事物的本质联系，找到了一事物与其他事物之间赖以转换或替代的途径；找到了异，就是找到了不同事物的区别，找到了不同事物的适应条件。

求同思维与求异思维结合的结果，能够使我们准确把握事物之间存在的相似现象，更深刻地了解客观世界，从中获得新知识，诱发创造性思维。例如，能量守恒定律是动能与势能的转换的前提；把握中医经络理论，就可以实现异病同治或同病异治。

北宋范仲淹任兴化县令时主持海堤修复工作，需要勘测海岸线。他让人在涨潮时将稻壳倾倒于海滩上，退潮时稻壳留在海滩上，形成一条明显的痕迹——那就是海岸线的确切位置。海水与稻壳之同在于稻壳较轻浮在水面，涨潮时运动方式相同。海水与稻壳之异在于稻壳同样浮在水面，但退潮时与沙滩摩擦系数不同。正是求同思维与求异思维的结合圆满地解决了这个难题。

三、正向思维与逆向思维

（一）正向思维

正向思维是指按照常规思路、遵照时间发展的自然过程，或以事物（现象）的常见特征、一般趋势为标准的思维方式。通过开展正向思维，认识事物的规律，预测事物的发展趋势，获得新的思维内容，完成创造性思维。根据"月晕而风，础润而雨"的现象推断出将会刮风下雨就是正向思维获得创造性思维的案例。

正向思维与
逆向思维

（二）逆向思维

1. 逆向思维的定义

逆向思维是指不按照常规思路，与自然过程相反或与事物的常见特征、一般趋势相左的思维方式。从一个新的角度去认识客观世界，有利于发现事物或现象的新特征、新关系，有利于产生创造性思维的成果或者创造性地解决问题。

我们知道盖楼房一般是由下向上垒，而一家建筑公司却发明了一种"倒盖楼法"，即在地面的平台上，建一层向上吊一层，层层衔接，整个楼房实际上是从最高一层建起的。由于整幢大楼的建造工作都在地面上进行，工人们不必在脚手架上爬上爬下，故此法与传统方法相比可节省时间30%。

2. 逆向思维的分类

逆向思维可以分为原理逆向、属性逆向、方法逆向。

（1）原理逆向：把已有事物的原理或机制反过来加以思考。

1819年，丹麦物理学家奥斯特发现了通电导体可使磁针转动的磁效应。英国物理学家法拉第想，既然由电可以产生磁效应，反过来能否由磁产生电效应呢？按照这一思路法拉第开始了新的课题研究，经过9年的艰苦探索，终于在1831年发现了电磁感应现象。

（2）属性逆向：把已有事物的固有性质变成相反或相异的性质，产生创造性的新成果。

1924年，德国青年马谢·布鲁尔产生了用空心材料替代实心材料做家具的思想，并率先用空心钢管制成椅子，在社会上引起轰动。

（3）方法逆向：把原有事物中所应用方法的顺序、步骤等颠倒过来使用。

有一天，在美国华尔街的某大银行，一位豪华着装的老人来到贷款部前，从豪华公文包里取出一大堆股票、国债、债券等放在桌子上，"我要贷款1美元，这些做担保可以吗？"贷款部经理清点后讲："先生，总共50万美元，做担保足够了。年息为6%，只要您付6%的利息，一年后归还，我们就把这些作保的股票和证券还给您……"银行行长很好奇地问："您拥有50万美元的家当，为什么只借1美元呢？"

"我到这里来是想办一件事情，可是随身携带的这些票券很碍事。我问过几家金库，要租他们的保险箱，租金都很昂贵。我知道银行的保安很好，所以就想将这些东西以担保的形式寄存在贵行，由你们替我保管，我还有什么不放心呢！况且利息很便宜，这样存一年才不过6美分……"

（三）正向思维与逆向思维相结合

正向思维与逆向思维是产生创造性设想的既统一又对立的两个方面的思维。逆向思维是正向思维的对立面，人们一般比较习惯正向思维，在开发创造性设想的过程中，要有意识地去寻找逆向思维的结果。

四、横向思维与纵向思维

横向思维（lateral thinking）的概念由英国学者德波诺于1976年首次提出，它与纵向思维（vertical thinking）的概念相对应，横向思维也有"侧面的""从旁边"的意思，所以横向思维也称"侧向思维。"

（一）横向思维

横向思维是指在思考问题时，有意识地从旁侧延伸思考的思维。有人说："横向思维是从其他离得很远的领域取得启示的思维。"古语"他山之石，可以攻玉"也是横向思维的体现。在解决发明问题的理论中，第三级发明是对已有系统的根本性改进，第三级发明的解决方法就是将本领域以外的原理应用到本领域中去解决问题。如汽车上用自动传动系统代替机械传动系统，在电钻上安装离合器等。

根据横向思维的定义，创造者可以根据本领域的需要，主动地去寻找、吸收或借用其他领域的知识、原理和方法来解决本领域的问题；也可以根据本领域已有的概念、原理和方法去寻找如何将其转移到尚未明确的研究对象中。

有位中学生为了检测墙内暗线的走向，想到墙内的导线会有电流，有电流就会有磁场，但磁场很弱，那怎么检测出来呢？有一天他突然想起来他用过的磁带播放机磁头对磁场很敏感，那么取出磁头对着墙体，墙体内若有导线，耳机里就会听到声音。这就是应用其他领域的知识来解决本领域的问题。

（二）纵向思维

纵向思维是指在思考问题时，有意识地向纵深发展的思维。纵向思维是垂直式的、直线式的思维。垂直思维是一种重分析的思维方式，既要分析系统组成及各组件的层次，组件之间的相互作用关系，又要分析系统在时间发展上功能的变化。

分析的方法可以带来对事物的深入认识，但对事物纵深的认识也会形成思维定势，会把人的认识限制在狭窄的区域。例如，让大学生设计一个切实可行的检测墙内暗线的方案，有学生说：墙内的导线通电时会产生磁场，用一个小磁针靠近墙体，若小磁针摆动，就能知道墙内导线的位置。也有学生说：在墙面上撒上磁铁的粉末，铁磁质粉末有规律地排列的位置即是墙内导线的位置。大学生具备物理方面的专业知识，所以很自然就应用专业知识纵向地去思考，但也因此得到了局限在狭窄领域的方案。

（三）横向思维与纵向思维相结合

横向思维的特点是不断改变思维的方向，灵活变通，允许不断尝试和充分联想。纵向思维遵循由低到高、由浅到深的路径，清晰明了，合乎逻辑。横向思维则能够打破逻辑局限，将思维往更宽广领域拓展，属于非逻辑思维的范畴，可以创造出更多新想法、新观点、新事物。所以，横向思维与纵向思维相结合既能克服思维的偶然性又能以逻辑的严谨性带来创造性设想。

宇航员在太空作业时需要一条绳子与飞船相连，由于真空和失重在宇航员工作的时候要求绳子是软的，在宇航员回到飞船时又要求绳子变硬便于拽紧返回。如何设计这种可以变软变硬的绳子呢？

美国宇航局的一位技工接受了这一任务，他日思夜想，查阅了大量资料，仍一无所获。一天，他偶然路过一家玩具商店，看到许多小玩具，突然想到小时候曾玩过的串珠小狗，小狗的腿和尾巴是用细绳穿上珠子做成的，绳子放松时，小狗便躺着，一拉紧绳子，珠子彼此紧靠在一条线上使绳子变硬，小狗就立刻站立起来了。有了！用串珠做成的绳索既能硬又能软！这位聪明的技工从玩具狗身上得到了启迪，发明了连接飞船和宇航员的放松时柔软、拉紧时变硬的"宇宙救命绳"。

第三节　破除思维定势

在介绍思维定势之前，先看下面两个故事。

甲对乙说："送你一只鸟笼，我保证过不了多久你就会去买一只鸟回来。"乙不以为然。于是甲买了一只漂亮的鸟笼挂在乙的家中，只要有客人看见鸟笼就会问乙："你的鸟哪儿去了？死了吗？怎么死的啊？"不管乙怎么解释，客人还是觉得很奇怪，如果不养鸟，挂个鸟笼干什么。被问的次数多了，乙只好去买了一只鸟放进鸟笼里，这样做比无休止地向大家解释要简单得多。

鸟笼逻辑，又称"鸟笼效应"，被誉为人类无法抗拒的 10 种心理之一。并不一定每一个漂亮的鸟笼里都应该装上一只鸟，但可惜的是人们绝大部分的时候都采取惯性思维，总是逃不出这个逻辑的局限。

跳蚤马戏团的表演者对观众说："桌上每个玻璃缸里都有几百只跳蚤，都经过了专业训练，我要它们跳多高就跳多高，相信不相信？"

跳蚤还真的"很听话"，35 cm 高的玻璃缸里的跳蚤只跳到 35 cm 高就落回去了，40 cm 高的玻璃缸里的跳蚤只跳到 40 cm 高就停止了！

其实，训练办法很简单，将野生跳蚤放置在不同高度的玻璃缸中，分别盖上一块透明玻璃。跳蚤一使劲往上跳，就会撞到玻璃，一次又一次，跳蚤本能地保护自己，便自动适应了这一限制高度。

突破惯性思维（一）

当把玻璃掀开之后，跳蚤已经习惯了这一高度。人的思维也是一样，也被看不见的"玻璃"阻挡住了。爱因斯坦说："我们的观念决定我们所看到的世界。"杜威说："人基本上是一种由惯性铸成的动物。"

一、思维定势

（一）思维定势的定义

思维定势也称"惯性思维"，即思维沿前一思考路径以线性方式继续延伸，并暂时地封闭了其他的思考方向的思维。

创造性思维是在新的命题下破除原有思维的束缚，建立新的逻辑关系的思维。在新的命题下，如果不能破除原有思维的束缚，还沿用原来的逻辑关系得出结论，这时"原来的逻辑关系"就成了思维障碍。

苏联科普作家阿西莫夫思路敏捷。有一次，一个朋友当着众人面问阿西莫夫："给你做道智力题目，怎么样？""来吧。"阿西莫夫心想你们有什么题目能难倒我。

"好，阿西莫夫，你听仔细，有一位哑巴，到五金店买钉子，但又无法说话，只好做了一个敲钉子的动作，店员看明白后，将钉子卖给他。这时，又进来了一个盲人，他想买一把剪刀，请问他应该怎么办？"

阿西莫夫不假思索，立刻说："这还不简单，他只要这样就可以了。"说着用手做了一个剪刀的动作，这时在场的人哄堂大笑起来，莫名其妙的阿西莫夫这才明白过来，原来盲人可以开口说"我要买一把剪刀"。

思维定势是普遍存在的，并且隐含在我们的一切生活中。创造离不开实践经验与科学知识，创造必然又受个人已有的经验与知识的束缚。思维惯性在原有的命题下，既是必要的也是有益的，但在新的命题下，如果不能及时改变思维视角，它就会成为"障碍"。

（二）思维定势的分类

1. 安于现状且是不自觉的思维定势

判断一个命题是否正确，需要辅助假设，即下意识地，或者认为是理所当然而不是心照不宣的限制条件。但如果添加了不恰当的辅助假设，又会束缚人的观察力、感受力和想象力，想不出异乎寻常的办法来。

一个"1"组成的最大数是 1，

两个"1"组成的最大数是 11，

三个"1"组成的最大数是 111，

四个"1"组成的最大数是 1111 吗？

答案是 11^{11}。

（1）唯经验性思维定势

"经历"或"历练"伴随着人的成长过程。通过眼、耳、鼻、舌、身、意将各种外界的信息传入大脑中，为以后处理类似事件积累经验，久而久之就形成了"反射性重复"。这当然也有有益的一面。但当遇到新的问题时，如果简单地应用以前积累的经验来处理、总结、判断新出现的问题，就会带来主客观不一致的结论。

中央电视台在《异想天开》栏目中留下的探讨题目是："怎样能在水上自由行走？"这个问题激发了全国青少年发明爱好者的好奇心，大家都尝试着去做，很快发现有两个问题难以解决：如何制造能将自己浮起来的鞋？如何能产生向前行走的动力？

成都女孩王文婷在 4 年间共设计出了 10 个方案，先后尝试用塑料管、木箱等原料制作浮体，第一个问题制造足够大的鞋将自己浮起来解决了，但如何产生向前的动力这个问题难住了她。怎样才能解决这个难题？她挣脱原有经验束缚，积极思考新的视角，有一次她观察到：鸭子能够在水中自如前进，是因为它特有的脚蹼在水中划动时产生的作用力与反作用力的阻力差和浮力。新的思路有了！她马上在木板和玻璃钢结构的行走板下方设计了 6 个单向转动滑木板，它们相当于鸭子的脚蹼，使用者在行走时会因为单向转动滑木板产生前进的动力并能控制方向。《异想天开》栏目留下的难题终于被这位善于动脑、动手的小姑娘成功破解。穿着自己设计的"魔鞋"，王文婷在人工湖中如履平地地行走了近 20 分钟。

（2）唯从众性思维定势

从众思维指个人受到环境群体行为的影响，从而有意无意地随大流、丧失独立判断问题的思维。

宋国有个姓丁的人，经常派一伙计在外专管打水。后来他在家里打了一口水井，就不再需要伙计了。丁氏与人说："我家打了口水井就像得到了一个人一样。"有人传出去说："丁家挖井得到了一个人"。人人相传，不辨真伪，都说成"丁家挖井得到一个人"。这个消息一直传到宋国国君的耳朵里，国君专门派人向丁氏核实，丁氏答道："挖井得一人，得到一个空闲的人力，并非在井内挖到了一个活人。"一语成笑谈，传到今天。

实验表明，只有小部分人能够保持独立性、不从众，从众心理是个体普遍拥有的心理现象。所以，唯从众思维是创新的"障碍"。

美国铁路铁轨间距是 4 英尺 8.5 英寸（1.435 米）。这是个很奇怪的标准，为什么不是整数呢？究竟是从何而来的呢？原来这是英国的铁路铁轨间距标准，因为美国的铁路原是由英国人建的。那么英国人为什么用这个标准呢？原来英国的铁路是由建电车轨道的人设计的，设计者照搬了电车的标准。

那电车的铁轨间距标准又是从哪里来的呢？原来最先造电车的人以前是造马车的，而他们用了马车的轮距标准。那么马车为什么要用这个轮距标准呢？因为，如果那时候的马车用任何其他轮距的话，马车的轮子很快会在英国的老路上被颠坏。为什么？因为这些路上的辙迹的宽度是 4 英尺 8.5 英寸。

这些辙迹又是从何而来的呢？答案是罗马人所定的。因为欧洲，包括英国的老路都是罗马人为军队铺设的，4 英尺 8.5 英寸正是当时战车的宽度。那为什么以 4 英尺 8.5 英寸作为战车的轮距宽度呢？原因很简单，这是两匹拉战车的马的屁股的宽度。轮距宽度小于这个尺寸，会磨到马屁股；轮距宽度大于这个尺寸，战车不易操作！

此外，还有其他类型的思维定势，如唯书本性思维定势、唯传统性思维定势、唯习惯性思维定势等。

2. 急于判断是自觉的思维障碍

由某些长期形成的固定观念引起的，都是有意识的、自觉的障碍。由于思维障碍急于作出判断，很可能会扼杀突破常规的创造性思想的萌芽。

急于判断且是自觉的思维障碍主要表现为以下两种形式。

（1）唯权威性思维定势

权威是使人们信服的力量和威望。任何时代、任何地方都存在着权威，如科学家、发明家、教育家等。人们对权威怀有尊崇之情，这是可以理解的，从某种意义上来说也是应该的。但是，在尊重的同时，还要留下疑问，不然这种尊重也会形成思维定势。例如，爱尔兰数学家戴奥尼夏·拉德纳在 1823 年说过："高速火车是不可能实现的，因为乘客乘坐高速火车时会因无法呼吸而窒息。"比尔·盖茨在 1981 年说过："640 K 内存对任何人来说都足够了。"英国皇家学会会长开尔文爵士在 1895 年说过："比空气重的飞行器是不可能的。"美国专利局局长查尔斯在 1899 年说过："一切可以被发明的都已经发明出来了。"数字设备公司总裁奥尔森在 1977 年说过："没有理由要每个人家里都有一台电脑。"

权威往往具有特定时期、特定领域的局限性，因此，我们面对权威时，一方面要尊重其以往取得的成果，另一方面也要进行思考。

（2）唯自我性思维定势

人在认识客观世界的过程中，总要在表象或概念的基础上进行判断、推理的理性认识，认识的主体当然是人自身。人是"一切前提的前提""一切根本的根本"的理念一旦深入固化，就会忽视人与客体、人与环境之间的双向关系，陷入极端的自我中心，形成思维定势。

有一位科学家进行了一次隔着房间但可以用电话通信的信息交流试验。他把人分成三组，每一组都有若干规则和限制条件。每组中 A 队员和 B 队员分别得到一套扑克牌，其中 A 的扑克牌很有规律地排列，B 的扑克牌则是乱的。

问题是：要求 A 队员告诉 B 队员怎么把他手中的扑克牌排成同 A 手中扑克牌一样的顺序。

第一组规则：小组中的 A 可以对 B 说话，但 B 不许提问题。实验结束后，小组中的 B 队员无一人的排列顺序正确。

第二组规则：小组中的 A 可以对 B 说话，B 不能跟 A 对话，但可以按电铃示意 A 重复指示。实验结束后，小组中的一些 B 队员把顺序排对了。

第三组规则：A、B 可以自由交流。实验结束后，每组的 B 队员都把顺序搞对了。

由此可见，只有相互之间信息充分交流，主客体才能最大限度地达到统一。

通常人们在与外界交流的过程当中，或多或少都会有上述三组的可能性，因此，产生误解的可能性也就很大，原因就在于人们思考问题时总受到唯自我性思维定势的影响。

只有跳出自我，不为自己的错误辩解，从对方的角度或者换一个角度看问题，在征求相关专家意见的基础上判断，形成实事求是、调查研究的习惯，才能有利于克服唯自我性思维定势。[①]

二、思维定势的危害

被思维定势束缚的人遇到问题往往会有如下四种表现。

1. 穿新鞋走老路

20 世纪 50 年代，美籍华裔生物学家徐道觉的一位助手，在配制冲洗组织的平衡盐溶液时，由于不小心错配成了低渗溶液。低渗溶液最容易使细胞胀破。当他将低渗溶液倒进胚胎组织，无意中在显微镜下发现染色体溢出，其数目清晰可见。这本来是徐道觉意外发现人类染色体确切数目的大好良机，可是他盲目地相信美国著名遗传学家潘特 20 年代初在其著作中提出的观点：大猩猩、黑猩猩的染色体都是 48 个，因此可以推断，人类的染色体也是 48 个。因此，他没有去验证潘特的推断，错失了一次获得重大发现的机会。又过了几年，另一位美籍华裔生物学家蒋有兴采用低渗处理技术，发现人类的染色体不是 48 个，而是 46 个。徐道觉只得扼腕叹息！

2. 不敢质疑权威

英国哲学家罗素在一次讲座上向听众提了一个问题："2+2=？"没有想到场内全是硕士以上学位的学者型听众，竟然鸦雀无声！众人们左思右想：罗素是世界哲学权威，他提出这个问题必有其深刻的道理，绝对不会那么简单。

罗素又问一次："2+2=？"众多听众依然是面面相觑，不敢作答。罗素只好自己作答："2+2=4 嘛！"听众先是愕然，继而哗然。

3. 唯命是从

20 世纪 50 年代初，美国某军事科研部门在研制一种高频放大管的时候，科研人员都被高频放大管能不能使用玻璃管的问题难住了，研制工作迟迟没有进展。

后来，由发明家贝利负责的研制小组承担了这一任务。鉴于以往研制的情况，上级主管部门在给贝利小组布置任务时，同时还下达了一个指标：不许查阅有关书籍和文献。经过贝利小组的顽强努力，终于制成了一种高达 1 000 个计算单位的高频放大管。

完成任务后，研制小组的科研人员都想弄清楚为什么上级要下达不准查书的指示。在查阅

---

① 如何破除思维定势可以参阅：王健. 创新启示录：超越性思维［M］. 上海：复旦大学出版社，2003.

了有关书籍和文献后，他们全都大吃一惊，原来书上明明白白地写着：如果使用玻璃管，高频放大的极限频率是 25 个计算单位。这个结论成了以前研制工作的拦路虎。

后来，贝利对此发表感想说："如果我们当时违背了上级的指示，查阅了相关书籍和文献，我们一定会重蹈前面研制工作的覆辙，一定会对研制这样的高频放大管产生怀疑。"

4. 思维僵化，不求改变

对于习惯于直线思考的人来说，电影院就是看电影的地方。影院里无非有银幕和一排排的座椅。而美国的道菲兄弟却创造了电影院的另一种格局。

道菲兄弟在佛罗里达州投资 100 万美元，建成一个"餐厅电影院"，希望让电影院的观众坐在舒服的座椅上吃着三明治，喝着啤酒，同时还能悠然自得地观看电影。

不久，餐厅电影院开张，立刻受到人们的欢迎，尤其迎合了年轻人的胃口。这里没有传统的一排排的固定座椅，而是较为宽松地放置了桌椅，穿着燕尾服的服务员彬彬有礼地为观众送上三明治、意大利脆饼、啤酒等食物和饮料。在放映的时候，人们常会体会到在家里与亲朋好友聚会的气氛和感觉。

最重要的是，到这里来看电影只要付 2 美元的门票，在当时的美国，一般电影院的门票是 5 美元。原来道菲兄弟的赚头来自食物和饮料，有趣的是：许多观众根本不在意这里将要放什么影片，他们真正喜欢的是这里"家庭影院"的气氛，奔着这里的食物和饮料来的，一边吃着东西，一边看着电影，给人带来许多乐趣。

三、如何破除思维定势

突破惯性思维（二）

在初步认识了思维障碍的存在，弄清了它们的类型、根源与危害之后，我们就迈出了克服思维障碍的第一步。

国内创造学学者庄传釜先生认为，思维障碍一般可分为两类，分别为"以量求质与克服不自觉的思维障碍"和"推迟判断与克服自觉的障碍"，本书采用这种分类方式分别叙述。

（一）以量求质与克服不自觉的思维障碍

不自觉的思维障碍是下意识的，是由固定的模式、固定的角度、固定的方式感受事物带来的。克服这类思维障碍的办法是多做质疑，运用发散思维或头脑风暴法等创造技法，以量求质。以量求质就是设立一个数量指标，不达此数量指标就不收兵。

多做质疑就是要有提问题的意识，创造离不开提问题，所谓提问题是指不满足于现状，广开言路，开动脑筋。怀疑的态度就是科学的态度。实行以量求质是培养问题意识的有效途径和手段。以量求质是其外在的行为，可以操作。养成了以量求质的习惯，也就树立了提问题的意识。

思考：如何取钢管中的球？

如图 3-6 所示，有半截钢管下端埋在水泥地里，拔不出来也扳不倒。一只乒乓球刚好落在了钢管里，假定钢管暴露在地面上的高度是 20 cm，内径比乒乓球大 2 cm。可用的物品有 30 m 晒衣绳，还有铁丝衣架、木柄榔头、沙子、凿子、锉刀、管子钳各一把。请问：可以采取哪些方法把球完好无损地取出来？

大家纷纷发表自己的想法："用锉刀把钢管锉断。""用凿子把钢管凿断。""用榔头敲击管子，让球弹出来。""用沙子将球垫出来！""用水使球浮起来。"但是现场没有水。有人受用水的启发，提出："让孩子向水管中撒尿使球浮起来！"还有人听得有点烦："为了弄出个乒乓球，把好好的东西都弄坏了，太不值得！这个乒乓球不要了。"此语一出，大家鸦雀无声。

经过讨论，最后的结论是，"这个乒乓球不要了"的方案获得最多认可，"向水管中撒尿使球浮起来"的方案可行。

按照以量求质的原则，并综合大家的想法，最后得到了理想的解决方案。一个理想结果的产生一般要经过常规经验、不完备知识的启发及灵感思维的诱发。所以，开始出现一些不成熟的解决方案也是正常的，后面的有用方案也是受前面方案的启发而得到的。以量求质的原则也充分体现了由量变到质变的哲学原理。

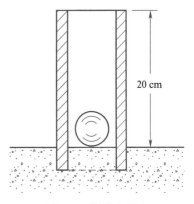

图 3-6　钢管中的球

（二）推迟判断与克服自觉的障碍

推迟判断是相对急于判断而言的，即对新的技术方案暂时不做是否有价值之类的判定，经过一段时间的思考或多种方案的比较，以期待获得最佳的方案。由于推迟判断是在思维创新阶段，即使有错误，代价也较小，只要时间允许，围绕经济效益和社会效益的总目标，应尽量多做思考，征求多方意见，亲自实践，调查研究，以获得更多的方案来选择。当然，推迟的时间也不能无限延长，最佳时间与产品的技术含量、技术要求和质量等因素相关，是在实践中综合各种因素后不断摸索而形成的。有的项目可能几天或几个月，有的技术可能是几年甚至几十年。

自觉障碍属于有意识的障碍，下意识地从传统的常识、常情、常理出发，对新生的事物急于作出判断，损害了内心世界接受启发的能力，闭塞了反常规思想的产生源泉，使感受力和想象力等有意的思维受到进一步束缚，使无意识思维也受到阻碍。

克服自觉障碍的办法是对新的事物暂不作质疑，实行推迟判断。推迟判断不是不要判断，而是要求更高水平的判断，推迟判断的目的正是要创造大量可供比较与鉴别的对象，为高水平的判断准备条件。

例如电机的发明过程。1800 年 3 月意大利物理学教授伏打发明了伏打电堆，获得了稳定的电流。六个单元的伏打电堆就可以得到 4.56 V 的直流电压。法拉第在 1831 年发现运动的磁场能产生交流电流的现象，并发明了单机电机，尽管产生的电流和电压都微不足道，由于不自觉地应用了"推迟判断"，为后人的研究带来了启发，改变了人类使用自然力的方法。

出身贫苦家庭的英国科学家法拉第，自学成才，20 岁就成为英国皇家科学院大化学家戴维的助手。1820 年，一次偶然的机会他得知丹麦科学家奥斯特发现了电流会对小磁针带来影响，他灵机一动，产生了逆向思维，即能否用磁生电？

1831 年 10 月 17 日，在长达十年的实验后，他终于发现，将条形磁铁插入线圈的一瞬间，电流表的指针才会微微摆动。通过反复试验，他发现了变化的磁场会带来交变的电流，而不是直流电流。

1831 年 10 月 28 日，法拉第发明了单机电机，如图 3-7，采用一个 U 形磁铁，圆形转盘在 U

形磁铁的 N 极和 S 极之间旋转，切割磁感线，从而产生直
流电流。

由于圆盘的直径（长度）的限制，单机电机的电压很
小，达不到 1 V，很多人对这个电机的实用性提出了质疑！
有人不无讥讽地对法拉第说："法拉第先生，你这个电机有
什么用啊？"法拉第反讥道："请问这位先生，刚出生的婴
儿有什么用啊？"一语道出了推迟判断的本质。

图 3-7　法拉第单机电机示意图

1837 年，英国物理学家重复了法拉第磁生电的过程，
他用绝缘导线绕成了线圈，在马蹄形磁铁中旋转产生了交
流电，制造出第一台交流发电机。

1856 年，德国科学家西门子把绝缘导线绕在铁芯上，形成转子，由于增大了磁场强度，
电机产生了强大而稳定的交流电流。

1865 年，英国曼彻斯特的维尔德公司用电磁铁代替了永久磁铁，获得了强大的电流。

1866 年，德国科学家西门子发明的电磁式自激直流发电机输出功率达到 2 000 W。

1868 年，法国科学家格拉姆改进了转子的结构，将绝缘导线绕成线圈，固定在转子上，
通过滑环产生了强大的电流。这是现代电机的雏形，从此人类进入应用电流的时代。

由此可知，实行推迟判断，防止固有的思维定势带来不良影响，是每一个人都需要掌握并
应用的创新手段。

有人问：推迟判断是否有悖于创新精神？实际上，推迟判断是为了作出更正确的决定。创
新精神是指勇于创造、敢于创造的意志和品格。创新精神当然不是为了做无价值的创造，通过
推迟判断可以获得优质的创造成果，为创新精神准备条件。所以，推迟判断是培养创新精神的
有效途径或手段，创新精神是实行推迟判断的终极目的。创新精神是内在的思维活动，难于把
握。推迟判断是外在的行为，容易做到。推迟判断是培养创新精神的外在化、操作化手段，养
成推迟判断的习惯有利于培养创新精神。

第三章习题

第四章

创造技法与创新方法

组合作用似乎是创造性思维的本质特征。

——爱因斯坦

第一节　创造技法概述

2008 年，科学技术部等四部委联合印发了《关于加强创新方法工作的若干意见》，特别提出"自主创新，方法先行"。为了缩短产生创造成果的时间，提高创造性设想的效率，一百多年来国内外创造学者都在研究探索发明创造的方法，迄今为止已有三百多种创造技法。

一、创造技法的概念

有学者认为，创造技法就是经过提炼而成的程序化的用于达到创造目的的方法。日本创造学家村上幸雄认为，以发散性思维为主的思维方式定型化，使其适用于任何人，成为具有普遍性、程序化的科学方法，即为创造技术。

创造技法具有科学性、程序化和实用性的特点。科学性是指创造技法在实践中不断总结而成，反映了创造机理和原理。程序化是指创造技法有明确的实施步骤和程序，而且需要遵守一定的规则来实现。实用性是指创造技法可以逐条执行，可以传授，可以学会。

本书将创造技法定义为：主体在开展创造活动中能够带来新颖性结果的可操作的方法。

二、创造技法的分类

有学者将创造技法分为三大类：扩散发现技法、综合集中技法、创造意识培养技法。[1]

（一）扩散发现技法

扩散发现技法主要是运用想象进行思维扩散带来大量设想，在此基础上提出新设想。相关的技法有自由联想技法、类比发想技法、特殊发想技法、问题点发现技法、面洽技法等。

（二）综合集中技法

综合集中技法指将搜集到的大量信息进行整理筛选，从而解决问题。相关的技法有综合技法、预测技法、计划技法等。

（三）创造意识培养技法

创造意识培养技法是为带来新设想而运用创造意识的方法。相关的技法有集中精神技法、协商技法、心理剧技法、思维变革技法等。

三、创造技法实施后的设想评价

应用创造技法后会带来大量的设想，就需要对这些设想进行评价。设想评价可采用五人左右的专家评审或召开全体人员参加的二次会议的方式。对设想的评价不能在当天进行，最好过几天进行，因为有相同成员进行评价时，他们会提出在这一期间考虑到的新设想。

（一）设想分类

设想分类如表 4-1 所示。

---

[1]　相关技法详细内容可以参阅：高桥诚 . 创造技法手册［M］. 蔡林海，等译 . 上海：上海科技普及出版社，1989.

表 4-1 设 想 分 类

设想类型	内容	新颖性	已应用	设想处理
一般性设想（C）	一般化、无新意的、重复性的设想	×	√	舍弃
实用性设想（U）	具有实用性、可以实施的设想	√	×	实施
奇特性设想（O）	在目前的科技条件下无法实现的、脱离现实的设想	√	×	再开发

（二）设想处理

1. 一般性设想——舍弃

一般性设想由于缺乏新意或者已由前人提出过并已经应用了，就失去了进一步实施的价值，所以要舍弃。一般性设想用英文字母"C"表达。比如，运用头脑风暴法设计一个理想的校园交通工具，有人提出自行车、电动车、汽车等，这无疑是前人已经用过的设想，缺乏新意，因此需要舍弃。

2. 实用性设想——实施

实用性设想具有可开发的可能性，可以组织实施。实用性设想用英文字母"U"表达。比如，运用头脑风暴法设计一个理想的校园交通工具，有人提出用双人自行车，经过论证后具有应用性，可以实施。

3. 奇特性设想——再开发

奇特性设想是指在现有的科技条件下或现有的命题下难以实施的设想，奇特性设想用英文字母"O"表达。但它的内容具有新颖性，所以不能简单地舍弃，需要实现从奇特性到实用性的再开发（O→U 转换）。再开发可以从目标转换、方法转换、原理转换三个方面进行。

（1）目标转换。目标转换就是把奇特性设想的原目标转换为另一个目标，但仍然保留原设想的新颖性。比如，运用头脑风暴法设计校园内理想的交通工具，有人提出用大炮。显然，用大炮载人是不可能的，但可以转换目标为设计某个远离岸边的岛屿理想的交通工具，由于风浪不能通行，用大炮寄信是可行的。

（2）方法转换。方法转换是指在原目标不变的前提下，设计另外一种方法来达到目标。比如，运用头脑风暴法设计校园内理想的交通工具，有人提出坐云彩。显然，人坐在云彩上是不可能的，但可以联想到在校园内用云彩形缆索车作为交通工具。

（3）原理转换。原理转换是指把奇特性设想实现原目标的原理等价转化为另一个原理来实现另一个目标。比如，运用头脑风暴法设计校园内理想的交通工具，有人提出用传真的方法。显然，用传真的方法移动人是不可能的，但是通过传真传递信息的思路，可以采纳，在校园内设置多处可以实现自动打印材料的设施柜。

4. 暂时无法开发的设想——储存

对于经过二次开发仍未能转化为实用性设想的奇特性设想，不能简单舍弃，而应把它储存起来，待条件成熟时对这些具有新颖性的设想再进行开发。比如，设计校园内理想的交通工具，有人提出的下水道、移动校园等设想，需要等到合适的时机重新开发。

（三）设想处理模式图

如图 4-1 所示，设想产生后需要进行分类，即一般性设想（C 类）舍弃，实用性设想

（U类）实施，奇特性设想（O类）再开发，经过评价后，奇特性设想一部分转换为实用性设想（O→U转换），还有一部分仍然要舍弃。剩余的设想要储存起来，等条件成熟后再重新开发。如此循环往复，直至设想处理完毕。正常情况下，应针对设想处理的整个方案形成总结报告。

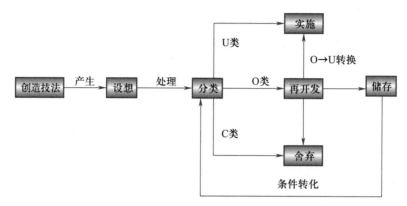

图 4-1   设想处理模式图

第二节   头脑风暴法

一、头脑风暴法的概念

头脑风暴法（brain storming）由创造学创始人奥斯本（Alex Faickney Osborn）于 1938 年提出，最初用于广告设计，是一种集体创造技法。头脑风暴法有时也被译为智力激励法。

"头脑风暴"一词最早是医学用语，原意是"突发性的精神错乱"。创造学借用这个概念来比喻思维高度活跃，打破常规思维方式，短时间内产生大量设想的状况。

二、头脑风暴法的原理

头脑风暴法的原理是若干人通过相互启发，强化信息刺激，展开想象，发生思维共鸣式扩散，从而产生大量的设想。

三、头脑风暴法的原则

头脑风暴法的概念与原则

1. 自由畅想

自由畅想是鼓励与会者放松思想，思维自由驰骋，尽可能标新立异、与众不同，提出独创性的想法。

2. 延迟评判

延迟评判是禁止当场评价，既不肯定也不否定某个设想，也不发表评论性意见。一切评价延迟到会后的设想处理阶段去解决，以避免破坏自由畅想的有利气氛，保证与会者集中精力先开发设想。美国创造学家帕内斯说："在现场推迟判断可使集体解决问题时多产生70%的设想，个人思考时多产生90%的设想。"

3. 禁止批评

禁止批评是指与会者禁止在会场上出现如"异想天开""根本行不通""我谈几点不成熟的想法""这个想法太棒了"等表述。现场判断会破坏会场气氛，影响自由畅想，抑制创造性思维。同时，禁止批评既尊重了多数人的设想，也保护了少数人可能是离奇的点子。

4. 追求数量

追求数量是指鼓励与会者补充完善别人的设想并形成新的设想。有人曾对38次头脑风暴会议提出的4 356条设想进行分析，发现有1 400多条设想是在别人启发下提出的，而且质量更高。鼓励与会者多思考，追求数量，多多益善，目的是以量求质。奥斯本发现，在头脑风暴会议中，提出设想的数目和设想的质量之间存在正相关性。

四、头脑风暴法的实施

（一）准备阶段

（1）确定议题：会前确定一个目标，使与会者明确通过这次会议需要解决什么问题。

（2）确定人选：参加者一般以8~12人为宜。人数不是越多越好，苏联学者米宁的研究表明，在一定的条件下，科研人员增加到原来的 n 倍，其效果仅增加 $\sqrt{n}$ 倍。

头脑风暴法的实施

（3）明确分工：推选1名主持人、1~2名记录员。主持人要面观全局，启发引导，活跃气氛，掌握进程。记录员将与会者的设想记录在本子上，或者输入计算机并展示在大屏幕上。

（4）规定纪律：请与会者注意力集中，积极投入；不要私下议论；发言不要客套；相互尊重，平等对待，切忌相互褒贬；等等。

（二）会议阶段

（1）会前准备：会前进行一些小型热身活动，调节气氛，激活大脑思维，也可以欣赏音乐、品茶、喝咖啡，讲点幽默故事，做做游戏，形成热烈、轻松、良好的氛围，待大家全都积极地投入会议，主持人便可切入正题。

（2）掌握时间：创造性较强的设想一般要在会议开始10~15分钟后逐渐产生。美国创造学家帕内斯指出：会议时间最好安排为30~45分钟。有研究表明，在会议的后半期可以产生78%的好设想。值得提出的是，帕内斯认为可以从已决定的结束时间开始，继续再延长5分钟。而恰恰在这5分钟里人们往往最容易提出更好的设想。当然，事前不要告诉大家！

（3）自由畅谈：要求与会者克服种种心理障碍，突破种种思维羁绊，任思想自由驰骋，提出大量创造性设想。

有一年，美国北方格外严寒，大雪纷飞，电线上积满冰雪，大跨度的电线常被积雪压断，严重影响通信。通过头脑风暴会议，与会者在45分钟内产生了120多条设想，如设计专用电线清雪机、采用电热化解冰雪、用震荡技术清除积雪、乘坐直升机用大扫帚清扫积雪、直升机扇雪等。

（三）设想评价

头脑风暴会议会带来很多设想，至此任务只完成一半，更重要的是对这些设想进行评价。

在头脑风暴会议的第二天，由主持人或秘书以电话和面谈的方式收集与会者在会后产生的新设想。这一步很重要，因为通过会后的休息，人的思路往往会有新的转变和发展，更能提出一些有价值的想法。奥斯本曾引证说，在一次头脑风暴会议中，与会者提出了 100 多条设想，第 2 天又增补了 20 条，其中 4 条设想就比前一天会议中的所有设想都更具有实用价值。

评价的方式主要有两种：一种是请专家团评审，聘请有关专家及头脑风暴会议与会者代表若干人；另一种是二次会议评审，由头脑风暴会议的全体参加者共同举行第二次会议。

注意：评价和会议不要在同一天进行，最好在会议后的第二天或第三天进行。

五、头脑风暴法的其他类型

（一）默写式头脑风暴法

头脑风暴法
的其他类型

德国学者鲁尔巴赫根据德意志民族性格内向、惯于沉思的特点，改进了奥斯本的头脑风暴法，形成了默写式头脑风暴法。默写式头脑风暴法的要求如下：

（1）确定议题。

（2）6 个人参加会议。

（3）每人用 5 分钟在一张设想表格上填写 3 个设想，传递给第二个人。

（4）第二个人受前一个人的设想启发，在第二个 5 分钟内再写 3 个设想。与会者依次传递表格，表格传递 6~8 次后，会议结束。

默写式头脑风暴法又称 635 法。由于与会者不必开口发言，因此适合性格内向、不善言辞者。当然，在实施此方法时，与会人数、每次写的设想数量和时间均可以变化。

（二）卡片法

日本创造力开发研究所所长高桥诚根据日本人办事认真、有条不紊的习惯，创立了运用卡片作为主要工具的头脑风暴法，又称 CBS 法。卡片法的要求如下：

（1）确定议题。

（2）3~8 个人参加会议。

（3）每人发 50 张卡片。

（4）前 10 分钟，每人将设想填写在卡片上，每张卡片写一个设想。

（5）每人宣读卡片，时间共 30 分钟，与会者在听别人宣读的同时，可将新的设想填入卡片。

（6）最后 20 分钟，与会者进行交流，诱发新设想。

（7）会议时间一小时左右，不仅产生了设想，还完成了设想的评议工作。

（三）三菱式智力激励法

1. 三菱式智力激励法简介

奥斯本的头脑风暴法虽然能产生大量的设想，但由于它严禁批评，因此难以在现场对设想进行评价和集中总结，会后激情已退，容易忘记。日本三菱树脂公司对此进行改革，创造出了三菱式智力激励法，又称 MBS 法。

2. 三菱式智力激励法的注意事项

（1）与会者以 10~15 人为宜。

（2）允许与会者批评和提问，所以主持人要能控制现场。

（3）一次活动的时间为 3~4 小时，故归纳整理者相当重要。

3. 三菱式智力激励法的实施步骤

（1）主持人提出问题。

（2）与会者各自在纸上写设想，每人写 1~5 个，10 分钟左右完成。

（3）每个人轮流发表自己的设想，由主持人记下每个人发表的设想，参会者也可以根据别人的设想填写自己的新设想。

（4）将设想写成正式提案，提案人对设想进行详细说明。

（5）参会者相互质询，进一步修订提案。

（6）主持人用图解方式进行归纳。

（7）全体讨论。

在头脑风暴法的基础上还有日本广播公司的头脑风暴法（NBS 法）、逆向头脑风暴法、川喜田法（KJ 法）、7×7 筛选法、起承转合法（ZK 法）等。①

头脑风暴法是一种集体思考的方法，一个人独自思考问题时，思路常常会受到限制；几个人同时对该问题进行考虑时，每个人从自己的知识经验和不同角度出发来认识这一问题，就会相互启发，产生连锁反应，从而引发更多的设想。正如弗列特·夏普所说："如果确实融入意见发表会中，个人灵感可在别人卓越的创意上点火，引发更多创意的火花。"这种现象又称为思维连锁反应。

另外，在头脑风暴法的畅想会中，自由畅想、延迟评判、禁止批评、追求数量这四个原则很关键。在畅想会中，言者无罪，任何人的设想都可以被愉快地接受，可称之为"信息正强化"。否则，在会议现场中，如果有激烈的反对声，会使提案大为减少，可称之为"信息负强化"。

但头脑风暴法也有局限之处，如应用于一些窄而专的具体产品的设计，往往由于设想过于离奇或平泛，而使问题得不到解决。所以头脑风暴法适合于开发新产品、扩大产品用途和改进广告设计等方面。

国内创造学者庄寿强教授认为，头脑风暴法能够产生创造性设想，但不能带来具体的方案，如结构关系、连接关系、参数等，所以它不宜放入创造技法中，而应归入创造性思维方法中。

我国古代有大量凝结劳动人民智慧的、含有创造性思维方法的经典语句，如"三个臭皮匠，顶一个诸葛亮""三人行，必有我师""众人拾柴火焰高"等。仔细琢磨一下，在这些语言中都暗含了"延迟评判""禁止批评"等头脑风暴法的原则。春秋战国时期的庙算是一种集众智的战略决策形式，曹操注《孙子》说："选将、量敌、度地、料卒、远近、险易，计于庙堂也。"参加人员包括帝王、大臣以及一线将士，议事时各抒己见，想法可以对立、尖锐，也可以质疑、辩论，类似卡片法，最终完成相关议题的讨论与决策工作。

---

① 可以参阅：高桥诚.创造技法实用手册［M］.田云，邵永华，译.长沙：湖南科学技术出版社，1992.

第三节   列举法

列举法分为特性列举法、缺点列举法、希望点列举法。

一、特性列举法

（一）原理与定义

特性列举法

1. 原理

特性列举法的原理是通过对研究对象特性的详尽分析，受研究对象各种特性细节的启发，在适当的外界微压力下，逐项思考、探究，进而诱发创造性设想。

2. 定义

特性列举法是遵照一定规则详细地罗列研究对象的各种特性，根据其特性的启发，创造者在主观努力下进行联想，进而诱发创造性设想的创造技法。

特性列举法的优点是有利于克服惰性，尤其适合在已有产品的基础上进行新产品开发和革新改造时使用。

特性列举法是由美国内布拉斯加大学克劳福德教授总结提出的。

（二）实施步骤

1. 对象剖析

将研究对象逐步分解为若干个子系统，直至最小基本结构单元。

2. 特性列举

一般将特性分为名词类特性，如结构、材料、制造方法等；形容词类特性，如形态、体积、重量、颜色等；动词类特性，如原理、功能等。

3. 特性（设想）改进

针对罗列出的各种特性逐一进行推敲，从而产生多种设想。

4. 设想处理

对已获得的设想进行评价处理，分别予以舍弃、实施或再开发。

案例：保温瓶

1. 对象剖析

保温瓶可以分解为外壳、瓶胆、瓶塞、瓶盖四个子系统。

2. 特性列举

将四个子系统分别按照名词类、形容词类和动词类三个方面来加以考虑。

3. 特性（设想）改进

针对罗列出的各种特性逐一进行推敲，引发出各种设想。

4. 设想处理

设想处理按常规方法进行。

具体内容如表4-2所示。

表 4-2 特性列举和特性（设想）改进——以保温瓶为例

对象剖析			特性列举	特性（设想）改进
外壳	名词类特性	结构	外壳与内胆、瓶盖固联	外壳与内胆之间置入隔热材料
		材料	铝合金	改为铁皮、仿古竹子、塑料
		制造方法	冲压	冲压、浇注、手工
	形容词类特性	造型	截面为圆形的圆柱	截面为椭圆形或前三角后半圆
		体积	直径 200 mm，高度 280 mm	体积可以变小，适合出行携带
		质量	500 g	变轻
		颜色	淡黄色	多种颜色、图案和文字，如诗词、书画、照片等
	动词类特性	原理	按压吸水	电动吸水、太阳能吸水
		功能	保温	无
瓶胆	名词类特性	结构	内胆与外壳固联	内胆分为左右两部分，分别盛放热水和凉水
		材料	玻璃	镀层用镁或其他金属
		制造方法	浇铸等	用消失模成型
	形容词类特性	造型	截面为圆形的圆柱	截面为椭圆形或前三角后半圆
		体积	直径 18 cm，高度 26 cm	体积可以变小，适合于旅游
		质量	500 g	变轻
		颜色	白色	无
	动词类特性	原理	双层胆	用隔热材料保温
		功能	保温	保冷，适用于夏天储存食物
瓶塞	名词类特性	结构	旋转	圆锥形挤压形式
		材料	塑料	木头
		制造方法	压铸	机加工
	形容词类特性	造型	圆柱形	无
		体积	直径 50 mm，高度 50 mm	随瓶胆大小改变
		质量	100 g	随瓶胆大小改变
		颜色	棕色	无
	动词类特性	原理	螺纹拧紧	外加压力
		功能	密封	在密封的螺纹处加密封胶

续表

对象剖析	特性列举			特性（设想）改进
瓶盖	名词类特性	结构	与外壳固连；固定按压取水装置	固定电动取水装置
		材料	塑料	不锈钢
		制造方法	压铸	冲压
	形容词类特性	造型	圆形	异形
		体积	直径 65 mm，高 70 mm	可以缩小
		质量	120 g	可以变轻
		颜色	淡黄色	多种颜色
	动词类特性	原理	翻盖式打开	螺纹式打开
		功能	密封、保温	保冷

（三）注意事项

值得提出的是，对研究对象进行系统分析时，不同的具体方案都要概括该研究对象的各种特性。设想开发工作可以由个人完成，也可以结合其他创造技法（如头脑风暴法等）集体完成。由于罗列的特性十分详尽，全面开发设想的工作量很大，每次可以先研究一个子系统，取得成效后再研究另一个子系统，直到整个系统研究完毕。

二、缺点列举法

（一）原理与定义

缺点列举法

1. 原理

缺点列举法是通过详尽分析研究对象各个方面的不足之处，在适当的外界微压力下，逐项思考如何克服缺点，进而诱发创造性设想。

2. 定义

缺点列举法是通过分析研究对象各方面的不足之处并予以罗列，创造者在主观努力下进行联想，进而提出各种设想来加以改进和完善的创造技法。

从发展的眼光来看，世界上一切事物都不可能尽善尽美。由于人的惯性思维和惰性，面对看惯了、用惯了的东西，往往很难发现它的缺点，无形中便失去了创造的欲望和机会。缺点列举法是特性列举法的特例。

（二）实施步骤

1. 对象剖析

将研究对象逐步分解为若干个子系统，直至最小基本结构单元。

2. 缺点罗列

逐一找出列出各基本单元的各种不足之处。一般将缺点分为名词类特性，如结构、材料、制造方法等；形容词类特性，如形态、体积、重量、颜色等；动词类特性，如原理、功能等。

3. 缺点改进

针对罗列出的各种缺点逐一进行推敲，通过联想产生出各种设想。

4. 设想处理

对已获得的设想进行评价处理，分别予以舍弃、实施、再开发。

（三）注意事项

值得提出的是，要正确理解缺点，缺点未必是缺陷，有可以改进、提高之处的均可算缺点；寻找缺点不是全盘否定，而是使之不断完善。缺点列举法是在原有事物基础上加以改进的创造技法，离不开原有事物的前提，适用于已有问题的改进。缺点列举法的设想开发阶段可以由个人完成，也可以由集体开发，如采用头脑风暴法会等。实践表明缺点列举法是应用最广且行之有效的技法，可作为创造发明教育的入门实践活动。

三、希望点列举法

（一）原理与定义

1. 原理

希望点列举法的原理是从人们的愿望和需要开发，将人们希望所具有的、理想化的事物的特性罗列出来，从而提出切实有效方案。

2. 定义

希望点列举法是通过列举希望事物具有的属性，创造者在主观努力下进行联想，寻找新的方案的一种创造技法。

希望点列举法是特性列举法的特例，它不受原有事物的束缚，可以在一无所有的前提下开始，所以说希望点列举法是主动型的创造技法。

（二）实施步骤

1. 希望点分析

分析现有产品新功能、新结构的需求；从功能、审美、经济、实用等角度出发分析社会需要。

2. 希望点收集

激发个人对现有产品或未来产品的希望点，收集他人对现有产品或未来产品的希望点。收集希望点也可以分为名词类特性，如结构、材料、制造方法等；形容词类特性，如形态、体积、重量、颜色等；动词类特性，如原理、功能等。例如，希望把伞装入提包；希望不费力地将重物搬上楼梯；希望用无人飞行器送快递到高楼。

3. 希望点改进

针对罗列出的各种希望点逐一进行推敲，通过联想产生出各种设想。例如，由于希望把伞装入提包，发明了折叠伞；由于希望不费力地将重物搬上楼梯，发明了能爬楼梯的小车等。

4. 设想处理

对已获得的设想进行评价处理，分别予以舍弃、实施、再开发。

（三）注意事项

希望，代表人们某种新的期盼，希望点的背后是新问题和新矛盾。因此，希望点就是发现和揭示有待创造的方向和目标。希望的背后蕴藏着发明，能想出满足希望要求的新点子、新创意，就意味着新发明。

例如，美国佛罗里达州的画家律普曼十分贫寒，画具很少，修改用的橡皮只有一小块。一天作画时出现失误，想用橡皮擦掉，找了很久才找到橡皮，后来又找不到铅笔。这使他产生了希望既有笔又有橡皮的愿望，于是就发明了带橡皮的铅笔。

值得注意的是，重视人类需求的分析，应当知道人类有哪些需求。还要注意盲人、聋人、残疾人、孤寡老人等特殊群体的需求和希望。要善于发现潜在的需求，在社会对产品的需求中，潜在需求占 60%～70%。要关注现实的需要，即摆在眼前的需要，是人们急于实现的需求，是几乎每个人都能感觉到的需求。

例如，随着工业革命的发展，人们呼吁蓝天白云，呼唤无污染又有益人体健康的新商品。在这种希望的驱使下，人们提出"绿色商品"的概念，并开发出"绿色消费"。

第四节   联想法

联想法

联想是由当前的事物回忆起有关的另一事物，或由想起的一件事物又想到另一件事物。这里的"想"是指已存储在大脑里某一个区域的事物或信息，"联"是由大脑中该区域的信息与大脑中另一个区域的信息（或者是另一种"想"）建立了联系，在建立联系的过程中会产生新的设想。这应是人人皆有的自然属性。其实头脑风暴法、检核表法、和田十二法等本质上都属于联想类技法。本节主要介绍联想的基本概念及几种常用的联想法。

一、联想的基本概念

1. 联想的概念

联想是由一事物（概念、现象）想到另一事物（概念、现象）的心理过程。前一事物称为刺激物，后一事物称为联想物，实质是在不同事物之间建立起的暂时联系。联想存在两种情况：客观联系和主观联系。客观联系指事物之间原本存在的联系，如云和雨；主观联系指思维过程中建立事物之间原本不存在的联系，如彩虹与桥。

2. 联想的分类

联想可分为相似联想、对比联想和接近联想。

（1）相似联想是指在性质或形式上相似的事物之间所形成的联想。例如，人们从蜂巢的六边形格状结构联想到建筑，并加以应用；由海绵的多孔状结构联想到类似的材料，从而发明了泡沫塑料。

（2）对比联想是指在具有相反或相对立性质的事物之间所形成的联想。

从属性对立角度：圆珠笔的改进。为改变圆珠笔漏油的现状，设计师们做了大量工作，主要是寻找寿命更长的"圆珠"，但结果很不理想。马塞尔·比希将圆珠笔做了改进设计，解决了漏油的问题。他的想法是："既然不能很好地将圆珠笔的寿命延长，那为什么不主动地控制圆珠笔的寿命呢？"他所做的工作是在实验中找到一颗"圆珠"所能完成书写的最大用油量，然后每支笔所装的油都不超过这个最大用油量即可。这样，方便、价廉又卫生的圆珠笔成了人们最常用的书写工具之一。

从优缺点角度：铜的氢脆现象的发现。"氢脆"是指氢原子进入金属的晶格内，造成晶格的外扭，产生很大的内应力，使金属镀层和基体的韧性下降，金属材料就变脆了。但是利用铜的氢脆现象研制铜粉的效果却很好。

从结构颠倒角度：薄型袖珍电视机。在电视机的功能要求越来越多、尺寸越来越大的情况下，薄型袖珍电视机反而大受欢迎。

（3）接近联想是指在空间、时间或其他方面接近的事物之间所形成的联想。例如，空间上，从桌子想到椅子。时间上，从冬天想到大雪纷飞。时空交织上，无级变速装置的发明，就是根据机床电机的电磁感应，想到不用机械零件而直接通过控制磁场变化实现变速。

有研究表明，对任何两个似乎毫不相干的概念，一般经过四五步联想即可在两者之间建立联系。这样的联想，可以通过相似联想、对比联想或接近联想形式多次重复交叉而形成一系列的"连锁网络"，从而产生大量创造性设想。

3. 联想的作用

一是形成回忆，如由纪念品想到赠送者及有关往事。

二是增强记忆，如利用谐音记忆圆周率 3.141 59，"山顶一寺一壶酒"。

三是促进推理，从而获取新知，如通过足迹判断人的身高、体重。大冶古铜矿遗址发现 35 枚 2 500 多年前的古人脚印，刑侦技术人员检测了其中的 12 枚赤足印，判断这些脚印起码为 2 人所留存，一人身高为 1.72 m，一人身高为 1.52～1.54 m；赤足印迹有重压痕偏外、横向移位等痕迹，可确定赤足者有负重特征。

联想的作用不仅能通过回忆增强记忆力，还能通过想象获得新的设想或信息，并存储在大脑的某个区域，为进一步联想带来更优层面的信息。

4. 影响联想能力的因素

一是心理素质，思维、反应速度、记忆力，思维、反应速度、记忆力与联想能力成正比。二是知识积累，这是联想的基本保证。三是思维习惯，这同人们所处的环境密切相关。如生长在海边的人经常会将事物与大海产生联想。又如，自古至今人们对月亮充满着无限的想象，诗人李白抒发思乡之情："举头望明月，低头思故乡。"而科学家眼中的月亮是神秘的，是值得去探索的。平时应该注意观察，加强训练，并且克服某些固定的思维习惯，以不断提高联想能力。各种联想创造技法正是在开发联想能力的基础上建立起来的。

二、联想法

联想法，也称联想组合法或组合法，它的思维基础是联想思维，依据的原理主要是组合创造原理。常用的联想法可分为自由联想法、强制联想法和相似联想法。

（一）自由联想法——输入输出法

输入输出法是由美国通用电气公司提出，基本内容是把所希望的结果作为输出，以能产生此输出的各种条件作为输入，从输入出发进行联想并用实际的各种限制条件评价设想，如此反复交替，最后得到理想输出。

由于交替使用联想和评价，将构想的过程与优选的过程相结合，提出的设想较成熟、实用。在实施的过程中多采用集体讨论的方式，可以由主持人负责汇总，也可以设置一名记录员。输入输出法的实施步骤为：

（1）由主持人宣布课题任务，即输出，并提出限制条件，与会者根据输出提出各种条件，即输入；

（2）对输入进行全面深入分析；

（3）在输入与输出之间提出各种联想和设想；

（4）依限制条件评价各种联想和设想，反复交替进行；

（5）给出理想输出方案。

输入输出法的步骤如表 4-3 所示。

表 4-3　输入输出法步骤示意

输入		构想	评价	构想	评价	构想	评价	构想	评价
最初状态	A	A1	×	A21	×	A231	×	A2331	×
		A2	O—	A22	×	A232	×		
		A3	×	A23	O—	A233	O—	A2332	O
		A4	×						
	B	B1	×	B21	×	B221	×		
		B2	O—	B22	O—				
		B3	×						
	C	C1	O—	C11	×	C411	×		
		C2	×	C12	×				
		C3	×	C13	×	C412	×	C4131	×
		C4	O—	C41	O—				
				C42	×	C413	O—		

如根据输出提出输入 A、B、C，围绕输入 A，提出联想 A1、A2、A3、A4，结合限制条件进行评价，若 A2 较为理想则继续进行联想，提出联想 A21、A22、A23，再结合限制条件进行评价，如此反复，最后得到理想输出为 A2332。若输入为 B 或 C，依次推之。

案例：设计一种高层建筑防火报警器。

首先由主持人宣布课题任务和限制条件。

第一，课题任务即输出，要设计一种高层建筑防火报警器，也就是火灾（电火、煤气泄漏起火、其他易燃易爆物品引火）报警器。

限制条件有：

（1）发生火灾几秒内在距火灾中心 100 m 内能自动向消防队报警；

（2）价格在千元以下；

（3）24 h 连续运转；

（4）使用简便，故障少。

第二，与会者提出输入，并对输入初步分析。

输入最初状态：高层建筑发生火灾，联想到 A、B、C、D 等。

第三，在输出 A1、A2、A3、A4 与输入 A 之间建立联想；在输出 B1、B2、B3 与输入 B 之间建立联想；在输出 C1、C2、C3、C4 与输入 C 之间建立联想；等等。

由高层建筑发生火灾展开自由联想。

◎最初状态：高层建筑着火后将如何？

A：会发热；

B：会发光；

C：会产生气体；

D：会产生烟雾。

① A "发热" 会引起哪些反应？

A1：引起各种金属、液体或气体膨胀；

A2：使金属熔化。

② B "发光" 会引起哪些反应？

B1：各种物理化学反应。

③ C "气体" 会引起哪些反应？

C1：气体体积膨胀，充满空间。

④ D "烟雾" 会引起哪些反应？

D1：烟雾笼罩，遮挡识别物。

◎评价及设想：这些反应中哪些因素对报警有用？

A11：液体膨胀可采用压力传感器；

A21：热引起金属熔化可采用电保险丝装置；

B21：火光可采用光敏器件捕捉；

C21：气体敏感的元件来测出而报警；

D21：烟雾可利用图形识别技术。

第四，结合实际的各种限制条件，如发生火灾几秒内就能在距火灾中心 100 米内能自动向消防队报警，24 小时连续运转等，再对设想进行评价，发现：

A11 利用压力传感器造价高，不适宜；

A21 利用易熔的金属保险丝报警器比较合乎要求；

B21 光敏器件虽然价格稍高，但较可靠；

D21 识别技术测烟雾，手段复杂，造价高，不适宜。

最后，我们给出理想方案为：易熔金属保险丝报警器、光敏器件报警器。

运用输入输出法得出解决方案如表 4-4 所示。

表 4-4 运用输入输出法得出解决方案

输入		构想	评价	构想	评价
火灾	A：发热	A1：金属、液体、气体膨胀	O	A11：压力传感器	X
		A2：金属熔化	O	A21：保险丝装置	O
	B：发光	B1：各种物理化学反应	O	B21：光敏器件	O
	C：气体	C1：体积膨胀，充满空间	O	C21：气感元件 如：化学分析仪	X
	D：烟雾	D1：烟雾笼罩，遮挡识别物	O	D21：图形识别传感器	X

　　输入输出法是一种将期望的结果作为输出，以能产生此输出的一切可用条件作为输入，先从输入到输出进行构想，再结合实际的限制条件进行评价，如此反复，最终得出理想的输出。

　　分析出理想方案为：易熔金属保险丝报警器和光敏器件报警器。

　　（二）强制联想法

　　1. 二元坐标联想法

　　（1）原理

　　通过建立二元坐标系，将多种信息分别列出，进行交汇，强制性地从中寻求相互之间的联系，产生联想，进而诱发创造性设想，这种创造技法就是二元坐标联想法。

　　二元坐标联想法有利于破除思维定势，特别有利于在原本相距很远、差别很大的事物之间建立起联系，并诱发设想。

　　（2）实施步骤

　　① 提出联想元素。

　　联想元素可以是事物和物质特征（如钢笔、汽车、塑料、铝合金），也可以是事物形状特征（如液体、圆形、彩色），还可以是现象（如发光、变形、发声）等。

　　② 建立二元坐标系。

　　建立由两根垂直相交的坐标轴组成的坐标系，将提出的所有联想元素两两相交，获得一系列交汇点。

　　③ 完成联想图。

　　对联想产生的设想进行分类，采用不同符号标记在联想图的相应部位。可直接用字母标在图上。通常为了标记方便，应用性设想用 U 表示，一般性设想用 C 表示，奇特性设想用 O 表示，无意义设想用 X 表示。

　　有两种作图法，即三角形法和直方形信息交汇法。

　　三角形法联想图如图 4-2 所示。

　　直方形信息交汇法联想图如图 4-3 所示。

　　值得提出的是，直方形信息交汇法便于实施，但相比三角形法会丢失一些联想元素，如1—4、5—8 就无相交结果。

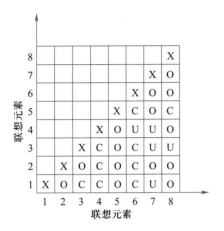

图 4-2　三角形法联想图

1—钢笔；2—汽车；3—塑料；4—铝合金；
5—液体；6—彩色的；7—发光；8—变形

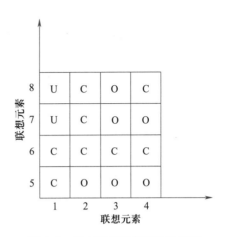

图 4-3　直方形信息交汇法联想图

1—钢笔；2—汽车；3—塑料；4—铝合金；
5—液体；6—彩色的；7—发光；8—变形

④ 设想处理。

设想处理可以采用集体与个人相结合的形式。

案例：山西创造学者关原成应用二元坐标联想法发明"新型纽扣"的过程。

首先，设计联想元素：1 为插销；2 为门锁；3 为钢笔帽；4 为变形；5 为弹性；6 为空心扣；7 为燕尾槽；8 为纽扣。

其次，建立二元坐标系。

再次，完成联想图，如图 4-4 所示。

最后，完成联想图后，发现奇特性设想 12 个，有待再开发；实用性设想 4 个，分别为：插销式纽扣、燕尾槽式门锁、门锁式纽扣、燕尾槽式钢笔帽。经过设想评价，专家一致认为"插销式纽扣"为佳。经过进一步设计，一种"无眼纽扣"就这样发明出来了。

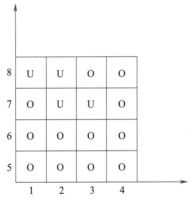

图 4-4　"新型纽扣"直方形
信息交汇法联想图

2. 查阅产品样本法

查阅产品样本法是将两个或两个以上的、一般情况下被认为彼此并无关联的产品（或想法）强制组合在一起从而产生新颖性方案的方法。在操作过程中，可以翻阅某厂家的产品目录，随意将某个产品挑选出来，然后选择另一厂家，按同样的方法挑出某个产品，再将两者强制组合，以产生独创性的结果。

如：将暖水瓶保温胆与杯子强制联想设计出现广泛使用的保温杯；巧克力和酒看似毫无联系，但可以强制组合设计出酒心巧克力。日本的发明家丰田佑吉发明的蒸汽机驱动织布机，也是运用此法。他翻阅各国的专利说明书，综合各种织布机的优点，制成了性能更加优良的机器。

这种方法思维跳跃性极大，容易克服经验的束缚，启发创造灵感。但是该方法的缺点在于：随意选择的两个事物往往没有任何内在联系，强制组合形成的联想可能缺乏逻辑，甚至看似荒谬。因此，对于该方法得出的创造性方案更要注重分析。

3. 信息交合法

信息交合法属于联想法的一种，是由我国创造学家许国泰提出的。它根据问题信息量的多少和解决问题的要求，可形成单条信息标、双条信息标和多条信息标，再进行交合连接。

信息交合法与查阅产品样本法的不同在于需将组合的对象列成坐标体系，然后一一组合，具有系统性、不遗漏性。

信息交合法的实施步骤包括：

（1）定中心。即确定问题关键词。

（2）画标线。根据中心画坐标线，组成信息标。

（3）标注点。把考虑的对象分解成若干单独信息要素，在信息标上注明信息点。

（4）相交合。信息标上的不同信息点交合连接，组成信息反应场。

例1：利用单条信息标设计一种新型家具。

确定中心为新型家具。

先画出标线；然后在标线上标出相应的信息点，如床、沙发、桌子、衣柜、镜子、电视、电灯、书架等；最后将信息标上的信息点进行交合，形成信息反应场。

如床和沙发组合，即可设计一种沙发床；沙发与桌子结合形成沙发桌，桌子与衣柜组合形成桌柜。这样便可以产生大量的设想，如沙发床、沙发桌、桌柜、穿衣镜、电视镜、电视灯、书架灯等。

例2：以双条信息标设计一种新型家用产品。

确定中心为"家用品"。

先画出功能标线和已有产品标线；然后在标线上标出信息点，功能方面有驱蚊、提神、散热等；已有产品方面有钢笔、书桌、电视等；最后将信息点交合。

已有产品本身交合，如台灯和风扇组合即可形成带有风扇的台灯；已有产品与功能的交合，如台灯和提神组合即可形成提神台灯，风扇和驱蚊结合形成驱蚊风扇。

4. 焦点法

焦点法是由美国学者赫瓦德提出，属于联想法的一种，也称焦点联想（组合）法，组合的一方可任意联想，另一方是预先指定的预创造对象，即"焦点"。它适用于已有明确而专一的创造目标的发明创造。

焦点法的实施步骤包括：

（1）确定焦点物。

（2）另选参照物。

（3）分析参照物，并将结果与焦点物进行强制联想组合，需要注意的是，可以对参照物的结果再次联想发散，再次与焦点物组合。

（4）设想处理。

案例：椅子为焦点物，参照物选择灯泡。先对灯泡进行分析，如灯泡为玻璃的、发光的、透明的、通电的、螺口的、球形的。再将灯泡的特征与焦点物椅子进行结合，即可设计出玻璃做的椅子、发光椅子、电动椅、球形椅子。这时，对灯泡的结果进行再次联想发散，如灯泡发光，可联想出发光—亮—白天—云彩，即可以设计云状椅子，坐上有漂浮感的椅子；如灯泡可变色，可联想出根据不同条件变换不同颜色，即可以设计一款椅子，在人连续工作 2 小时后，指示灯变为黄色预警，工作 3 小时后变为红色，提醒休息。再如灯泡为球形，可联想出球形—圆形—辐射对称—花—叶茎—玫瑰、百合—香气，可设计类似玫瑰、百合的椅子，将椅腿设计成花的茎部和叶部形状，设计散发香味的椅子，等等。

（三）相似联想法

相似联想法是通过事物之间的相似来建立事物之间的联系，进而诱发创造性设想的联想法。相似联想法既可以个人使用，也可以召开会议集体使用。

事物之间的相似主要有以下类型：

1. 原理相似

不同事物之间的联系较少，但其原理是相似的。俗语"隔行不隔理"就是这个道理。人们可以将一事物的原理，应用到另外一个事物中，从而得到新的发明。

案例：由擀面条想到轧钢板。日本的一位工程师在特种钢厂工作，因为钢板在轧制过程中总是断裂，经常轧制不出合格的钢板。一天，该工程师看见妻子用擀面杖加工面条，头脑中浮现出轧制钢板的情景，将两者进行对比，觉得它们在原理上有相似之处。经过相似联想，他将擀面杖加工面条的原理应用于轧制钢板上，研制出"等向性钢板横轧装置"。

2. 现象相似

相似联想以事物之间的相似为基础，而世界上纷繁复杂的万事万物之间又普遍存在着各种各样的相似性。对相似现象的研究，常常能引发独创性的思路，使人们发现其中的规律。

案例：美国的精神病学家利伯长期研究月亮圆缺对人的影响。他所著的《月球作用及生物潮与人的情绪》一书提出，人体的 80% 是液体，月球的引力也能像引起海水潮汐那样对人体中的液体产生作用，引起生物潮。特别是满月时，月亮对人的行为影响比较强烈，使人的感情较易激动。究其根源，主要是因为月亮的电磁力影响了人的荷尔蒙、体液和兴奋精神的电解质的平衡，从而引起人的生理和情绪的变化。科学家们在长期的观察和实验中还发现，每当满月时，空气的气压降低。空气处在低压状态下，就会增加血管内外的压强差，从而增加血液的流通量。这也能引起人的情绪变化。

3. 方法相似

不同发明在实现方法上具有相似性。

案例：由珍珠想到人工牛黄。天然的珍珠主要是由珍珠贝以一种寄生虫为核心逐步形成的。人们为了获得廉价的珍珠，也用类似的原理在珍珠贝内人工放置沙子，以此为核心逐渐形成珍珠，这就是所谓的人工珍珠。牛黄即牛胆石，是珍贵药材，但天然的牛黄数量极少，研究发现牛黄是因为牛的胆囊里混进异物，日积月累形成牛胆石，于是想到人工培育珍珠的方法，将异物种植在牛的胆囊内，形成人工牛胆石。

4. 功能相似

不同的事物在功效和发挥的作用方面具有相似性。

案例：由地球仪想到月球仪。一位名叫亚瑟·沃特森的老人一天看到电视上在介绍月球探险计划。主持人摊开月球地图，解说月球的相关知识。沃特森灵感突现，心想：这种月球的平面图看起来实在不方便。地球和月球都是球形的，既然有地球仪，为何没有月球仪呢？地球仪有人用，月球仪也肯定有人买。于是，他抱着饱满的信心，满腔的热情和全部精力，投入月球仪的制造。第一批月球仪做好后，他就在电视上、报纸上做广告，之后世界各地的订单滚滚而来。

第五节　设问法

爱因斯坦曾说过："提出一个问题往往比解决一个问题更重要，因为解决问题也许仅能是一个数学上或实验室上的技能而已。而提出新的问题，则需要有创造性的想象力……"我国著名教育家陶行知也曾说过："发明千千万，起点是一问……智者问得巧，愚者问得笨。"

好的开头往往是成功的一半，对于创造也不例外。但人们由于思维习惯，很难从不同的角度和方向去思考同一个问题。这就是设问法的作用，设问法可以使人们积极主动的通过多方面、多角度提问，引发新思路，产生大量的创造性设想，这样就可以在大量设想中选出理想设想从而转化为实际的发明创造。

一、设问法的概念

设问法是一种通过多角度提出问题，从问题中寻找思路，进而作出选择并深入开发创造性设想的一类技法。主要类型有检核表法、5W2H法、和田十二法。

二、检核表法

1. 检核表

检核表法由现代创造学奠基人奥斯本创立。它的基本内容：围绕一定的主题，将有可能涉及的各个方面以表格形式罗列出来，逐项检查核对，并从中选择重点，深入开发，产生创造性设想。检核表法几乎适用于一切领域里的创造活动，常被称为"创造技法之母"。

2. 检核表法的实施步骤

（1）确定对象。

（2）列表检核，奥斯本设计的检核表涉及9个方面的提问。

（3）选择重点，由于检核表提出的问题较多，不可能一次全部解决，这就要求从多种并列因素中做出选择。

（4）设想处理。

3. 奥斯本检核表的具体内容

（1）能否他用？

现有的事物有无其他用途？能否通过改进扩大其用途？

如：从电吹风到被褥烘干机，大家可能有过用吹风机吹干袜子的经历，有人就在吹风机的工作原理的基础上设计了一种被褥烘干机，用于对大物件的烘干。

（2）能否借用？

能否借用或模仿现有的或类似的产品或事物？

如：从工业管道探测机器人到医疗内窥镜，受到石油工业用小机器人来探测管道漏洞的启发，有人设计出用于医疗工作的各种内窥镜，如胃镜、肠镜等。

（3）能否改变？

能否对现有产品进行改变，如形状、制造方法、颜色、声音、味道等？

如：江西农业大学付东辉教授培育的彩色油菜花，他通过让不同花色基因重新组合，使得油菜花的花色种类不断更新，目前研发了红色、橘红色、粉红色、粉白色、桃红色、白色等13 种彩色油菜花，其中 7 种已经达到稳定状态，增加了油菜花的观赏性。

（4）能否扩大？

能否扩大应用范围？能否增加使用功能？能否添加零部件？能否扩大或增加频率、高度、强度、成分、寿命、价值？

如：从普通牙膏到药物牙膏，在普通牙膏中加入不同的药物成分制成药物保健牙膏，更好的保护牙齿。

（5）能否缩小？

能否缩小体积？能否浓缩、微型化？能否减轻重量？能否分割化小？

如：电子数字积分计算机（ENIAC）诞生于 1946 年 2 月 14 日的美国宾夕法尼亚大学，它长 30.48 m，宽 6 m，高 2.4 m，占地面积约 170 m²，共 30 个操作台，质量超过 30 t，耗电量150 kW，造价 48 万美元。笔记本电脑的特点是机身小巧、携带方便，通常重 1~3 kg，发展趋势也是体积越来越小，重量越来越轻，功能越来越强。

（6）能否代用？

能否用其他能源、成分、材料、原理、方法、工艺、结构等来代替？

如：从蒸汽火车到比亚迪云轨，能源由煤变为现在的铁电池储能系统，即使车辆断电，也能启用储能电池继续行驶 3 km 以上，确保乘客安全抵达车站。另外，云轨从传统的双轨交通变为跨座式单轨，实现全自动无人驾驶。

（7）能否调整？

能否调整已知布局、既定程序、日程计划、规格型号、因果关系、速度频率等？

如：从手动水龙头到感应水龙头，水龙头的开启模式由手动变为感应出水，水龙头出水口也从固定的变为可 360°旋转的，更方便使用。

（8）能否颠倒？

能否从相反方向来作考虑？能否颠倒作用？能否颠倒位置？能否颠倒过程？

如：野生动物园观光模式，由传统的将动物关在笼子里变为让游客坐在观光车上，不仅可以让游客近距离感受猛兽进食、了解动物，还可以锻炼动物们的奔跑和跳跃能力，提高其身体素质和生存技能。

同样，电梯的发明也是由原先的人在走、楼梯不动，变为人不动、电梯动。

（9）能否组合？

能否与现有事物组合，如原理、方案、材料、部件、形状、功能等方面？

如：设计多功能卷尺，在普通卷尺上增加了圆珠笔、便笺、计算器、LED 灯，使其使用更加方便。

奥斯本的检核表法实质就是从 9 个方面启发人们提出问题和解决问题，从多角度、多渠道看问题，有利于突破不愿提问的心理障碍。当然，由于检核表提出的问题较多，不可能一次全部解决，需要选择重点研究解决。在运用检核表法时既可以个人研究，也可以集体讨论，同时注意与其他创造技法相结合，这样才能产生更多实用性强的发明创造。

三、5W2H 法

5W2H 法是美国陆军首先提出的创造技法，最初叫 5W1H 法，是由 6 个英文单词的首位字母组成，即：Why（为什么）？What（做什么）？Who（何人）？When（何时）？Where（何处）？How（如何）？在实践过程中，人们又把 How（如何）分解为 How to（怎么样）和 How much（多少）两个方面，于是形成了 5W2H 法。

5W2H 的具体问题包括以下几个方面。

Why（为什么）：为什么做这项工作？为什么是这个样子（形状、大小、颜色等）？为什么有这种性质？为什么使用这种材料？为什么使用这个原理或方法？

What（做什么）：任务是什么？条件是什么？方法是什么？规范是什么？重点是什么？功能是什么？与什么有关？

Who（何人）：谁会做？谁来做？谁不能做？与谁有关？谁赞成？谁反对？谁决策？

When（何时）：何时开始？何时完成？何时最适宜？何时最不适宜？

Where（何处）：何处可做？在何处做？何处最适宜？何处最不适宜？

How to（怎么样）：怎样去做？怎样做效果好？怎样做效果不好？怎样得到？怎样改进？怎样实施？怎样最方便？怎样发展？

How much（多少）：需要多少人力、物力、财力？成本多少？产量多少？有多少功能、利润、效益？

需要注意的是，在运用 5W2H 法时，其问题顺序并不固定，可根据实际情况调整。

案例：改进小吃部。

某校园内有一小吃部生意冷清，分析原因并提出改进措施。

首先对现状分析，从 7 个方面提出问题；其次分析关键要素，找出原因；最后提出针对性强的改进措施。

运用 5W2H 法分析的过程如表 4-5 所示。

综合现状和生意冷清的原因，提出以下改进措施：实行全天营业，便于学生随到随吃；以风味小吃和快餐为主；为老顾客提供优惠券，下次就餐时可使用；物美价廉，薄利多销。

表 4-5 5W2H 法分析过程

基本要素	分析	存在问题
Who——顾客是谁？	由于在校园内，顾客大多数是学生	—

基本要素	分析	存在问题
When——顾客何时来吃饭？	顾客是学生，上课和吃饭时间较固定，有学生希望在正常吃饭时间以外也能吃到饭	小吃部的经营时间没考虑到学生时间安排
Where——小吃部设在何处？顾客是否经过此处？	设在学校内，学生从教学楼前往食堂时会经过小吃部	—
What——顾客吃什么？	学生希望以快餐为主	小吃部经营品种单一，口味一般
Why——顾客为何要在此吃饭？	学生来小吃部吃饭主要是因为错过食堂正常开放时间，或者想改善饮食，换换口味	—
How to——怎样方便顾客就餐？	保证学生随时都可吃到可口饭菜	出餐时间长，学生等待时间长，感觉不便利
How much——如何做到物美价廉？	学生的消费能力一般	小吃部价格偏高

5W2H 法主要是抓住问题的 7 个基本要素进行思考，通过强制性提问促使人们进行创造性思考，这样就容易一下子抓住缺陷及背后隐藏的原因，从而确定问题解决的范围，使问题迎刃而解。

四、和田十二法

和田十二法是我国上海的创造学研究者许立言、张福奎在指导上海市和田路小学创造教育的过程中，总结提炼出来的检核表法。它的基本内容是根据 12 个动词提供的方向去设问，引发创造性设想。这 12 个动词是：加、减、扩、缩、变、改、联、学、代、搬、反、定。

1. 加一加

能否增加什么（如加大、加高、加厚等）？能否把这一事物与别的事物叠加在一起？

如：由于在使用铅笔的过程中经常需要橡皮，所以将铅笔和橡皮进行组合就组成了带橡皮的铅笔。灯扇就是将灯和吊扇进行叠加，这样既具有灯的功能，又具有风扇的功能，而且造型新颖美观。

2. 减一减

能否减去（简化）什么？能否省略或取消什么？

如：正常的眼镜戴久了会压迫鼻梁和耳朵，很不舒服，我们可以将眼镜架省略，将镜片减薄、减小，这样就发明了隐形眼镜。

3. 扩一扩

能否在功能、结构、用途等方面扩展？扩展一点会使物品发生哪些变化？

如：我们将学生用尺扩大，这样就设计了可以在黑板上使用的教学用尺。

4. 缩一缩

能否改小、缩短、缩小、压缩？

如：吸尘器主要用于吸地面等大面积的灰尘，但生活中很多小物件上的灰尘不方便清洁，可以把吸尘器缩小，专门用于清扫这些小物件上的灰尘。另外，有些物品体积较大不方便携带，可以进行压缩，如压缩饼干、浓缩果汁等。

5. 变一变

能否改变现有物品的属性（如形状、尺寸、颜色、滋味、声音、成分等）？

如：普通的纸质图书容易被撕破，于是，给宝宝看的书将纸质改为布质，有效解决了纸质书的不足，同时便于孩子的学习。在炎热夏天，西瓜是必不可少的，但西瓜千篇一律，可以改变西瓜的形状、颜色，种植出不同形状、颜色的西瓜，不仅口感好，而且具有一定的观赏性。

6. 改一改

能否对现有事物的形状、性能、结构等进行改进？

如：锁的变化过程，以前锁由钥匙和锁头组成，这样可能出现找不到锁或钥匙或者钥匙和锁不配套的情况；随后出现了门锁，将锁头安装在门上，这样锁头不会丢，但是钥匙可能会丢或者忘记携带；然后出现密码锁，这样锁和钥匙都不会丢，但是有时人们会把密码忘记；这就出现指纹锁，只要预先将指纹录好，出门就不需要带钥匙，同时也不需要记密码了，通过不断的改进，我们生活越来越便捷。

7. 联一联

现有事物和其他事物之间是否有联系？能否利用联系进行发明创造？

如：沙发床，沙发和床都是家具，可以用来休息，那么也可以将沙发与床相结合，设计多功能沙发，在需要的时候将沙发变为床使用。

8. 学一学

能否通过学习、模仿现有事物进行发明创造？

如：鲁班发明锯，相传鲁班一次进深山砍树木时，不小心脚下一滑，手被一种野草的叶子划破了，他摘下叶片轻轻一摸，原来叶子两边长着锋利的齿，他的手就是被这些小齿划破的，他想，要是有这样齿状的工具，不就能锯断木头了吗！于是，他经过多次试验，终于发明了锋利的锯子，大大提高了效率。

9. 代一代

能否用其他材料、方法、工具等代替？

如：孙权送给曹操一只大象，曹操希望能称出大象的重量，但是并没有很大的称能直接称出大象的重量，曹冲让人把大象牵到一艘大船上，看船身下沉多少，就沿着水面在船舷上画一条线。再把大象赶上岸，往船上装石头，直到船下沉到画线位置。然后称一称船上的石头。石头有多重，大象就有多重。曹冲正是用许多石头代替大象，使石头与大象等重，使"大"转化为"小"，将这一难题圆满解决。

10. 搬一搬

能否迁移到别的条件下去应用？能否把现有事物的原理、技术、方法等运用到别的场合？

如：根据激光的特性将激光用于激光切割。与一般光相比，激光具有高亮度、高方向性，一束激光经过聚焦后，能产生强烈的热效应，其焦点范围内的温度可达数千至数万摄氏度，能熔化甚至气化对激光有吸收能力的生物组织或非生物材料，可以用于激光切割。

11. 反一反

能否把现有事物的原理、方法、结构、用途等颠倒过来？

如：小朋友落到水缸后，司马光突破常规的思维模式救人离水，而是果断地用石头把缸砸破，让水离人，救了小伙伴的性命。

12. 定一定

能否对现有事物的数量、标准、顺序等做一些规定？

如：酒精检测仪可以检测饮酒司机的饮酒量，根据国家质量监督检验检疫局发布的《车辆驾驶人员血液、呼气酒精含量阈值与检验》（GB 19522—2010），饮酒驾车是指车辆驾驶人员每 100 mL 血液中的酒精含量大于或者等于 20 mg，小于 80 mg 的驾驶行为，醉酒驾车是指车辆驾驶人员每 100 mL 血液中的酒精含量大于或者等于 80 mg 的驾驶行为。

和田十二法通过加、减、扩、缩、变、改、联、学、代、搬、反、定这 12 个动词，从 12 个方面进行提问，促使人们产生联想，进而引发创造性设想。

第六节　系统提问法

系统提问法，是国内创造学者庄寿强教授经过多年研究提出的一种以系统发问为先导的创造技法。

一、系统提问法的原理

人们在认识事物时，总是遵循从无至有、从简单到复杂、由表及里、由感性到理性、从特殊到一般的过程。

二、系统提问法的操作步骤

第一步，观察待设计的产品，按其主要属性进行记录。

第二步，将已知的具体属性分别上升到一般的属性。

第三步，外延列举一系列相关具体属性。

第四步，对已知具体属性和外延列举的未知具体属性进行发问，发问的模式是"为什么是"和"为什么不"。每发问一句都要尽量找出理由来回答，由此引发的联想思维活动，从而引发创造性设想。

第五步，将有意义的答案挑出，并进行彼此间（排列）组合，从而得出众多的组合方案。

如：将系统提问法应用于公文包的操作如表 4-6 所示。

表 4-6　系统提问法操作顺序——以公文包为例

已知属性 （第一步）	抽象属性 （第二步）	外延列举 （第三步）	发问 （第四步）	得到组合方案 （第五步）
① 棕色	颜色	红色、蓝色、绿色、黄色、黑色、白色、灰色、橙色等	① 对第一列已知具体属性问为什么，如"为什么是棕色？" ② 对第三列未知具体属性问为什么不，如"为什么不是橙色？"	如"黄色月牙形 25 cm 长的小型牛皮印花包""黑色梯形 45 cm 长的塑料包"
② 长方形	形状	正方形、圆形、半圆形、梯形、三角形、月牙形、扇形、动物形状等		
③ 40 cm	大小	25 cm、30 cm、35 cm、45 cm、50 cm、60 cm、80 cm 等		
④ 人造革	材料	牛皮、猪皮、纸、化纤布、麻布、塑料、玻璃、金属、陶瓷等		
⑤ 表面印有熊猫	表面图案	动物图案、植物图、人物图案、山水风景等		

第七节　形态分析法

一、形态分析法背景

形态分析法由美籍瑞士科学家兹维基创建。第二次世界大战期间，美国情报部门探听到德国正在研制一种新型巡航导弹，但费尽心机也难以获得有关技术情报。然而，火箭专家兹维基博士却在自己的研究室里搜索到德国正在研制并严加保密的是带脉冲发动机的巡航导弹。

兹维基博士难道有特异功能？当然没有。他能够坐在研究室里获得技术间谍都难以弄到的技术情报，是因为运用了被他称为"形态分析"的思考方法。

兹维基博士提出的形态分析法的基本理论是：一个产品的新颖程度与其组成因素的相关程度成反比，也就是说组成一个产品的组成因素之间越不相关，其创造性程度就越高，即越容易产生新的事物。

那么，兹维基博士是如何运用这个方法破解巡航导弹的技术秘密呢？

兹维基博士首先将导弹分解为若干相互独立的基本因素，这些基本因素共同作用便构成导弹的效能。然后针对每种基本因素找出实现其功能要求的所有可能的技术形态。在此基础上进行排列组合，结果共得到 576 种不同的导弹方案。经过一一过筛分析，在排除了已有的、不可行的和不可靠的导弹方案后，他认为只有几种新方案值得人们开发研究，这少数的几种方案中就包含德国正在研制的方案。

二、形态分析法的实施步骤

形态分析法实施由五步组成。

第一步，确定发明对象。准确表述所要解决的课题或者发明的目标，包括该课题或发明所要达到的目的以及属于何类技术系统等。

第二步，基本因素分析。即确定发明对象的基本因素，编制形态特征表。确定的基本因素在功能上应是相对独立的。数量应以 3 个为宜，数量太少，会遗漏基本因素，导致解决方案少；数量太多，排列组合时过于繁杂，很不方便。

第三步，形态分析。要揭示每一基本因素的形态特征（技术实现手段），应充分发挥横向思维能力，尽可能列出所有具有这种功能特征的技术实现手段。如货车的驱动方式由柴油机和蓄电池来实现。在形式上，为便于分析和进行下一步的组合，往往采取列矩阵表的形式，一般表格为二维的，对较复杂的课题，也可用多维空间模式的形态矩阵。

第四步，形态组合。根据对发明对象的总体功能要求，分别将各因素的各形态特征（即技术实现手段）排列组合，以获得所有可能的组合设想。

第五步，设想评价。在获得的方案中排除已有的、不可行的方案，最终选择少数较好的设想，并进一步结合实际需求评价设想，选出最佳方案。

例 1：设计一种火车站运货的机动车。

第一步，确定发明对象。

设计一种火车站运货的机动车。

第二步，基本因素分析。

将机动车的功能需求分解为驱动方式、制动方式和轮子数量三个基本因素。

第三步，形态分析。

每个因素列出几种可能的实现其功能的技术。例如，驱动方式有柴油机、蓄电池；制动方式有电磁制动、脚踏制动、手控制动；轮子数量有三轮、四轮、六轮。由此形成其形态特征表，如表 4-7 所示。

表 4-7　火车站运货机动车设计形态特征表

功能要素	形态特征（功能实现途径）		
驱动方式	1. 柴油机	2. 蓄电池	
制动方式	3. 电磁制动	4. 脚踏制动	5. 手控制动
轮子数量	6. 三轮	7. 四轮	8. 六轮

第四步，形态组合。

三维组合后得到的总方案数为 2×3×3＝18 种，具体组合如表 4-8 所示。

表 4-8　火车站运货机动车设想组合表

1，3，6	1，3，7	1，3，8
1，4，6	1，4，7	1，4，8

1, 5, 6	1, 5, 7	1, 5, 8
2, 3, 6	2, 3, 7	2, 3, 8
2, 4, 6	2, 4, 7	2, 4, 8
2, 5, 6	2, 5, 7	2, 5, 8

第五步，设想评价。

排除不可行的方案，筛选出可行方案或最佳方案。

例 2：开发新型洗衣机。

第一步，确定发明对象。

开发新型洗衣机。

第二步，基本因素分析。

对洗衣机进行因素分析，即确定洗净衣物所必备的基本因素。对洗衣机这类工业产品来说，最好是用功能来代替因素，有利于形象思考。

先确定洗衣机的总体功能，再进行功能分解，就可得到若干分功能，这些分功能就是洗衣机的基本因素。如果将洗衣机的总功能定义为"洗净衣物"，那么以此为目的去寻找技术实现手段，便可得到"盛装衣物""分离污物""控制洗涤"三项分功能。

第三步，形态分析。

对各分功能进行形态分析，即确定实现这些功能要求的各种技术手段或功能载体。为此，发明创造者要进行信息检索，广思各种技术手段或方法。对一些新方法还可能进行实验或试验，以了解其应用的适用性和可靠性。在上述三种分功能中，"分离污物"是最核心的一项，确定其功能载体时，要针对"分离"一词广思、深思和精思，从机、电、热等技术领域去寻找具有此功能的技术手段，形成其形态特征表如表 4-9 所示。

表 4-9　新型洗衣机方案设计形态特征表

功能要素	形态特征（功能实现途径）			
盛装衣物	1. 铝桶	2. 塑料桶	3. 玻璃钢桶	4. 陶瓷桶
分离污物	5. 机械摩擦	6. 电磁振荡	7. 热胀	8. 超声波
控制洗涤	9. 人工控制	10. 机械定时	11. 电脑控制	

第四步，形态组合。

利用新型洗衣机方案设计形态特征表，可以进行各功能之间的形态要素的排列组合，从理论上说，能够得到 $4 \times 4 \times 3 = 48$ 种方案，详见表 4-10。

表 4-10　新型洗衣机方案设想组合表

1,5,9	1,5,10	1,5,11	1,6,9	1,6,10	1,6,11	1,7,9	1,7,10	1,7,11	1,8,9	1,8,10	1,8,11
2,5,9	2,5,10	2,5,11	2,6,9	2,6,10	2,6,11	2,7,9	2,7,10	2,7,11	2,8,9	2,8,10	2,8,11

续表

3,5,9	3,5,10	3,5,11	3,6,9	3,6,10	3,6,11	3,7,9	3,7,10	3,7,11	3,8,9	3,8,10	3,8,11
4,5,9	4,5,10	4,5,11	4,6,9	4,6,10	4,6,11	4,7,9	4,7,10	4,7,11	4,8,9	4,8,10	4,8,11
组合数 = 4×4×3 = 48											

第五步，设想评价。

在对 48 种组合的分析中，我们可以发现几种可行的组合方案（部分）。

① 1，5，10 组合：铝桶—机械摩擦—机械定时

即为普通的波轮式洗衣机。

特点：有波轮、有电机。

原理：电动机驱动带传动装置，波轮旋转，产生水与衣物的机械式摩擦，通过洗涤剂的作用而使衣物与污渍分离。

缺点：衣物磨损严重，耗电量大，洗涤效率低，易发生故障。

② 1，6，11 组合：铝桶—电磁振荡—电脑控制

即为电磁振荡式自动洗衣机。

特点：无波轮，无电机；

原理：电磁振荡分离。

优点：磨损小，洗净度高。

③ 1，8，10 组合：铝桶—超声波—机械定时

即为超声波洗衣机。

特点：无波轮、无电机。

原理：超声波振动，洗涤剂乳化，分离污物。

优点：磨损小，洗净度高，无噪声，节水节电。

最终优选出超声波洗衣机和电磁振荡式自动洗衣机。对于其他组合方案，在此就不一一分析了。

三、形态分析法的特点

运用形态分析法得出的方案是从各种方案中选出来的，因此这种方法具有系统全面的特点，选出的方案可谓是"一网打尽"。这种方法还具有客观严谨的特点，它不是发明者的直觉和想象，而是依靠发明者认真、细致、严谨的工作态度以及扎实的专业知识。形态分析法具有较高的实用价值，不仅适用于发明创造，也适用于管理决策、科学研究等方面，从而引起人们的普遍重视。

四、使用形态分析法的注意事项

为了在数目庞大的组合中筛选出创造性、实用性高的设想，需要注意：技术要素分析方面，应当从其具备的基本功能入手，可以忽视次要的辅助功能。技术实现途径的确定方面，在寻找实现功能的技术途径时，要按照先进、可行的原则进行考虑，不必将那些不可能采用的技

术手段纳入形态分析中，以免组合数过于庞大。当然，如果将形态分析法与计算机应用相结合，从庞大的组合表中进行最佳方案的探索也是可行的。

应用形态分析法进行新品策划，具有系统求解的特点。只要能把现有科技成果提供的技术手段全部罗列，就可以把现存的可能方案"一网打尽"，这是形态分析法的突出优点。但同时也给此法的应用带来了操作上的困难，突出地表现为如何在数目庞大的组合中筛选出可行的新品方案。如果选择不当，则有可能使组合过程的辛苦付之东流。

第八节　整理类技法

整理类技法主要是收集信息和事实，借助卡片和工具，按照内在的关系整理信息、处理信息，获得新设想的一种方法。这类方法通常与智力激励法相结合，以便把信息或设想的搜集与整理工作结合在一起，这类方法最常用的是 KJ 法和 NM 法。此外，许多学者在 KJ 法的基础上进行改进，又提出了 ZK 卡片法、TCT 卡片法及 OCU 卡片法。

一、KJ 法

KJ 法是日本人川喜田二郎提出的。这一名称是川喜田二郎英文名字的字头缩写。该方法是将未知的问题、未曾接触过领域的问题的相关事实、意见或设想之类的语言文字资料收集起来，并利用其内在的相互关系作成归类合并图，以便从复杂的现象中整理出思路，抓住实质，找出解决问题的途径的一种方法。

（一）KJ 法的实施步骤

KJ 法按如下程序进行操作。

1. 制作卡片

把反映各种信息的基础性材料分解，并分别书写于一张卡片纸上。卡片的大小可以与名片的大小相同；卡片的内容要具体、易懂，一般不超过 20~30 个字。

2. 将卡片分组

填好几十张至数百张卡片后，用玩牌的方法将卡片排于桌面上，并认真阅读。阅读过程中，将内容相近的归为一类，并附以标签。

将编好组的卡片群附上"小"标签，并用曲别针别好，这样就完成了编制小卡片群的工作。

将表示小卡片群内容的"小"标签和没编入组的剩余卡片再重复上面的办法进行分类，并附上"中"标签，便完成了编制中卡片群的工作。

然后由中至大一直编下去，可编出十几组卡片。

3. 图解

将分好组的卡片放在大张白纸上，在纸上可用标签进行排列，寻找它们之间的关系，并可用各种符号表示出来。

以上将卡片分组、图解，即为结构化过程。

4. 文章化

文章化的具体做法是：在第三步完成的基础上，认真地、从每一札小卡片群开始阅读。在阅读过程中把需要补充或重新想起来的事物填写或记录下来。然后，从总体上着眼于这些资料群，考虑如何入手，并使其文章化。再根据预先规定的顺序，有效地抓取关键之处，同时运用新获得的启示，用流畅的文字表示出来。也可用语言说明代替文章化，还可采用讨论的方法。

综上所述，制作卡片，将卡片分组，图解文章化，便是 KJ 法的主要操作。

KJ 法程序图如图 4-5 所示。

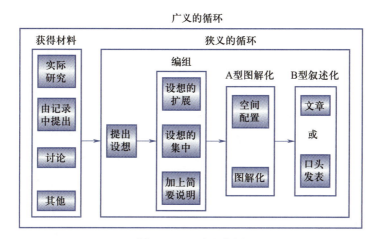

图 4-5　KJ 法程序图

（二）KJ 法的应用

KJ 法的用途在于掌握处于不清楚状态的事实资料，用以认识事实；把一些零散状态的事实资料、意见、设想等归纳起来，使之系统化；突破现状，形成自己独立的观念；达到筹划组织工作，达到彻底贯彻方针的目的。

KJ 法还可以与头脑风暴法的结合，由于篇幅关系，这里就不一一列举，读者可以参考相关书籍。

二、NM 法

（一）NM 法及其操作程序

NM 法是日本创造学家中山正和于 1968 年提出的。中山正和根据人的高级神经活动理论，将人的记忆分成"点的记忆"和"线的记忆"。通过联想、类比等方法来搜集平时积累起来的"点的记忆"，再经过重新组合，把它们连接成"线的记忆"，这样就会涌现出大量的新的创造性设想。NM 法易于操作，思维灵活、开阔，应用非常广泛。

NM 法有多种类型，但其基本思路是相同的，它的基本操作程序如图 4-6 所示。

图 4-6　NM 法基本操作程序

此程序由问题（Q）出发，首先确定问题的本质。接着应找出表达问题本质的关键词（KW）。然后围绕关键词思考："有什么与它相似？"即问题推理（QA）。这是类比推理过程，可以采用形象思维的形式进行。接着，对类推结果（A）询问："它们之中什么东西发生着作用？"也就是探讨类推结果的背景，并用动态图像描述，这也称为背景提问（QB）；再对动态图像逐一询问："这个问题的解决能否给予某种启示？"这是概念提问（QC），这意味着进一步熟悉对象并引出启示，最后整理各种启示，形成解题概念。

（二）NM 法与其他方法的结合

在具体运用中，常要把智力激励法、KJ 法和综摄法结合在基本程序中，形成若干具体步骤。综摄法是指把表面上看来不同而实际上有联系的要素结合起来，是一种典型的类比技法。

下面介绍 NM 法的常用操作程序：

1. 主持人写下议题，置于桌面开始用智力激励法收集与议题有关的信息，包括与会者对解题目标的分析和解题设想，并记入卡片。

2. 在桌上按某一逻辑横向排列各卡片，如按 A，B，C，…排不下去时，则按另一逻辑排列卡片，变为 B′，C′，D′，…的顺序排列。以此类推把所有的卡片排完。

3. 将卡片逐张拿起，以卡片内容取关键词，让与会者作综摄法讨论。与会者用四种类比技巧将所得到的设想记入卡片，竖排于该关键词卡片之下。

4. 待全部卡片均类比完成后，让与会者纵观全部卡片，找出设想间的联系，若找到联系或获得启示，就记录于空白卡片，并且将它们排放在相应的位置。

5. 将纵列的卡片按 KJ 法分组，所获得新的启示；所有启示汇总即可形成较完整的设想方案。在实际应用中，此程序步骤常会灵活改动。个人也可以应用此法，按照基本程序进行即可。

（三）应用实例

现代洗衣机的方案设计就曾运用了此方法。

第一步，确定目标和要求，找出诸如"洗""清洁""安全""经济""制造简单""使用方便""不损衣物"等若干目标词，填入卡片，按一定逻辑排列。

第二步，从目标词中选 3~5 个关键词，逐个进行综摄法讨论。比如，对"洗"的讨论，可以通过联想、类比提出搓洗、刷洗、冲洗、干洗、漂洗、浸洗、槌洗等多种洗涤方法，分别填入卡片，竖排于"洗"词之下。

第三步，名词讨论完后，整理各列卡片，以获得有用设想。比如，从各种洗涤方法中归纳出加速水流冲去污物和通过摩擦使污物与衣物分离而溶于水这两种设想，再与从其他目标词类比得到的各种设想结合、归纳，可以得到多种设计方案。

第四步，经过比较，选出以加速水流冲去污物为原理的现代洗衣机设计方案。经过改进，设计出高速水流冲击与内桶摩擦相结合的方案。

三、卡片整理法的其他类型

（一）ZK 卡片法

ZK 卡片法是由东京大学交流研究所的片方善治提出的。这种方法就是把产生联想的心理过程与实现这种联想的手段统一起来，从而进行创新的一种方法。ZK 卡片法的程序是按照起、承、转、合展开的。"起"就是在诱导思想前决定联想的目标；"承"就是展开想象的翅膀，自由联想；"转"由第二阶段的思考转为集中的思考；"合"就是创造实践。ZK卡片法可以个人使用，也可以多人使用。

多人运用此法的步骤如下：

第一步，主持人提出问题，与会者各自搜集有关议题的信息和资料。此步骤相当于"起"的阶段。

第二步，从所得信息和资料出发，按自己的思路提出方案，加以说明，并写到纸上。同时结合改善别人的设想，提出新方案。此步骤相当于"承"的阶段。

第三步，把所有设想贴到墙上，进行默想，对各自的方案进行反省和推敲，加以增删和修正。此步骤相当于"转"的阶段。

第四步，各自宣读修正后的方案，连同此期间所提出的新方案一起记下。再次默想，并将由此确定下来的方案写入卡片，全部贴到墙上。全体成员对这些方案进行讨论、补充和评价，形成最终方案。此步骤相当于"合"的阶段。

多人运用此法时，关键是要把沉思和相互诱发结合起来。

个人运用此法的步骤与多人运用此法的步骤相似。下面是个人运用此法的一个例子。

某电话公司曾用此法解决服务态度问题。该公司某科的一个话务室态度生硬冷漠，受到用户批评。新任科长运用ZK法，首先从现场搜集信息，发现了下述问题：服务态度确实生硬；科室内无花草；职员平均年龄大，同室话务员间闲谈内容多为身上的病痛和家务琐事，与外界很少交往；外界人员畏避与该话务室职员的交往，等等，这是"起"。经过思考，认为在这里形成了"封闭的小社会"，应予打破，这是"承"。再进一步思考后，认为调入新人并不能扭转风气，反而可能使其受到感染也变得狭隘、生硬，因此必须从根本上解决问题，这是"转"。新任科长想到应制订扭转这风气的措施并加以实施。最后，通过组织郊游、娱乐和社交、参观、办进修班等活动，以及种花草、装饰工作场所等措施，该话务室扭转了风气，成了"开放的社会"，工作中有了笑声，服务态度大有改观，这是"合"。

（二）TCT卡片法

TCT卡片法是由日本高桥浩于1970年提出来的。TCT法像追寻犯人或案情分析那样，是一种将盘根错节的现象加以整理，再把它们联系起来进行连续性推理，从而推导出某种假说的方法。这种方法是由日本高桥浩于1970年设想出来的。此方法使用步骤如下：

（1）首先把讲述的事项分段书写于卡片上，此时要明确地区别显示已彻底搞清的事项和尚未搞清的事项。

（2）注意内容。把带有时间数据的卡片或明确某事发生于某时的卡片挑出，并按时间顺序排列，即把卡片横向拉开间隔整齐地码放在比较大张的厚纸板上，以此进行图解（时间数据）。

（3）取出表示全部事物状况的设置、条件等卡片，并将其放置于显眼的地方，通常放置于厚纸板的最上部（一般条件数据）。

（4）仔细观察剩下的卡片，将其中的关系密切者（不是在感觉上具有相似或接近的关系，而只限于在逻辑上有关系者）集中到一起成为一个组。对于这些卡片群无须配置像KJ法用的标签，此时如使用标签反而会产生差错。此外，注意把卡片排列放在一旁而不要重叠（现象资料）。

（5）对于这些卡片群（有的只有一张卡片）大体上按时间加以整理，然后将其移至按时间顺序排列的卡片的近旁，但对这个步骤的要求不必过分严格。

（6）将移过来的卡片群分为两个部分（可任意分开），一部分放于按时间顺序排列的卡片旁边，另一部分放于拉开的间隔下方。

（7）仔细比较拉开间隔下方配放的现象资料卡片群，然后将可供推论、基本无误的小假说书写在间隔的中心部位，并圈上圆框，加上箭头符号，以表明从哪一个现象资料做出这样的推论。

（8）再进一步把小假说与小假说，或小假说与现象资料加以比较，从而引出基本正确的中假说，将其书写在接近中央的空白部位，并在其周围画双圈。

（9）按此做法再导出大假说、大大假说，书写在大致中央的空白部位上。将大假说用三圈标记，将大大假说以椭圆线圈标记。

（10）确认所得出的最终假说是否适用于所有资料且没有矛盾之处。如果出现了与各方面无关联的多余资料，尤其需要慎重考虑，然后检查是否有疏漏，或提出假说过程中有无不合理的部分。这样的一张资料有时会出人意料地完全改变事物的方向。

TCT 卡片法不像 KJ 法那样机械式地进行，它的难点在于边思考边进行，但是这种方法令人觉得积累了许多思考从而导出假说，因此适合用来思考分析问题。

此外，由于思考的程序已被图解化，因而可供第三者检查，也便于集体讨论。

（三）OCU 卡片法

OCU 是取 original（新颖的）、common（普通的），及 useful（实用的）三个单词的首字母组成的。这是一种卡片排列式的思考方法，其操作步骤像用针灸找穴位一样，要紧紧抓住要点，因此也把 OCU 拼读为"阿灸"法。OCU 卡片法是日本高桥浩提出的方法。

OCU 法按如下程序进行：

（1）先把个人调查或集体创造思考得来的想法书写在一张张卡片上。

（2）从中取出任意 30 张，将其排列于桌上。

（3）对卡片进行研究、归类、并从中追加设想（如材料、环境、工艺等）。

（4）将卡片分为 7 组，每组找出具有代表性的，置于最上面。

（5）对 30 张以外的卡片，采用同样的方法分类，若没有相似的可另设组。

（6）将分好类的卡片按组一排排展开放好，并用几张卡片分别给每组卡片标出名称（可用彩色卡片以示区别），并置于每组之首。

（7）将排列好的每组卡片进行 O、C、U 分类，并调整卡片位置。

（8）新颖的（O）设想常常不能直接使用，需要进行实用化加工，加工后变为有效的设想，给卡片做上记号，移到 U 的位置。

（9）按上述做法，将普通的（C）设想卡片也进行有效转换，也可以采用组合的方法，转换好的卡片同样可做上记号，移到 U 的位置。

（10）进行"O-U""C-U"转换后，可进行"增殖联想"，即按每一相同的提议检查 U 类卡，此时考虑："如果有这种事情，是否可用这样的方法？""这种方法有用，还可以增加哪些新的设想？"然后，将新设想制成"增殖卡"加上标记，归入 U 类卡中。

（11）进行 O、C、U 的结构化阶段。首先检查一下方法的名称，然后依设想的重要性，将

U 类卡从上向下顺次排列，再从左向右排列，O 卡与 C 卡不动。将卡片顺序调整合适后，将其贴于纸板上。

（12）将最上一排方法卡右边的卡片画上红框，称为"王卡"，将其标记为质量最高、准备实施的想法。后面，可顺序标出"皇后卡"等。这样制成的是 OCU 图解，对于解决该问题有何提议，各提议中有何想法等均能一目了然。

第九节　德尔菲法

一、德尔菲法简介

德尔菲法（Delphi Method）是赫尔默（Helmer）和达尔克（Dalkey）于 20 世纪 40 年代首创，经过戈尔登和兰德公司进一步发展而成，也称专家调查法。

二、德尔菲法的特点

第一，多位专家参与预测，充分综合利用专家的经验和学识。

第二，采用匿名或"背靠背"的方式，专家间彼此互不相知，不受权威意见的影响，能使每一位专家独立自主地作出自己的判断，各种不同论点都可以得到充分的发表。

第三，专家从反馈回来的问题调查表中了解意见的状况，以及同意或反对各个观点的理由，从而作出新的判断。预测过程经几轮反馈，专家的意见逐渐趋同。

第四，结果具有统计性，每种观点都包含在统计结果中，避免了少数人的观点被忽略的情况发生。

正是由于德尔菲法具有以上这些特点，使它在诸多判断预测或决策手段中脱颖而出。这种方法简便易行，使定性化变为定量化，具有一定的科学性、实用性及客观性，现在逐渐被应用于多个领域的预测，还可用于评价、决策、管理沟通和规划工作。

三、德尔菲法的实施步骤

（一）制订征询调查表

征询调查表是运用德尔菲法向专家征询意见的主要工具，其制订得好坏，将直接关系到征询结果的优劣。在制订调查表时，须注意以下几点：

（1）对德尔菲法作出简要说明，以使专家了解情况，达到征询目的，不能长篇大论，增加专家对征询调查表的理解难度。

（2）问题要集中、有针对性，不要过于分散。

（3）避免组合问题。

（4）用词要确切，不使用模糊不清的词语，应量化问题。

（5）要限制问题的数量，一般认为问题数量的上限以 25 个为宜，可以依据具体问题的难易程度调整。

（二）成立调查专家小组

依据所要调查内容所属学科范围及解决问题所需知识选择专家，包括领域内的知名专家学者以及相关领域的专家，人数一般为 10~20 人，而且要向每位专家确认是否有时间参与，以避免有专家中途退出。

（三）征询调查

按照德尔菲法进行多轮（一般进行四轮）征询调查，第一轮，专家按照接收到的询问调查表进行回答，然后收回调查表由领导小组综合整理，用准确的术语把各位专家的回答制作成征询意见一览表。然后把征询意见一览表发给各位专家进行第二轮征询，要求他们对表中所列意见作出评价并说明理由。领导小组根据返回的征询意见一览表进行综合整理后，再次反馈给各位专家，进行第三轮征询和第四轮征询。

（四）确定结论

一般而言，经过四轮征询之后专家的意见呈现明显的收敛，各位专家的意见也不再变化，这时领导小组可对反馈回来的征询结果进行综合处理，确定结论。

某公司研制出一种新兴产品，现在市场上还没有相似产品出现，因此无法获取历史数据。公司需要对可能的销售量作出预测，以决定生产量。于是该公司成立专家小组，并聘请业务经理、市场专家和销售人员等 8 位专家，预测全年可能的销售量。8 位专家分别提出个人判断，经过三次反馈得到结果如表 4-11 所示。

表 4-11　三次判断销量预测表

专家编号	第一次判断			第二次判断			第三次判断		
	最低销售量	最可能销售量	最高销售量	最低销售量	最可能销售量	最高销售量	最低销售量	最可能销售量	最高销售量
1	150	750	900	600	750	900	550	750	900
2	200	450	600	300	500	650	400	500	650
3	400	600	800	500	700	800	500	700	800
4	750	900	1500	600	750	1500	500	600	1250
5	100	200	350	220	400	500	300	500	600
6	300	500	750	300	500	750	300	600	750
7	250	300	400	250	400	500	400	500	600
8	260	300	500	350	400	600	370	410	610
平均数	345	500	725	390	550	775	415	570	770

1. 平均值预测

在预测时，最终一次判断是综合前几次的反馈做出的，因此在预测时一般以最后一次判断为主。如果按照 8 位专家第三次判断的平均值计算，则预测这个新产品的平均销售量为（415+

570+770）/3＝585。

2. 加权平均预测

将最可能销售量、最低销售量和最高销售量分别按 0.50、0.20 和 0.30 的概率加权平均，则预测平均销售量为 570×0.5+415×0.2+770×0.3＝599。

3. 中位数预测

用中位数计算，可将第三次判断按预测值高低排列如下。

最低销售量：300，370，400，500，550；

最可能销售量：410，500，600，700，750；

最高销售量：600，610，650，750，800，900，1250。

由此得到最高销售量的中位数为第四项的数字，即 750。

将可最能销售量、最低销售量和最高销售量分别按 0.50、0.20 和 0.30 的概率加权平均，则预测平均销售量为 600×0.5+400×0.2+750×0.3＝605。

第十节　TRIZ 理论

一、什么是 TRIZ？

TRIZ 是俄文字母对应的拉丁字母缩写，意为发明问题解决理论，起源于苏联，其英文为 theory of inventive problem solving，英文缩写为 TIPS。发明问题解决理论就是在设计过程中发现冲突，在应用创新原理去解决冲突，以期获得理想产品的理论。

TRIZ 理论的发明者是苏联海军专利局的根里奇·阿奇舒勒（Genrich S. Altshuller）。1946 年，阿奇舒勒开始了发明问题解决理论的研究工作，通过研究成千上万的专利，发现技术系统的开发创新是有规律可循的，并在此基础上建立了一套系统化的、实用的发明问题解决方法。

利用 TRIZ 理论提出的一系列规则、算法与发明创造原理，设计者能够系统地分析问题，根据技术进化规律预测未来发展趋势，快速找到问题的本质或冲突，打破思维定势，拓宽思路，准确地发现产品设计中需要解决的问题，以新的视角分析问题，从而缩短发明的周期，提高发明的成功率。基于 TRIZ 理论的技术创新过程如图 4-7 所示。

从"问题发现"到"问题解决"有两条边界，一条边界是技术系统进化法则和 40 项创新原理，另一条边界是 39 个通用工程参数、ARIZ 算法、发明原理、标准解法、效应知识库等，可以使问题较快地得

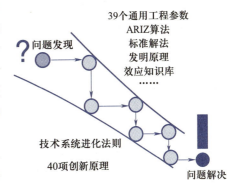

图 4-7　基于 TRIZ 理论的技术创新过程

出解决方案。

目前 TRIZ 理论被认为是可以帮助人们挖掘和开发自己的创造潜能、全面系统地论述发明创造和实现技术创新的新理论，被多国的专家认为是"超级发明术"。

二、TRIZ 理论发展背景及应用现状

阿奇舒勒在海军专利局工作时，常常思考这样一个问题：当人们在解决技术难题时，是否能运用一种可以遵循的方法迅速地解决技术难题呢？答案是肯定的。

他发现任何领域的技术创新和生物系统一样，都存在产生、生长、成熟、衰老和灭亡的过程，是有规律可循的。

1961 年，他出版了 TRIZ 理论的著作《怎样学会发明创造》。在以后的时间里，阿奇舒勒将毕生精力都投入了 TRIZ 理论的研究和完善中。他亲手创办了 TRIZ 理论研究和推广学校，后来培养了很多 TRIZ 理论应用方面的专家。

在阿奇舒勒领导下的 TRIZ 研究团体，分析了世界上近 250 万份高水平的发明专利，总结出各种技术进化规律，以及解决不同技术冲突和物理冲突的创新原理与法则，建立了一个围绕解决技术难题、实现技术开发的由各种方法、算法组成的综合理论体系，并综合多学科领域的原理与法则，形成了 TRIZ 理论体系。

从 20 世纪 70 年代开始，苏联建立了各种形式的发明创造学校，成立了全国性和地方性的发明家组织，在这些学校和组织里，可以实践发明创造的新技巧，并使它们更加有效。在 80 座城市里大约有 100 所这样的学校，每年都有几千名科技工作者、工程师和大学生在学习 TRIZ 理论。其中，最著名的就是 1971 年在阿塞拜疆创办的世界上第一所发明创造大学。

事实上，苏联及东欧的科学家大都采用 TRIZ 理论进行发明创造的工作，不仅在大学理工科开设了 TRIZ 课程，甚至在中小学阶段也采用 TRIZ 理论对学生进行创新教育。

苏联解体后，大批 TRIZ 理论专家移居欧美等发达地区，将 TRIZ 理论系统传入西方，在美、英、日、韩等世界各地得到了广泛的研究与应用。

目前，TRIZ 理论已经成为有效的技术问题求解方法和计算机辅助创新技术的核心理论。世界各地有关 TRIZ 理论的研究咨询机构相继成立，TRIZ 理论和方法也在众多跨国公司中得以迅速推广。如今 TRIZ 理论已在全世界被广泛应用，创造出成千上万项重大发明。在俄罗斯，TRIZ 理论已广泛应用于众多高科技工程领域中。TRIZ 理论的培训已扩展到大学生、中学生和小学生，其目的是使学生改变思考问题的方式，能用相对容易的方法处理比较困难的问题，迅速提高创新能力。美国也有诸多大学相继开设 TRIZ 课程及 TRIZ 技术研究中心。德国进入世界 500 强的企业如西门子、奔驰、大众和博世都设有专门的 TRIZ 机构，对员工进行培训，推广 TRIZ 应用，取得了良好的效果。欧洲以瑞典皇家理工学院为中心，集结十几家企业开启了利用 TRIZ 理论进行创造性设计的研究计划。日本从 1996 年开始不断有杂志介绍 TRIZ 理论、方法及应用实例。以色列也成立了相应的研发机构。

在我国学术界，少数研究专利的科技工作者和学者在 20 世纪 80 年代中期就已经初步接触 TRIZ 理论，并进行了一定的资料翻译和技术跟踪工作。

在 20 世纪 90 年代中后期，国内部分高校开始研究和跟踪 TRIZ 理论，并在本科生、研究生课程中讲授 TRIZ 理论。东北大学等高校招收研究 TRIZ 理论的研究生和博士生，在一定范围

内开展了持续的研究和应用工作，为我国培养了第一批掌握 TRIZ 理论的人才。

进入 21 世纪以后，TRIZ 在我国的研究和应用开始从学术界走向企业界。2002 年亿维讯公司将 TRIZ 理论培训引入中国，2003 年在国内推出了 TRIZ 理论培训软件 CBT/NOVA 及成套的培训体系，同时推出了基于 TRIZ 理论的用于辅助企业技术创新的 Pro/Innovator 软件，并在近百所高校开展了 TRIZ 讲座。

2005 年，中兴通讯、中航 601 所等企业在研发中引进了 TRIZ 理论和计算机辅助创新技术，先后在 20 多个项目中取得了突破性进展，其中包括软件、硬件项目、散热、除尘、结构、工艺等方面的技术难题，推动了企业的技术创新，为企业带来了可观的经济效益。

TRIZ 作为一种比较实用的创新方法，在我国已经逐步得到企业界和科技界的青睐，乃至得到了政府的高度重视，要求在企业中开展技术创新方法的培训工作。

2008 年，科技部、发改委、教育部和中国科协联合发布《关于加强创新方法工作的若干意见》，提出："推进 TRIZ 等国际先进技术创新方法与中国本土需求融合；推广技术成熟度预测、技术进化模式与路线、冲突解决原理、效应及标准解等 TRIZ 中成熟方法在企业中的应用；加强技术创新方法知识库建设，研究开发出适合中国企业技术创新发展的理论体系、软件工具和平台。"

2009 年科技部正式开展了国家层面上的 TRIZ 理论培训和大范围推广与普及工作。

目前，许多企业及大学开始重视和应用 TRIZ 理论，走在前列的有中国航天、中国兵器、中国船舶等大型军工集团，以及清华大学、浙江大学、河北工业大学、安徽工业大学等高校。2019 年安徽工业大学与安徽理工大学等单位承担科技部创新方法工作专项，成为安徽省创新方法推广应用与示范基地。

TRIZ 理论和方法加上计算机辅助创新，已经发展成为一套解决新产品开发实际问题的成熟理论和方法体系，并经过实践的检验，为众多企业和研发机构创造了巨大的经济效益和社会效益。

TRIZ 理论的应用结果表明，它不仅提高了发明的成功率，缩短了发明的周期，还使发明问题具有可预见性。TRIZ 理论正在成为许多现代企业的独门暗器，可以帮助企业从技术的"跟随者"成为行业的"领跑者"，为企业赢得核心竞争力。

三、TRIZ 理论的主要内容

（一）TRIZ 理论的基本观点

1. 理想技术系统

TRIZ 理论认为，对于解决技术发明的功能问题，技术系统本身是手段，重要的不在于系统本身，而在于如何能消耗最少的资源却能完成同样功能的系统，即理想技术系统。

理想技术系统是不需要建造材料，不耗费能量和空间，不需要维护，也不会损坏的系统，即在物理上不存在，却能完成所需要的功能。这一思想充分体现了简化的原则，是 TRIZ 理论所追求的理想目标。

案例：如何实现不耗费材料和资源的理想发电装置？

日本科学技术振兴机构基础研究计划中自旋量子整流项目的科学家阐明了在微米级通道中利用自旋流进行流体动力发电的机理，发现随着流动规模的减小，发电效率大大提高。关键是在发电的过程中几乎不需要额外设备。

2. 缩小的问题与扩大的问题

在解决问题的初期，提出解决问题的方案可以有很多不同的思路。TRIZ 将解决问题的思路分为两类：缩小的问题与扩大的问题。

（1）缩小的问题是指为实现功能致力于使系统不变甚至简化。

案例：屠呦呦获得诺贝尔奖的故事。

20 世纪 60 年代初，全球疟疾疫情难以控制。屠呦呦从东晋葛洪著《肘后备急方》中找到"青蒿一握，以水二升渍，绞取汁，尽服之"的记载，她首先想到的是采取"热提取工艺"，即煮中药，但应用效果不好。

她受到"以水二升渍，绞取汁"的启发，意识到青蒿素需用冷提取的方法从青蒿中获得，但是用冷水浸青蒿的办法获得青蒿素的效率太低。她灵机一动，试用低沸点（34.5 ℃）的乙醚提取青蒿素。终于，1971 年，她采用"乙醚冷浸法"，经过反复实验，终于获得成功，分离提纯出抗疟新药青蒿素。

2015 年 10 月，屠呦呦获得诺贝尔生理学或医学奖，理由是她发现了青蒿素，该药品可以有效降低疟疾患者的死亡率。这是中国医学界迄今为止获得的最高奖项，也是中医药成果获得的最高奖项。

"乙醚冷浸法"与美国在研发初期没有抗疟疾药分子结构参考的前提下，盲目用化学合成的办法相比，思路更加明确，即要使系统简化。

（2）扩大的问题是指为实现功能而开发一个新的系统，使解决方案复杂化，甚至使解决问题所需的耗费与解决的效果相比得不偿失。

TRIZ 理论建议采用缩小的问题，这一思想也符合理想技术系统的要求。

3. 系统冲突

系统冲突是 TRIZ 理论的一个核心概念，表示隐藏在问题后面的固有矛盾。如果要改进系统的某一部分属性，其他的某些属性就会恶化，这种矛盾就称为系统冲突。技术创新的过程也是系统冲突的解决过程。典型的系统冲突有强度—重量冲突、形状—速度冲突，可靠性—复杂性冲突等。TRIZ 理论认为，发明创造也是解决系统冲突的过程。

（二）TRIZ 理论的主要内容

1. 技术系统进化理论

TRIZ 理论的核心是技术系统进化理论，该理论指出技术系统一直处于进化之中，解决冲突是进化的推动力。进化速度随着技术系统一般冲突的解决而降低，使进化速度产生突变的唯一方法是解决阻碍其进化的深层次冲突。

TRIZ 中的产品进化理论将产品进化过程分为四个阶段：婴儿期、成长期、成熟期和衰退期，产品进化过程所呈现出的分段线性 S 曲线如图 4-8 所示。与产品进化过程相对应的企业技术战略如表 4-12 所示。

自行车的发明过程

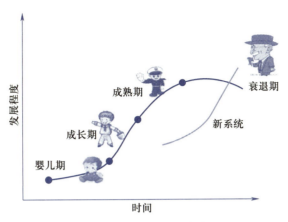

图 4-8 分段线性 S 曲线

表 4-12 产品进化过程所对应的企业技术战略

产品进化阶段	企业技术战略	创新战略
婴儿期	评估该技术的功能能力，如果优于现有技术，分析技术转化为产品的主要障碍，投入资金进行攻关，尽快实现技术产品化，争取尽快推向市场，抢占技术领先优势	局部创新
成长期	首先将新产品推向市场，抢占先发优势，然后不断对新产品进行改进，不断推出基于该核心技术的性能更好的产品，到成长期结束要使其主要性能指标（性能参数、效率、可靠性等）基本达到最优	局部创新
成熟期	改进工艺、材料和外观，尽快使成本降到最低，这个时期的利润主要靠市场营销手段来获取。同时必须投入资金跟踪或探索可能的替代技术，判断新技术的技术成熟度，采取相应对策	局部创新和系统创新
衰退期	重点投入资金寻找、选择和研究能够进一步提高产品性能的替代技术	系统创新

案例：提高运输速度的各类技术系统的进化过程。

提高运输速度的各类技术系统的 S 曲线如图 4-9 所示。

婴儿期的主要特征：当实现系统功能的原理出现后，系统也随之产生；新系统的各组成部分通常是从其他已有的系统中"借"来的，并不适应新系统的要求。

成长期的主要特征：制约系统的主要"瓶颈"问题得到解决，系统的主要性能参数快速提升，产量迅速增加，成本降低；随着收益率的提高，投资额大幅增长；特定资源的引入使系统变得更有效。

成熟期的主要特征：系统消耗大量的特定资源，系统被附加一些与其主要功能完全不相关的附加功能；系统的发展寄希望于新的材料和技术；系统的改变主要是外在的变化。

衰退期的主要特征：相同功能的新技术系统开始排挤老系统；系统带来的收益在下降。

产品进化理论对企业发展规划的启示：处于婴儿期和成长期的产品，企业应加大投入，以

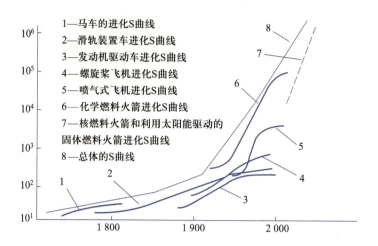

图 4-9　提高运输速度的各类技术系统的 S 曲线

1、2—婴儿期；3、4—成长期；5、6—成熟期；7—衰退期

获得最大的效益；处于成熟期的产品，企业应对其替代技术进行研究，以应对未来的市场竞争；处于衰退期的产品，企业应尽快将其淘汰。管理者只有懂得 S 曲线规律，才能促使设计者较快地取得设计中的突破。

2. 分析

分析是 TRIZ 的工具之一，是解决问题的一个重要阶段，包括系统功能分析、理想解的确定、资源分析和冲突区域的确定等方法。

（1）系统功能分析

系统功能分析是技术系统从"功能"的角度来分析系统，分析系统完成其功能的状态。功能包括有用功能、有害功能和中性的功能；有用功能包括充分的功能、不足的功能、过度的功能。

功能的图形化描述常用箭头和矩形框来表示（动宾结构），其中箭头代表动词（动作），矩形框代表名词（组件），如图 4-10 所示。

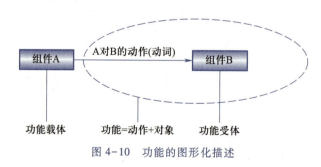

图 4-10　功能的图形化描述

系统功能分析可以分以下三步进行：

第一，建立组件列表，列出系统组成的组件名称。

一般将技术系统一般分为三个组件级别（超系统级别、系统级别和子系统级别），如图 4-11所示。

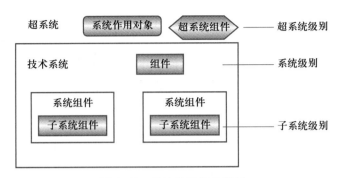

图 4-11 系统的层级示意图

例如，眼镜的系统组件层级分析如图 4-12 所示，其中，① 系统组件：用矩形框表示；② 超系统组件：用六菱形表示；③ 系统作用对象：用圆角矩形表示。

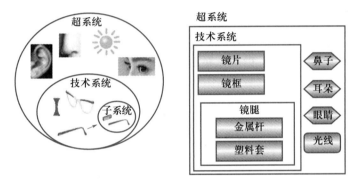

图 4-12 眼镜的系统组件层级分析

第二，建立作用关系，描述组件之间的相互作用关系。

描述系统中各组件之间的相互作用关系，分析、描述组件之间的相互作用，组件相互作用时产生哪些有害作用。

例如，眼镜与鼻子和耳朵的关系是物质关系，是双向的；眼镜与眼睛的关系是场关系，是单向的，如图 4-13 所示。

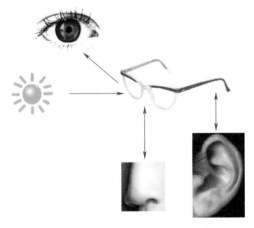

图 4-13 眼镜的各组件相互作用关系

第三，建立组件模型，揭示整个技术系统所有组件之间的相互作用关系以及如何实现系统功能。

功能模型是基于关系图，采用规范化的功能描述方式表述各组件之间的相互作用关系，将各组件间的所有功能关系全部展示，形成系统功能模型图。

例如，眼镜的组件模型如图 4-14 所示。

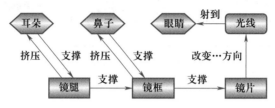

图 4-14   眼镜的组件模型

（2）理想解的确定

技术系统的理想解是指不需要该技术系统也能实现该系统的功能。最终理想解（IFR）的主要特点：保持了原系统的优点，消除了原系统的不足，没有使系统变得更复杂，没有引入新的缺陷。

最终理想解的确定步骤：

① 设计最终目的是什么？

② 理想解是什么？

③ 达成理想解的障碍是什么？

④ 出现这种障碍的结果是什么？

⑤ 消除这种障碍的条件是什么？

⑥ 哪些资源可以创造这种条件？

⑦ 在其他领域能解决此问题？

⑧ 获得的理想解是什么？

下面运用理想解的确定方法和步骤，来解决一个实际问题：如何降低割草机的马达噪音？

① 设计的最终目的是什么？

答：客户需要的是漂亮、整洁的草坪。

② 理想解是什么？

答：不用割草就能保持漂亮、整洁的草坪。

③ 达到理想解的障碍是什么？

答：草要生长。

④ 出现这种障碍的结果是什么？

答：必须割草，否则就不能保持漂亮、整洁。

⑤ 消除这种障碍的条件是什么？

答：使草保持一定的高度。

⑥ 哪些资源可以创造这种条件？

答：草，生物技术发展，草种改良。

⑦ 在其他领域能解决这个问题吗？

答：有的植物长到一定的高度就不长了。

⑧ 获得的理想解是什么？

答：用合适的种子，使草长到一定的高度就停止生长。

（3）资源分析

使用资源是解决技术系统进化的前提。资源包括现成资源和派生资源。派生资源是指将已有的资源做某些转化，经积累、改性以后才能使用的资源。为完善技术系统经常使用的资源有：物质资源、能源资源、信息资源、空间资源、时间资源、功能资源、系统资源。针对技术系统的功能要求，综合利用各种资源是最有效的方法。

（4）冲突区域的确定

如何确定冲突区域是解决技术冲突的前提。因果分析是确定冲突区域的有效方法，包括原因分析和结果分析。因果分析的目的就是发现问题产生的根本原因以及寻找解决问题的"薄弱点"。常用的原因分析方法有5W法（5个"为什么"法）、故障树、鱼骨图、原因链分析等。常用的结果分析方法有失效模式与后果分析（FMEA）以及结果链分析等。

3. 冲突解决原理

TRIZ 主要研究技术矛盾与物理矛盾两种冲突。

（1）技术矛盾冲突

技术矛盾冲突是指当用已知的办法去改善技术子系统的一个参数时，该系统中另一个子系统的其他参数就必然恶化。技术矛盾冲突常表现为一个系统中两个子系统之间的矛盾，即在一个子系统中引入一种有用功能，导致另一个子系统产生一种有害功能；消除一个子系统中的一种有害功能，导致另一个子系统的有用功能降低；一个子系统中有用功能的加强或有害功能的减少导致另一个子系统或系统变得复杂。

技术矛盾和通用工程参数

例如：飞机的机翼应具有大的面积，以便起飞与降落；但又需要较小的面积，以便高速飞行。汽车的安全气囊需要快速打开，以保护驾驶员和乘客；但又需要打开得足够慢，以尽量减少对驾驶员和乘客的伤害。婴儿使用的勺子有一定硬度才能盛饭，但是又需要较软，否则会伤害宝宝的牙床。

（2）物理矛盾冲突

物理矛盾冲突又称为内部系统冲突。如果互相独立的属性集中于系统的同一元素上，就称为存在物理矛盾冲突。一个技术系统的子系统中，子系统性能中的同一个参数具有相互排斥的需求所构成的矛盾。即子系统要求某一参数性质为 A，同时又要求这一参数性质为非 A。

根据 TRIZ 理论，物理矛盾冲突可以用空间分离原理、时间分离原理、条件分离原理、整体与部件分离原理这四种方法解决。

① 空间分离原理

所谓空间分离原理是指将冲突双方在不同的空间上分离，以降低解决问题的难度。

某欧洲鞋业公司在生产一种知名品牌的运动靴时管理者发现当地少数工人有偷靴子的行为。管理者曾经多次公开警告，使用降薪、开除等管理手段，但效果甚微。

"既要工人生产靴子"又"不要被工人偷靴子"的冲突出现了，这是一个典型的物理矛盾冲突。在咨询了 TRIZ 专家之后，采用空间分离法，解决冲突的办法是：生产地点还是选择在东南亚，在一个国家生产左靴子，在另一个国家生产右靴子。

② 时间分离原理

所谓时间分离原理是指将冲突双方在不同的时间上分离，以降低解决问题的难度。当关键子系统的冲突双方在某一时间段上只出现一方时，时间分离是可行的。

解决在同一平面上双方需要通过十字路口的交通问题，采用时间分离原理，即采用红绿灯的办法，实现双方依次通过十字路口。

③ 条件分离原理

所谓条件分离原理是指将冲突双方在不同的条件下分离，以降低解决问题的难度。当关键子系统的冲突双方在某一条件下只出现一方时，条件分离是可行的。

冬天自来水管为什么容易结冰？当自来水管在刚性的条件下，容易结冰。如果自来水管在由弹性橡胶制成的条件下，就不容易结冰。自来水管的材质的条件不同，可以解决相应的问题。

④ 整体与部分分离原理

所谓整体与部分分离原理是指将冲突双方在不同的层次上分离，以降低解决问题的难度。当冲突双方在关键子系统的层次上只出现一方，而该方在子系统、系统或超系统层次上不出现时，整体与部分的分离是可行的。

如何设计超远程轰炸机？要求轰炸机航行远，油箱必须体积大；油箱变大，装弹量就变小。依靠轰炸机本身无法解决这个问题，考虑向轰炸机以外的系统去思考，所以，最终采取的办法就是空中加油。

（3）39 个通用工程参数

阿奇舒勒通过对大量专利文献的不断分析，总结出了 39 个通用工程参数（表 4-13）。在解决实际问题的时候，组成技术矛盾的改善与恶化的两个参数可以用 39 个通用工程参数中的某两个来表示，目的是把实际工程技术中的矛盾转化为 TRIZ 中的标准的技术矛盾。39 个通用工程参数配对组合，产生了大约 1500 对标准的技术矛盾解。

表 4-13　39 个通用工程参数

序号	参数名称	序号	参数名称	序号	参数名称
1	运动物体的质量	10	力	19	运动物体的能量消耗
2	静止物体的质量	11	应力和压强	20	静止物体的能量消耗
3	运动物体的长度	12	形状	21	功率
4	静止物体的长度	13	稳定性	22	能量损失
5	运动物体的面积	14	强度	23	物质损失
6	静止物体的面积	15	运动物体的作用时间	24	信息损失
7	运动物体的体积	16	静止物体的作用时间	25	时间损失
8	静止物体的体积	17	温度	26	物质的量
9	速度	18	照度	27	可靠性

续表

序号	参数名称	序号	参数名称	序号	参数名称
28	测量精度	32	可制造型	36	系统的复杂性
29	制造精度	33	操作流程的方便性	37	控制和测量的复杂性
30	作用域物体的有害因素	34	可维修性	38	自动化程度
31	物体产生的有害因素	35	适应性和通用性	39	生产率

（4）40项创新原理

创新原理（也称发明原理）是阿奇舒勒最早奠定的 TRIZ 理论的内容，也是建立在对现有专利分析的基础上，蕴涵了人类发明所遵循的共性原理。实践证明，这 40 项创新原理（表 4-14）是行之有效的创新方法。

表 4-14 40 项创新原理

序号	原理名称	序号	原理名称	序号	原理名称
1	分割	15	动态特性	29	气体或液压结构
2	抽取	16	不足或过度作用	30	柔性外壳或薄膜
3	局部质量	17	多维化	31	多孔材料
4	增加不对称性	18	机械振动	32	改变颜色
5	组合	19	周期性动作	33	同质性
6	多用性	20	有效作用的持续性	34	抛弃与再生
7	嵌套	21	减少有害作用的时间	35	物理或化学参数改变
8	重量补偿	22	变害为利	36	相变
9	预先反作用	23	反馈	37	热膨胀
10	预先作用	24	借助中介物	38	强氧化
11	事先防范	25	自服务	39	惰性（或真空）环境
12	等势	26	复制	40	复合材料
13	逆向思维	27	廉价替代品	—	—
14	曲面化	28	机械系统替代	—	—

以原理 1 "分割" 为例，可以表示为一个物体分割成几个独立的部分，如奶粉分装盒；使物体变成易于组装和拆卸的几部分，如临时交通灯的电杆；提高物体的分割程度，如用砂粒分散锤头的受力。如图 4-15 所示。其余创新原理的含义读者可以查阅相关参考资料。

（5）矛盾矩阵表

解决技术矛盾需要用到 40 项创新原理来提高解决技术矛盾的效率，为了搞清楚具体在什么情况下应使用哪些创新原理，阿奇舒勒创建了矛盾矩阵表，作为解决技术矛盾的工具。

矛盾矩阵表如图 4-16 所示。在矛盾矩阵表上面的第 1 行为改善的 39 个通用工程参数，左面的第 1 列为恶化的 39 个通用工程参数。在矛盾矩阵表上每一个单元格内的

创新原理和
矛盾矩阵表

数字，均表示解决对应的技术矛盾时对人们最有用的那些创新原理的编号。

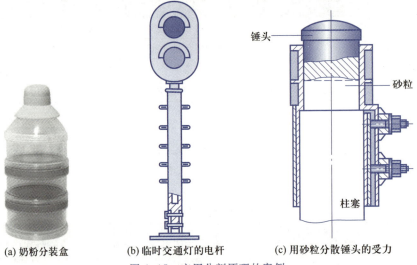

(a) 奶粉分装盒　　　　(b) 临时交通灯的电杆　　　(c) 用砂粒分散锤头的受力

图 4-15　应用分割原理的案例

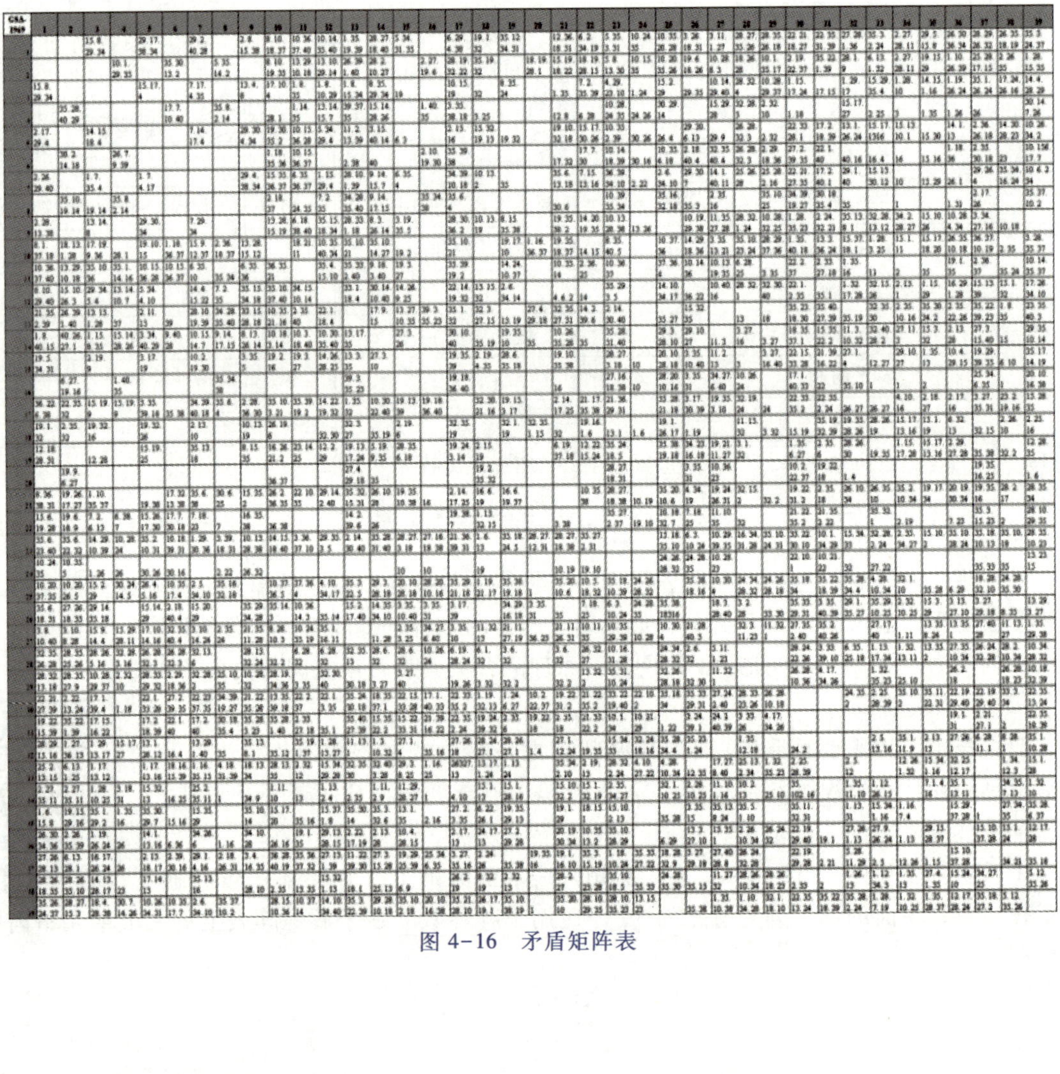

图 4-16　矛盾矩阵表

TRIZ引导设计者按标准参数确定冲突，然后利用39×39条标准冲突和40项创新原理解决冲突。

4. 物场模型分析与标准解

阿奇舒勒通过对大量的技术系统进行研究后发现：第一，一个技术系统如果想发挥其有用的功能，就必须至少构成一个最小的系统模型，即基本模型；第二，这个最小的系统模型应当具备三个必要的元素；第三，只有三个基本元素以合适的方式组合，才能实现一种功能。

"物场"是由"物质"和"场"组合而成的。"物"可以指任何物质，如人、太阳、地球等。"场"是实现两个物质间相互作用的"能量"或"力"，包括机械场、声场、热场、化学场、电场、磁场、生物场、分子级场等。

最基本的物场模型如图4-17所示。

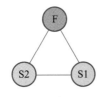

S：物质(任何物质)
F：场(物质间的相互作用)
S2：工具(作用的发出者)
S1：作用对象(作用的承受者)

图4-17 基本物场模型示意图

例如，用锤子敲钉子，锤子的工作系统就是一个基本物场模型实例，S2：锤子，是作用的发出者；S1：钉子，是作用的承受者。如图4-18所示。

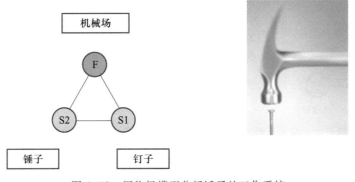

图4-18 用物场模型分析锤子的工作系统

什么是标准解？阿奇舒勒经过分析大量的专利后发现，如果专利所解决的问题的物场模型相同，那么最终解决方案的物场模型也类同。将这些变化形式类同的物场模型归纳总结，就形成了发明问题的标准解法。阿奇舒勒一共发现了五大类解法规则，包括18个子类，共76种。有兴趣的读者可以阅读查找相关书籍。

建立物场模型的目的是揭示技术系统的功能机制，描述技术系统中不同元素之间发生的不足的、有害的、过度的和不需要的相互作用。

建立物场模型有以下四个步骤：

第一步，列出所有物质。

第二步，建立物场模型，标出相应的场。

第三步，应用相应的标准解法。

第四步，生成解决方案的物场模型。

下面运用物场模型的建立步骤，来解决高温焦炭的输送问题。

问题背景：输送带将来自炼焦炉的焦炭输送到指定的场所，但是高温焦炭在运输过程中，对输送带会带来伤害。如何解决这个问题？

第一步，列出所有物质。

高温焦炭，传送带。

第二步，建立物场模型，标出相应的场。

如图 4-19 为传送带输送高温焦炭的物场模型实例，其中，输送带 S2 支撑高温焦炭 S1，高温焦炭 S1 会给输送带 S2 带来伤害。

第三步，应用相应的标准解法。

根据 76 个标准解第 1 类，第 2 子类，拆解物场模型，记为 S122，其标准解法为引入改进的 S1 或（和）S2 来消除有害作用，如图 4-20 所示。

第四步，生成解决方案的物场模型。

受到 S122 标准解法的启发，引入现有物质的变异物 S1m 来消除有害作用。得到的解决方案是：在传送带上铺设一层已经冷却的碎焦炭 S1m，可以有效隔绝热的作用。碎焦炭就是来自高温焦炭的变异物。

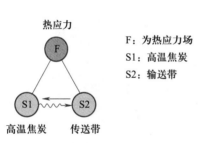

图 4-19 传送带输送高温焦炭的物场模型

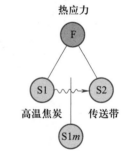

图 4-20 应用 S122 标准解的物场模型

5. 科学效应和现象的应用

科学效应和现象的应用是指应用本领域及其他领域的有关规律解决问题。俗话说"他山之石，可以攻玉"就是这个道理。

以应用为目标，重新回顾学过的知识，解决过去不能解决的技术难题。

在 TRIZ 理论中，应用科学效应和现象是一种基于知识的解决问题工具。技术人员一般知道 150~250 种科学效应和现象，现在的研究人员已经总结了近万个科学效应，建立了效应库，其中有 4 千多个已得到有效应用。

应用科学效应和现象解决问题的一般步骤为：

（1）首先要对问题进行分析。

（2）确定所解决的问题要实现的功能。

（3）根据功能查找效应库，得到 TRIZ 所推荐的效应。

（4）筛选所推荐的效应，优选适合解决本问题的效应。

（5）把效应应用于功能实现，并验证方案的可行性。如果问题没有解决或功能无法实现，请重新分析问题，或寻找其他效应。

（6）解决方案的形成。

案例：如何利用物理效应检测灯泡的质量？

电灯泡厂的厂长将厂里的工程师召集起来开了个会，让工程师们看一叠顾客的批评信，顾客对灯泡质量非常不满意，但不清楚具体原因。

问题分析：工程师们召开集思广益会，讨论后觉得灯泡里的压力有些问题，压力有时比正常值高，有时比正常值低。

确定功能：准确测量灯泡内部气体的压力。

查找效应：TRIZ推荐的可以测量压力的物理效应和现象有机械振动、压电效应、驻极体、电晕放电、韦森堡效应等。

效应取舍：经过对以上效应逐一分析，只有"电晕"的出现依赖于气体成分和导体周围的气压，所以电晕放电能够适合测量灯泡内部气体的压力。

方案验证：如果灯泡灯口加上额定高电压，气体达到额定压力就会产生电晕放电。

形成最终解决方案：用电晕放电效应测量灯泡内部气体的压力。

应用科学效应和现象解决技术问题是很简单的事情，这就像我们到超市买东西一样，选择好要买东西的种类，衡量一下几种同类产品的性价比，就可以做决定了。其实TRIZ提供的所有工具都是这个道理，只要我们有解决问题的欲望，就总能找到解决方案。

四、TRIZ理论的核心观点

在技术发展的历史长河中，技术进化过程不是随机的，而是有规律的。

第一，不同时代、不同领域的发明，其应用的原理（方法）是一致的。

第二，用来解决技术冲突的原理的数量是收敛的、可控的，不是发散的、不可控的，一般工程技术人员都可以学习掌握。

第三，技术系统进化的规律及模式在不同的工程及科学领域交替出现。

第四，解决本领域技术问题的原理往往来自其他领域的科学知识。

五、TRIZ理论的一般方法

TRIZ理论解决发明创造问题的一般方法有以下步骤：

第一步，问题描述，确定设计题目。

第二步，利用冲突解决原理等，定义矛盾的工程参数。

第三步，利用矛盾冲突和矛盾矩阵表，找出标准解决方法，即创新原理。

第四步，根据创新原理的提示，应用各种已有的技术知识和经验，构思解决特殊问题的创新设计方法。

当然，某些特殊问题也可以利用头脑风暴法等创造技法直接解决，但难度很大。TRIZ理论解决发明创造问题的一般方法如图4-21所示。

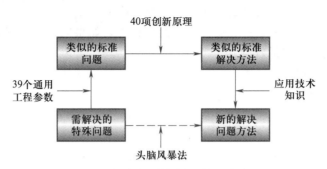

图 4-21 解决发明创造问题的一般方法

例 1：应用技术矛盾分析波音飞机发动机整流罩的改造。

第一步，描述问题，确定设计题目。波音 737 希望增加航程，就要采用功率更大的引擎，当然需要有更多的空气进入引擎，这就要求增大引擎整流罩的直径，但这样整流罩与地面的距离将减小，严重地影响了飞机起飞和着陆的安全。经过分析，应用技术矛盾来解决发动机整流罩改进。

第二步，利用冲突解决原理等，定义技术矛盾的工程参数。

波音 737 要增加航程，就要求增加发动机整流罩的直径，但这样整流罩与地面之间的距离会减小，飞机起飞和着陆不安全。

分析后，定义技术矛盾改善的参数为"运动物体的面积"（5），恶化的参数为"运动物体的长度"（3）。

第三步，利用矛盾冲突和矛盾矩阵表，找出标准解决方法，即创新原理。查找矛盾矩阵表，发现创新原理为 14，15，18，4，如图 4-22 所示。

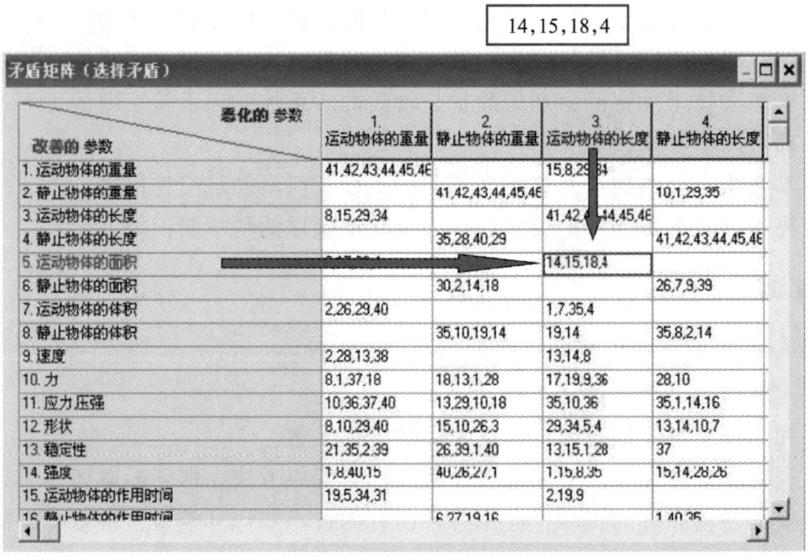

14,15,18,4

改善的 参数 \ 恶化的 参数	1. 运动物体的重量	2. 静止物体的重量	3. 运动物体的长度	4. 静止物体的长度
1. 运动物体的重量	41,42,43,44,45,46		15,8,29,34	
2. 静止物体的重量		41,42,43,44,45,46		10,1,29,35
3. 运动物体的长度	8,15,29,34		41,42,43,44,45,46	
4. 静止物体的长度		35,28,40,29		41,42,43,44,45,46
5. 运动物体的面积			14,15,18,4	
6. 静止物体的面积		30,2,14,18		26,7,9,39
7. 运动物体的体积	2,26,29,40		1,7,35,4	
8. 静止物体的体积		35,10,19,14	19,14	35,8,2,14
9. 速度	2,28,13,38		13,14,8	
10. 力	8,1,37,18	18,13,1,28	17,19,9,36	28,10
11. 应力压强	10,36,37,40	13,29,10,18	35,10,36	35,1,14,16
12. 形状	8,10,29,40	15,10,26,3	29,34,5,4	13,14,10,7
13. 稳定性	21,35,2,39	26,39,1,40	13,15,1,28	37
14. 强度	1,8,40,15	40,26,27,1	1,15,8,35	15,14,28,26
15. 运动物体的作用时间	19,5,34,31		2,19,9	
16. 静止物体的作用时间		6,27,19,16		1,40,35

图 4-22 查找矛盾矩阵表

第四步，根据创新原理的提示，应用各种已有的技术知识和经验，构思解决特殊问题的创新设计方法，具体见表 4-15。

表 4-15　根据创新原理构思方法

创新原理序号	发明原理名称	产生设想
14	曲面化	已经是曲面
15	动态特性	整流罩在起飞和着陆时能上调，飞行时恢复原位
18	机械振动	使整流罩振动并不会增加空气的吸入
4	增加不对称性	整流罩是规则圆形，增大直径后将底部形状改变，减少与地面的距离

最佳解决方案是应用 4 号创新原理：增加不对称性。将飞机整流罩做成不对称的扁平形状，纵向尺寸不变，横向尺寸加大。这样，飞机整流罩的面积虽然加大了，但整流罩与地面的距离仍保持不变，因而飞机的安全性不会受到影响，如图 4-23 所示。

图 4-23　整流罩解决方案示意图

例 2：应用物理矛盾解决汽车安全气囊改进。

第一步，描述问题，确定设计题目。

汽车发生碰撞的情况下安全气囊充气压力不足，打开较慢对乘客不能起到有效的保护作用；安全气囊的充气压力过大，则又会造成打开得太快，对乘客造成伤害。

矛盾为安全气囊的充气既要快，又不能快。充气速度过快，会使气囊硬度大，伤害乘客；充气速度过慢，又会导致气囊不能有效地保护乘客。可用资源主要有空气、压力、气囊本身、安全带等。经过分析后，确定应用物理矛盾来解决安全气囊，并确定设计题目为汽车安全气囊改进。

第二步，利用冲突解决原理等，定义物理矛盾的分离方式。

定义物理矛盾，即改善的参数为压力，要求 1：大；要求 2：小（不能太大）。

确认什么时间需要满足以上要求，时间 1：达到一定临界压力前；时间 2：达到一定临界压力后。

确认两个时间段并不交叉，因此应用时间分离。

时间分离原理可以利用以下 12 个创新原理，来解决与时间分离有关的物理矛盾。

创新原理 9：预先反作用

创新原理 10：预先作用

创新原理 11：事先防范

创新原理 15：动态特性

创新原理 16：不足或过度作用

创新原理 18：机械振动

创新原理 19：周期性动作

创新原理 20：有效作用的连续性

创新原理 21：减少有害作用的时间

创新原理 29：气压或液压结构

创新原理 34：抛弃与再生

创新原理 37：热膨胀

第三步，利用矛盾冲突和矛盾矩阵表，找出标准解决方法，即创新原理。

对照每个创新原理的启发，可以联想到创新原理 16 "不足或过度作用"是指所期望的效果难以百分之百实现时，稍微超过或稍微小于期望效果，使问题简化。

第四步，根据创新原理的提示，应用各种已有的技术知识和经验，构思解决特殊问题的创新设计方法。受该创新原理的启发，首先可以迅速使气囊膨胀到一定的压力值，保证在最短的时间内达到保护乘客的气压。在气囊上面开一些微小的孔，当气囊压力超过阈值后，气囊上的微小孔会张开，使气囊的压力不再升高。从而很好地解决了气囊的膨胀速度既要快，又不能快的矛盾。解决方案如图 4-24 所示。

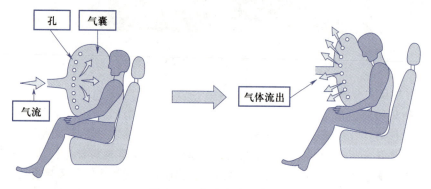

图 4-24　解决方案示意图

六、发明创造的等级划分

阿奇舒勒团队对大量的专利进行分析后发现，众多的发明专利的技术水平有很大区别和差异。阿奇舒勒将发明创造分为 5 个等级，并总结出创新的程度、所占比例、知识来源及参考解的数量等，如表 4-16 所示。

表 4-16 发明创造的等级划分

发明创造等级	创新的程度	所占比例/%	知识来源	参考解的数量/个
1	明确的解	32	个人的知识	10
2	少量的改进	45	公司内的知识	100
3	根本性的改进	18	行业内的知识	1 000
4	全新的概念	4	行业以外的知识	10 000
5	重大的发现	<1	所有已知的知识	100 000

第一级，最小发明创造，是对已有方案进行简单的改进。解决该类问题凭借设计人员自身掌握的知识和经验即可完成，没有创造性，只是知识和经验的转移应用。该类发明占发明专利总数的 32%。参考解的数量为 10 个。

如用厚隔热层减少建筑物墙体的热量损失；用承载量更大的重型卡车替代轻型卡车，以实现运输成本的降低。

第二级，小型发明创造，是通过解决一个技术冲突对已有系统进行少量改进。解决该类问题采用公司内的理论、知识和经验即可实现。组合法是解决类似问题的有效方法。该类发明占发明专利总数的 45%。参考解的数量为 100 个。

如在焊接装置上增加一个灭火器，设计出可折叠野外宿营帐篷等。

第三级，中型发明创造，是对一个技术系统的根本性的改进。解决该类问题需要采用本行业内的知识和方法，该类发明占发明专利总数的 18%。参考解的数量为 1 000 个。

如汽车上用自动传动系统代替机械传动系统，电钻上安装离合器，计算机用的鼠标等。

第四级，大型发明创造，是采用全新的原理完成对已有系统的功能创新。解决该类问题需要采用行业外的知识和方法，需要充分挖掘和利用科学知识、科学原理实现新的发明创造。该类发明占发明专利总数的 4%。参考解的数量为 10 000 个。

如第一台内燃机的出现、集成电路的发明、充气轮胎的发明、记忆合金制成的锁、虚拟现实的出现等。

第五级，重大发明创造，即利用科学或技术原理指导下在实践的过程中，在偶然与必然中发现了新的现象，发明了一种新材料、新工艺、新机构等。解决该类问题主要是依据科学的新发现、技术的新原理。该类的发明占发明专利总数的 1%。参考解的数量为 100 000 个。

如计算机、形状记忆合金、蒸汽机、激光、晶体管等的首次发明。

其实 95% 的发明专利仅是利用了行业内的知识。只有约 5% 的专利是利用了行业外的知识。因此，如果企业遇到技术难题，可以先在行业内寻找答案；若不能解决问题，再向行业外拓展，寻找解决方法。若想实现创新，尤其是重大发明创造，就要充分挖掘和利用行业外的知识，正所谓"创新设计所依据的科学原理往往属于其他领域"。

第一、二级发明创造处于较低水平状态，比例高达 77%，当然它们对创业就业以及提高人们物质文化生活水平很重要，不可忽视。第三、四、五级的发明创造才会涉及技术系统的关键技术和核心技术。

为了获得更高级的发明专利，找准发明方向、掌握创新方法是提高发明创造等级的有效途径。

发明创造的级别越高，所需的知识面就越广，查阅有用知识的时间就越长。随着社会的发展，发明创造的等级也会随着时间的推移而不断降低，这是因为原来更高级别的发明创造会逐渐成为人们熟悉和了解的知识。需要说明的是，任何一种方法都不是万能的，都有一定的局限性，TRIZ 理论适用于第二、三、四级发明创造的范围。

七、TRIZ 理论的发展趋势

经过多年的发展，TRIZ 理论已经被世界各国所接受，它为创新活动的普及、促进和提高提供了良好的工具和平台。

从目前的发展现状来看，TRIZ 理论今后的发展趋势主要集中在 TRIZ 理论本身的完善和进一步拓展新的研究分支两个方面。

TRIZ 理论是前人知识的总结，其基本理论体系框架如图 4-25 所示。

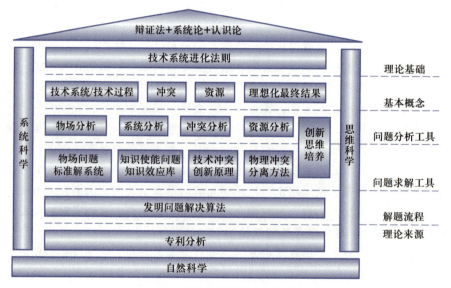

图 4-25 TRIZ 基本理论体系框架

如何进一步把它完善，使其逐步从"婴儿期"向"成长期""成熟期"进化成为各界关注的焦点和研究的主要内容之一，具体内容如下：

第一，提出对物场模型适应性更强的新的符号系统，以便于实现多功能产品的创新设计；进一步完善解决技术冲突的 39 个通用工程参数、40 项创新原理和矛盾矩阵表，以实现更大范围内的复杂产品创新设计等，使其受益面更广。

第二，TRIZ 理论的进一步软件化，开发有针对性的、适合特殊领域、满足特殊用途的系列化软件系统。例如面向汽车领域，开发出有利于提高我国汽车产品自主创新能力的软件系统等。TRIZ 理论与计算机软件技术相结合可以释放出巨大的能量，不仅能为新产品的研发提供实时指导，还能在产品研发过程中得到不断扩充和丰富。

第三，进一步拓展 TRIZ 理论的内涵，尤其是把信息技术、生命科学、社会科学等方面的原理和方法纳入 TRIZ 理论中，使 TRIZ 理论的应用范围越来越广，从而适应现代产品创新设计的需要。

第四，TRIZ 理论与其他一些创新技术有机集成，发挥更大的作用。TRIZ 理论与其他设计理论集成，可以为新产品的开发和创新提供快捷有效的理论指导，使技术创新过程由以往凭借经验和灵感，发展到按技术演变规律进行。

第五，TRIZ 理论在非技术领域的研究与应用。由于 TRIZ 方法具有独特的思考程序，可以提供管理者良好的架构与解决问题的程序，一些学者对其在管理中的应用进行了研究并取得了成果。因此，TRIZ 理论未来必然会朝着非技术领域发展，应用的层面也会更加广泛。

第六，TRIZ 理论主要是解决设计中"如何做"的问题（How），对设计中"做什么"的问题（What）未能给出合适的工具。

大量的工程实例表明，TRIZ 理论的出发点是借助于经验发现设计中的冲突，冲突发现的过程也是通过对问题的定性描述来完成的。其他的设计理论，如质量功能配置（quality function deployment，简称 QFD）恰恰能解决"做什么"的问题。所以，将两者有机地结合，更有助于产品创新。TRIZ 与 QFD 都未给出具体的参数设计方法，而稳健设计则特别适合详细设计阶段的参数设计。将 TRIZ、QFD 和稳健设计集成，能形成从产品定义、概念设计到详细设计的强有力支持工具，因此三者的有机集成已经成为设计领域的重要研究方向。

第四章习题

5

第五章

专利基础知识与专利文件撰写

专利制度旨在尊重他人，
保护自己，公平竞争。

第一节 专利基础知识

一、专利

（一）专利的含义

专利基础
知识

专利一般有三种含义：专利权，取得专利权的发明创造，专利文献。

《世界辞典》给专利下的定义是：政府授予某人或某公司在一定期限内对新发明独自享有制造、使用或销售的权利。专利制度的宗旨是通过奖励发明来推动科技进步与产业的发展。专利权是专利权人在法律规定的期限内，对其发明创造享有的独占权。专利权是一种无形财产，在有效期限内与有形财产一样，可以交换、继承、转让等。

（二）专利权人的权利与义务

1. 专利权人的权利

① 自行实施其专利的权利，专利权人享有制造、使用、销售、许诺销售其专利产品或者使用其专利方法的行为。

② 许可他人实施其专利的权利，专利权人有权许可他人取得专利实施权。

③ 禁止他人实施其专利的权利，专利权人有权禁止其他单位或个人实施其专利。这种独占性是专利权人最重要的权利。

④ 请求保护的权利，当专利权受侵害时，专利权人有权请求专利管理机关进行处理，或直接向人民法院起诉。

⑤ 转让专利权的权利，专利权人在转让专利权时，须签订书面合同，经国务院专利行政部门登记和公告后生效。

⑥ 产品上标明专利权的权利，即在产品的包装上标明专利标记和专利号。

2. 专利权人的义务

① 充分公开发明内容的义务，专利权人有公开自己发明的详细内容的义务，不履行此义务，其发明就得不到法律的保护。

② 缴纳费用的义务，专利权人应当自被授予专利权的当年开始缴纳年费；专利权人逾期不缴纳专利费用的，专利权在期限届满前终止。

（三）不授予专利权的发明创造

① 科学发现。

② 智力活动的规则和方法。

③ 疾病的诊断和治疗方法。

④ 动物和植物品种；但动物和植物品种所列产品的生产方法，可以依照专利法规定授予专利权。

⑤ 原子核变换方法以及用原子核变换方法获得的物质。

⑥ 对平面印刷品的图案、色彩或者二者的结合作出的主要起标识作用的设计。

（四）授予专利权的条件

① 向专利局提出专利申请。

② 符合新颖性、创造性和实用性的要求。

③ 发明主题属于可授予专利权的范围。

其中，新颖性、创造性和实用性是取得专利权的实质条件。

（五）新颖性、创造性和实用性

根据《中华人民共和国专利法》第二十二条，授予专利权的发明和实用新型，应当具备新颖性、创造性和实用性。

1. 新颖性

新颖性，是指该发明或者实用新型不属于现有技术；也没有任何单位或者个人就同样的发明或者实用新型在申请日以前向国务院专利行政部门提出过申请，并记载在申请日以后公布的专利申请文件或者公告的专利文件中。

下列情形，均具有新颖性：

① 未在国内外出版物上公开发表过的技术内容，其中出版物包括纸件印刷品，也包括光、电、照相等方法制成的信息载体。凡公开发表的出版物具有公开性、公布性和情报性，与发行份数无关。

② 具有保密义务的内部科技资料，尽管印数较多，由于它不属于公众所能获得的，不算公开发表。

③ 未在国内公开使用过的技术内容。

④ 在国家出现紧急状态或者非常情况时，为公共利益目的首次公开的。

⑤ 在中国政府主办或者承认的国际展览会上首次展出的。

⑥ 在规定的学术会议或者技术会议上首次发表的。

⑦ 他人未经申请人同意而泄露其内容的。

2. 创造性

创造性，是指与现有技术相比，该发明具有突出的实质性特点和显著的进步，该实用新型具有实质性特点和进步。

显著的进步是指发明与最接近的现有技术相比具有长足的进步，表现为发明克服了现有技术中存在的缺点和不足。

现有技术是指申请日以前在国内外为公众所知的技术。

（1）创造性的发明

① 首创性发明，提出一种全新的技术解决方案，开辟了一个新的技术领域，如电灯、电话、电视机等。

② 解决某个技术领域的难题的发明，如 3D 打印机的发明，改变了成型的方式。

③ 取得预料不到的技术效果的发明，如用胃镜了解树木内部生长与病虫害情况。

（2）关于组合、应用及构成要素的发明

① 组合发明。凡两项或两项以上的已有技术组合在一起能产生新的功能，或取得更优越的效果，则该组合发明被认为有创造性，如由发动机、离合器、传动机构等组合成汽车。简单组合没有更新的功能，如带键盘的计算器、带夜光显示器的电子钟，不能算作发明。

② 应用发明。应用发明也叫转用发明，是指把某一技术领域中的已有技术应用于另一技术领域中，如果能产生新的功能，获得预料不到的效果，则被认为具备创造性；反之，被认为不具备创造性。例如，将气压式热水瓶的原理用于纯净水瓶取水，方便、简单、效果显著，就具备创造性，属于转用发明。

③ 构成要素变更的发明。通过改变已有技术的形状、尺寸、比例、位置等关系而做出的发明。如果获得意想不到的效果，则该发明具备创造性，否则不具备创造性。例如，将白炽灯丝直径由 0.8 mm 改为 0.4 mm，寿命可提高几百小时。

3. 实用性

实用性，是指该发明或者实用新型能够制造或者使用，并且能够产生积极效果。

（六）发明人或设计人

发明人或设计人只能是自然人，不能是法人。自然人是指能够享受权利承担义务的个人。

根据《民法典》第五十七条，法人是指"具有民事权利能力和民事行为能力，依法独立享有民事权利和承担民事义务的组织"，如企业、公司、学校等。发明人是针对发明专利的创作人而言。设计人是针对实用新型和外观专利的创作人而言。

根据《中华人民共和国专利法实施细则》（以下简称《专利法实施细则》）第十三条，专利法所称发明人或者设计人，是指对发明创造的实质性特点作出创造性贡献的人。在完成发明创造过程中，只负责组织工作的人、为物质技术条件的利用提供方便的人或者从事其他辅助工作的人，不是发明人或者设计人。

发明人在专利申请中应当使用本人真实姓名，不得使用笔名或者假名。

（七）申请人与专利权人

申请人是有资格就发明创造提出专利申请的自然人、法人或者其他组织。

专利权人是指依法获得专利权，并承担与此相应义务的人，包括自然人、法人和其他组织。

（八）职务发明创造和非职务发明创造

1. 职务发明创造

职务发明创造指执行本单位的任务或者主要是利用本单位的物质技术条件所完成的发明创造。职务发明创造申请专利的权利属于该单位，申请被批准后，该单位为专利权人。该单位可以依法处置其职务发明创造申请专利的权利和专利权，促进相关发明创造的实施和运用。

执行本单位的任务所完成的职务发明创造是指：

① 在本职工作中作出的发明创造。

② 履行本单位交付的本职工作之外的任务所作出的发明创造。

③ 退休、调离原单位后或者劳动、人事关系终止后 1 年内作出的，与其在原单位承担的本职工作或者原单位分配的任务有关的发明创造。

本单位的物质技术条件，是指本单位的资金、设备、零部件、原材料或者不对外公开的技术资料等。利用本单位的物质技术条件所完成的发明创造，单位与发明人或者设计人订有合同，对申请专利的权利和专利权的归属作出约定的，从其约定。

2. 非职务发明创造

非职务发明创造，申请专利的权利属于发明人或者设计人；申请被批准后，该发明人或者设计人为专利权人。对发明人或者设计人的非职务发明创造专利申请，任何单位或者个人不得压制。

二、有关专利的国际条约

（一）巴黎公约

1. 巴黎公约简介

《巴黎公约》即《保护工业产权巴黎公约》，于 1883 年在巴黎签订，现有 179 个成员国。《巴黎公约》规定的工业产权保护对象有发明专利权、实用新型、工业品外观设计、商标权、服务标记、厂商名称、产地标记或原产地名称和制止不正当竞争等。我国于 1985 年 3 月 19 日正式加入。

有关专利的国际条约

2. 巴黎公约的基本原则

（1）国民待遇原则。缔约国之间必须在法律上给予对方与本国国民相同的待遇。

（2）优先权原则。缔约国的国民向一个缔约国提出专利申请或注册商标申请后，在一定期限内（发明和实用新型为 12 个月，工业品外观设计为 6 个月）向其他缔约国又提出同样内容的申请，后来的申请以第一次申请提出的日期为准（目的是防止恶意在他国抢先申请）。

（3）独立性原则。各缔约国授予的专利权和商标专用权是相互独立的，各国只保护本国授予的专利权的商标专用权。

（二）专利合作条约

专利合作条约（Patent Cooperation Treaty，简称 PCT）是《保护工业产权巴黎公约》成员国之间签订的专门条约之一，于 1978 年 1 月 24 日生效。我国于 1994 年 1 月 1 日加入 PCT。

我国的国际专利申请情况简介

申请人在一个国家提出专利申请时，可指定在若干成员国或所有成员国进行申请，不需要再写申请文件和缴纳申请费用，减少了申请工作量，节省了时间和费用。申请人的申请案对他国专利局无法律上的约束力。

（三）欧洲专利公约

欧洲专利公约（European Patent Convention，简称 EPC）于 1977 年 1 月 7 日生效，从 1978 年 6 月 1 日正式接受申请。EPC 旨在加强欧洲国家在工业产权领域的合作，以便通过单一的授权程序在若干个缔约国或所有缔约国获得专利保护。申请人向欧洲专利局提出专利申请时，可指定在若干成员国或所有成员国进行申请，申请案经欧洲专利局审查批准后，在指定国同时有效。简言之，欧洲专利局在欧洲统一了专利的申请、审查和批准。

知识产权相关网站

欧洲专利局现有 38 个成员；覆盖了整个欧盟地区及欧盟以外的 11 个国家。欧洲专利局总部位于德国慕尼黑。

三、我国专利申请现状简析

我国自 1985 年 4 月 1 日正式实施专利法，专利局受理专利申请。1985 年的专利申请量 1 万件。2022 年，我国授权发明专利 79.8 万件，发明专利有效量达到 421.2 万件。其中，国内（不含港澳台）发明专利有效量为 328 万件。国家知识产权局副局长胡文辉说，我国有效发明专利实现量质齐升，"我国是世界上首个国内发明专利有效量超 300 万件的国家，其中高价值

发明专利拥有量达到 132.4 万件，同比增长 24.2%，占发明专利有效量的比重超过四成。世界

我国专利申请现状简析

知识产权组织最新发布的《世界知识产权指标》报告也显示，我国发明专利有效量已经位居世界第一。"

我国国内专利申请的不足之处主要表现在以下几个方面。

第一，国内发明专利质量有待进一步提高。从发明专利复杂程度和技术创新能力来看，国内发明专利与国外来华专利相比有较大的差距；从反映技术创新能力专利保护范围的权利要求数量来看，2014—2018 年，国内发明专利权利要求数平均有 9 项，国外发明专利权利要求数平均达到 18 项；从反映发明创造技术复杂程度的说明书看，国内发明专利说明书页平均有 9 页，而国外平均有 29 页。

第二，国内发明专利申请总量排名世界第一，但每百万人口专利总量与日本、韩国、美国等国家相比差距较大。

第三，国外来华申请的专利主要集中在信息技术、航空航天、计算机、电信以及基因工程等领域，在该领域国外专利数量占比较大。

第四，国内企业专利申请占比达到 80%，国外企业专利申请比例高达 95%。

第五，我国高校等事业单位对专利存在重论文成果、轻专利成果的意识尚未根本扭转，大量技术成果以论文形式流失。

四、国内外专利战略简析

什么是专利战略？专利战略派生于专利制度，是指运用与专利制度有关的法律、科技、经济、管理及综合手段，取得在市场与科技领域竞争的有利地位，进而谋求最大利益和持续稳定发展的战略。

专利战略的正确制定与成功运用，可以加强使用者在技术和市场竞争中的优势，提高其经济竞争力，使其在日益激烈的国际竞争中立于不败之地。专利战略包括：什么时间引进什么国家、什么类别的专利才能最省钱、省时？如何最大限度地利用他人的先进技术？不仅一个国家要有专利战略，一个企业、一个行业乃至科研部门都应制定自己的专利战略。

专利战略应用得最普遍、最完善的国家是日本。专利战略已成为日本企业发展的生命线和护身符。日本企业界和经济界已将知识产权看成是与物力、财力、人力三大企业经营资源并列的"第四经营资源"。日本于 2002 年 3 月召开了第一次知识产权战略会议，提出"知识产权立国"，并于同年通过了《知识产权战略大纲》和《知识产权基本法》，确立知识产权的国家目标，设立知识产权战略本部。2003 年日本知识产权战略本部制定实施了《知识产权推进计划》。正是在知识产权立国的指导思想下，日本的技术创新能力得到大幅提升。

日本的战略性指标分为经营战略、技术战略、知识产权信息战略、国际战略、法律战略。日本将战略性指标定量化为 100 道题目，以下列举了部分题目：

1. 公司是否在业务计划和经营方针中明确了知识产权方针？
2. 公司是否将上述基本方针广为宣传并具体化？
3. 公司是否定期在董事会、高级管理人员会议等会议上讨论知识产权战略？
4. 公司技术开发部门的干部是否理解知识产权制度？
5. 公司的技术人员是否充分理解知识产权在业务活动中的重要性？

6. 公司写出的说明书是否能抓住发明的本质，使该发明获得内容广泛且状况稳定的权利？

7. 公司是否拥有计算机系统，该系统可以查询发明人向专利局申请的状况以及其他公司的技术动向等信息？

8. 在推荐发明申请专利前，公司是否请求相关人员检索现有技术？

9. 公司是否具备收集国外法律制度及其应用情况信息的能力？

10. 公司是否有组织地进行侵权判定？

美国的专利战略起步较晚，但发展迅速，主要特色有：与国家经济发展战略相结合；以立法形式贯彻国家专利战略；运用自身优势向国际辐射，积极推行以国际法形式实现其专利战略。

国外发明专利在中国每年的申请量快速增加，反映了国外技术拥有者实施"专利先行"的专利战略，通过申请专利在中国抢滩，"跑马圈地式"抢占市场，限制我国企业竞争发展空间。

2008年4月9日，国务院总理温家宝主持召开国务院常务会议，审议并原则通过《国家知识产权战略纲要》。会议指出，当今世界科技进步日新月异，知识经济迅猛发展，经济全球化步伐明显加快，知识产权已经成为国际经济和企业竞争的一个焦点，并在经济社会发展中发挥着越来越重要的作用。制订和实施国家知识产权战略纲要，是一项关系国家前途和民族未来的大事。要通过不断优化和完善知识产权制度，鼓励社会成员的创造性劳动，激发全民族的创新精神，让一切创造活力竞相迸发，让一切创新才华充分施展，让一切创新成果得到尊重，将我国丰富的人力资源转化为智力资源，将我国巨大的市场潜力转化为对国际智力资源的巨大引力，加快创新型国家建设步伐，提高国家的核心竞争力。

2010年7月，为了在国家科技重大专项中落实知识产权战略，充分运用知识产权制度提高科技创新层次，保护科技创新成果，促进知识产权转移和运用，为培育和发展战略性新兴产业，解决经济社会发展重大问题提供知识产权保障，科学技术部、国家发展和改革委员会、财政部、国家知识产权局共同研究制定了《国家科技重大专项知识产权管理暂行规定》。

五、专利——国企竞争的必经之路

综合国力的竞争是人才的竞争，人才的竞争中重要的是创造力人才的竞争，最终体现在知识产权的竞争，谁拥有更多的专利，谁就会在国际市场竞争中取得更多的控制权。由于专利制度成为国际通用的规则，国内企业面临的挑战来自企业自主知识产权开发方面。

世界银行曾在发布的一份报告中指出："日益强化的国际知识产权保护立法，面临着扩大发达国家与发展中国家知识产权差距的危险。"知识产权差距的扩大，意味着财富的分化扩大，亦意味着贫富分化的扩大。随着知识产权保护范围的不断扩大，发展中国家的技术创新空间受到了遏制。

由于在很多领域没有自主知识产权，国内企业在市场竞争中出现危机。西方国家还利用自身的经济优势和国际影响，用知识产权覆盖基本的研究手段和市场化产品，保护范围广而且水平高。如计算机程序、集成电路布图、商业秘密、基因工程、网络上的经营模式等发明都给予了保护，给发展中国家的经济发展构成极大的威胁。

企业要面向国际市场，要依靠专利保护参与竞争的直接体验，向以专利生财、以专利求发展的战略方向转移，不能陷入以仿制为生的绝境。

政府继续加大专利的法律保护力度。加大执法力度保护知识产权，不仅要通过民法对侵权者进行处罚，还要通过刑法保护专利的利益。

2017 年 4 月 24 日，最高人民法院首次发布《中国知识产权司法保护纲要（2016—2020）》。2018 年 2 月，中共中央办公厅、国务院办公厅印发《关于加强知识产权审判领域改革创新若干问题的意见》。2019 年 11 月，中共中央办公厅、国务院办公厅印发了《关于强化知识产权保护的意见》，并发出通知，要求各地区各部门结合实际认真贯彻落实。2021 年 9 月，中共中央、国务院印发了《知识产权强国建设纲要（2021—2035 年）》，并发出通知，要求各地区各部门结合实际认真贯彻落实。这些措施都强调"知识产权保护是激励创新的基本手段，是创新原动力的基本保障，是国际竞争力的核心要素"。

第二节　专利申请文件

一、发明专利申请文件

专利申请文件

申请专利时，申请人必须向国家知识产权局提出一系列专利申请文件。申请发明专利须提交的必要文件有：发明专利请求书、权利要求书、说明书、说明书附图、说明书摘要、说明书摘要附图、要求提前公开声明、实质审查请求书、费用减缓请求书以及专利代理委托书。

二、实用新型申请文件

申请实用新型专利须提交的必要文件有：实用新型专利请求书、权利要求书、说明书、说明书附图、说明书摘要、说明书摘要附图、费用减缓请求书以及专利代理委托书。

三、外观设计申请文件

申请外观设计专利须提交的必要文件有：外观设计专利请求书、外观设计图片或照片、外观设计简要说明、费用减缓请求书以及专利代理委托书。

四、其他相关文件

相关专利文件格式

向专利局陈述意见时，应提交意见陈述书或补正书。
向专利局要求恢复专利权利时，应提交恢复权利请求书。
向专利局要求变更专利权人等，应提交著录项目变更申报书。
其他文件如专利权评价报告请求书、专利权评价报告证明、放弃专利权声明、撤回专利申请声明、更正错误请求书以及申请权转让证明中文题录等。

第三节　权利要求书撰写

在专利申请文件中，权利要求书是最重要的，撰写最为困难，需要一定的技巧。权利要求书是一种法律文件，发明或者实用新型专利权的保护范围是根据其权利要求的内容来确定的。

一、权利要求书示例

权利要求书
撰写

（一）发明创造的名称

压力锅。

（二）发明创造简介

发明人发明了一种新型压力锅（图 5-1）。

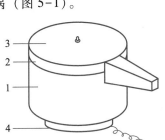

图 5-1　新型压力锅示意图

1—锅体；2—锅盖；3—安全阀；4—电加热器

现有压力锅是由锅体、锅盖构成，锅体和锅盖上都有手柄。锅盖中心处设有调节阀。新发明的压力锅是在现有的压力锅上加以改进。改进的部分是在锅盖上设置有由铅锡低熔点合金制成的安全阀，在锅体的底部装有远红外电加热器。

表达方式 A

1. 一种压力锅，包括锅盖、调节阀、锅体和手柄，其特征是：所述的锅盖上设置有安全阀，所述的锅体的外底部设置有电加热器。

2. 根据权利要求 1 所述的压力锅，其特征是：所述的安全阀由低熔点合金制成。

3. 根据权利要求 2 所述的压力锅，其特征是：所述的低熔点合金为铅锡合金。

4. 根据权利要求 1 所述的压力锅，其特征是：所述的电加热器为远红外加热器。

表达方式 B

1. 一种压力锅，由一顶部开口并在侧壁装有手柄的容器和中央设置有调节阀并在边缘装有手柄的上盖组成，其特征是：所述的锅盖上设置有安全阀，所述的锅体的外底部设置有电加热器。

2. 根据权利要求 1 所述的压力锅，其特征是：所述的安全阀由低熔点合金制成。

3. 根据权利要求 2 所述的压力锅，其特征是：所述的低熔点合金为铅锡合金。

4. 根据权利要求 1 所述的压力锅，其特征是：所述的电加热器为远红外加热器。

（三）说明与分析

"压力锅"的权利要求均为简单的产品权利要求。

"压力锅"的权利要求书撰写模式中提供了两种表达方式。

表达方式 A 在前序部分未写明各部件的位置或连接关系，因为这部分的内容属于现有技术，所属技术领域普通技术人员熟知其结构关系。

表达方式 B 在前序部分写明了各部件之间的位置或连接关系。

二、权利要求的类型

（一）独立权利要求

权利要求书中的第一项要求是独立权利要求。独立权利要求记载解决技术问题的必要技术特征，必须根据它来确定专利的保护范围。

《专利法实施细则》规定："权利要求书应当有独立权利要求，也可以有从属权利要求。独立权利要求应当从整体上反映发明或者实用新型的技术方案，记载解决技术问题的必要技术特征。"

《专利法实施细则》规定，发明或者实用新型的独立权利要求应当包括前序部分和特征部分，按照下列规定撰写。

（1）前序部分：写明要求保护的发明或者实用新型技术方案的主题名称和发明或者实用新型主题与最接近的现有技术共有的必要技术特征。

（2）特征部分：使用"其特征是……"或者类似的用语，写明发明或者实用新型区别于最接近的现有技术的技术特征。这些特征和前序部分写明的特征合在一起，限定发明或者实用新型要求保护的范围。

一项发明或者实用新型应当只有一个独立权利要求，并写在同一发明或者实用新型的从属权利要求之前。

（二）从属权利要求

从属权利要求是从属于独立权利要求或在前的从属权利要求。《专利法实施细则》规定："从属权利要求应当用附加的技术特征，对引用的权利要求作进一步限定。"

从属权利要求包含了独立权利要求中的所有技术特征，并且在此基础上补充进去新的技术特征，对独立权利要求或在前的从属权利要求的技术内容作进一步的限定，使其保护范围变窄。

从属权利要求的作用是，当独立权利要求不能被批准时，申请人可以对从属权利要求进行改写，使之成为独立权利要求。

从属权利要求应当包括引用部分和特征部分，按照下列规定撰写。

（1）引用部分：写明引用的权利要求的编号及其主题名称。

（2）特征部分：写明发明或者实用新型附加的技术特征。

三、权利要求撰写的格式要求

（1）权利要求中不得使用技术概念模糊或含义不确定的词汇或语句。要区别独立权利要求的主题类型是属于产品的类型还是属于方法的类型。

权利要求书撰写的格式要求

例如，光电分析装置属于产品类型；工业废水的处理方法属于方法类型；酒的陈化方法及其装置属于产品和方法两种类型。上述的主题名称表述比较清楚。但假如"酒的陈化方法及其装置"写成了"酒的陈化技术"，则表达不清楚，看不出是属于产品类型还是属于方法类型。

（2）每一项权利要求只允许在结尾处使用句号，但中间允许使用分号；可用一个自然段表述，也可用多行或多个自然段表述。

（3）权利要求中的技术特征可以标注说明书附图中相应的标记，这些标记应当用括号括起来，并放在相应的技术特征后面。权利要求书中如使用附图标记，应与说明书附图标记一致。

（4）权利要求书中应当尽量避免使用括号。

（5）权利要求书不应有标题行。

（6）权利要求书中有多项权利要求的，应当用阿拉伯数字顺序编号。

（7）权利要求中可以有化学式或者数学式，但不得有插图。

（8）权利要求书中，除绝对必要外，不得使用"如说明书……部分所述"或者"如图……所示"的用语。

（9）权利要求书中只有绝对必要时才能有表格。

（10）一般情况下，权利要求书中不得使用人名、地名、商标名或者商品名称。

四、权利要求书撰写的方法步骤

（1）确定主题名称，首先确定是产品权利要求还是方法权利要求。

（2）列出全部技术特征，如压力锅全部技术特征有锅盖、锅体、调节阀、手柄、手柄连接螺钉、压力锅外观银白色。

（3）选择最接近的一篇对比文件或一件产品比较，即找出与发明或实用新型最接近的一篇对比文件，如一份专利说明书、一份资料或者最接近的一件产品等。

（4）技术特征的筛选，把发明的所有技术特征按重要性排列，分清哪些是主要的技术特征，哪些是次要的，将那些对发明目的无实际意义的技术特征删去。压力锅主要的技术特征有锅盖、锅体、调节阀、手柄；无实际意义的技术特征如手柄连接螺钉、压力锅外观银白色，可以删去。

（5）起草权利要求书，一般包括独立权利要求和从属权利要求。

独立权利要求：把发明中与现有技术所共有的必要技术特征作为独立权利要求的前序部分。将新发明的技术特征写入独立权利要求的特征部分。

从属权利要求：引用部分写入所引用的权利要求的编号及发明创造的名称；将有实际意义的附加技术特征写入从属权利要求的特征部分，以进一步限定所引用的权利要求的技术特征。根据权利要求1所述的压力锅，其特征是：所述的安全阀由低熔点合金制成。

五、权利要求书撰写中常见问题及修改建议

（1）计量单位使用了非国家法定计量单位。例如，"1英寸"应写成"2.54厘米"，"筛孔××目"应写成"颗粒度为××微米（毫米）"，等等。

（2）使用的科技术语及符号不规范。例如，"m/秒"，应写成"米/秒"或"m/s"。

（3）在权利要求中不得使用含糊不清的词语，如"厚""薄""强""弱""大约""等""接近""类似方法""类似物"等。

（4）权利要求书中出现插图或附图，应将插图或附图删去。

（5）将产品技术特征用方法技术特征来描述。例如，"经过热处理，然后用钻、镗、磨方法加工而成的轴承架内装入滚动体"，应写成"轴承架内设置有滚动体"。

（6）特征部分的撰写只写出了产品的各部件名称，而未写明各部件之间的连接关系或位置关系。

（7）在权利要求中写入了原因、理由等词语。例如，"为了采用更为节能、更为安全方便的压力锅，所述的锅盖上设置有安全阀"应写成"所述的锅盖上设置有安全阀"。

（8）在独立权利要求中写入了一些非必要的技术特征，导致专利保护范围十分狭窄。例如，一种压力锅，包括锅盖、调节阀、锅体和手柄，其特征是所述的锅盖上设置有安全阀，手柄与锅盖采用螺钉连接，所述的锅体的外底部设置有电加热器。

（9）独立权利要求缺少必要的技术特征，未能构成完整的技术方案。例如，一种压力锅，包括锅盖、调节阀、锅体，其特征是所述的锅盖上设置有安全阀，所述的锅体的外底部设置有电加热器。该独立权利要求缺少了必要的技术特征"手柄"，使压力锅达不到方便使用的目的，因此应该增加"手柄"这个必要的技术特征。

（10）把发明的目的、功能、效果等作为技术特征写入权利要求书中。例如，一位发明人巧妙地将计算尺的原理应用于量杯，发明了杯式浓度计数器的新型量杯。写出的独立权利要求是："一种玻璃量杯，其特征是，在配制各种溶液的浓度时，可以不必度量各种溶液的体积，也不必计算，就可以直接在杯内配制所需浓度的溶液，或者可以直接求出各种溶液在杯内混合后的浓度。"在该权利要求中，描述的是发明的目的和效果，丝毫没有涉及为实现此发明目的的必要技术特征。因此，这样的权利要求书是不能被授权的。

第四节　说明书撰写

一、说明书撰写的法律依据

说明书撰写
的法律依据

《中华人民共和国专利法》和《专利法实施细则》是撰写专利申请文件的法律依据。

《中华人民共和国专利法》第二十六条指出："说明书应当对发明或者实用新型作出清楚、完整的说明，以所属技术领域的技术人员能够实现为准。"

1. 说明书是确定权利要求保护范围的必要依据

特别要注意的是，凡是权利要求书中要求保护的技术特征，在说明书中都要作详细描述，如果对技术特征的描述不清楚、不完整、不充分，则会导致专利申请被驳回或被宣告专利权无效。

2. 说明书各部分撰写的规定

说明书应当包括下列五部分内容：

（1）技术领域，写明要求保护的技术方案所属的技术领域。

（2）背景技术，写明对发明或者实用新型的理解、检索、审查有用的背景；有可能的，需引证反映这些背景技术的文件。

（3）发明内容，写明发明或者实用新型所要解决的技术问题以及其采用的技术方案，并对照现有技术写明发明或者实用新型的有益效果。

（4）附图说明，说明书有附图的，对各幅附图作简略说明。

（5）具体实施方式，详细写明实现发明或者实用新型的优选方式；必要时，举例说明；有附图的，对照附图。

3. 外国人名、地名和科技术语的译文问题

《专利法实施细则》第三条提出："依照专利法和本细则规定提交的各种文件应当使用中文；国家有统一规定的科技术语的，应当采用规范词；外国人名、地名和科技术语没有统一中文译文的，应当注明原文。"

二、说明书示例

一种压力锅

1. 技术领域

本发明涉及压力锅技术领域，具体为一种新型压力锅。

2. 背景技术

压力锅是生活中常用的生活家用电器，普通压力锅以煮食快速、高效的特点，颇受一些消费者的喜爱，其不足之处是安全性不够高，加热不够方便。随着科学技术的发展，更为节能、更为安全方便的压力型电饭锅成为市场需求的产品，为此，提出一种新型电加热压力锅。

3. 发明内容

本发明的目的在于提供一种新型压力锅，以解决上述背景技术中提出的问题。

为了实现上述目的，本发明提供如下技术方案：一种新型压力锅，包括锅盖、调节阀、锅体和手柄。所述的锅盖上设置有安全阀。所述的锅体的外底部设置有电加热器。所述的安全阀由低熔点合金制成。所述的低熔点合金为铅锡合金。所述的电加热器为远红外线加热器（图 5-2）。

图 5-2　远红外线加热器

与现有技术相比，本发明的有益效果是：

（1）锅体上不仅有调节阀，还设置了安全阀，对防止压力锅因压力增大而爆裂，起到双保险的作用；

（2）安全阀采用低熔点铅锡合金制成，灵敏度高；

（3）电加热器采用远红外线加热器，高温不变形，无有害辐射，无环境污染，热转换率高。

4. 附图说明

图 5-3 为本发明的整体结构示意图。

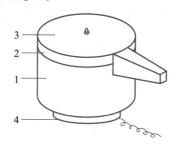

图 5-3　新型压力锅示意图

1—锅体；2—锅盖；3—安全阀；4—电加热器

5. 具体实施方式

下面将结合具体实施例与附图对本发明作进一步详细描述。

基于本发明中的实施例，本领域普通技术人员在没有做出创造性劳动前提下所获得的所有其他实施例，都属于本发明保护的范围。

本发明提供一种压力锅，包括锅盖、调节阀、锅体和手柄，所述的锅盖上设置有安全阀，所述的锅体的外底部设置有电加热器。锅盖上的安全阀由低熔点合金制成，优选采用铅锡合金，熔点低，灵敏度高。所述的电加热器采用远红外线加热器，热转换率高，安全无污染。

工作原理：当压力锅接通电源后，锅体底部电加热器在电流的作用下很快产生大量的热能加热压力锅，锅内压力升高达到调节阀的设定值时，调节阀放气。若调节阀失灵，锅内气压增大，温度升高，铅锡合金熔化，锅内气体便从安全阀喷出，使锅内压强减小，从而达到安全保护作用。

三、说明书撰写的要求

（一）清楚、主题明确、用词准确

清楚是指说明书中描述的技术内容简洁明确，没有模棱两可、含糊不清之处，使得所属领域的普通技术人员容易理解。

主题明确是指说明书应当清楚地表达发明所采取的技术方案，并对照现有技术写明发明的有益效果。

用词准确是指说明书应当使用发明所属技术领域的技术术语。

（二）完整

完整是指说明书必须包括所规定的五个部分。

（三）实现

实现是指所属技术领域的技术人员按照说明书记载的内容，不需要创造性的劳动，就能够再现该发明的技术方案，解决其技术问题，并且产生预期的技术效果。

（四）支持

支持是指说明书描述的内容必须支持权利要求书。具体要求包括：

① 权利要求书中的每个技术特征，均在说明书中作了说明，且不超出说明书记载的范围。

② 说明书中记载的内容与权利要求书的内容相适应，没有矛盾。

③ 说明书的具体实施例，应当包含独立权利要求中全部必要技术特征的内容，也包括从属权利要求。

四、说明书撰写的方式

说明书撰写
的方式

（一）发明的名称

发明的名称应当清楚、简明，应当居中，并置于正文的上方。

发明的名称应当与请求书中的名称一致，一般不超过 25 个字。

不得使用人名、地名、商标、型号或商品名称等，也不得使用商业性宣传用语。

（二）说明书正文部分

说明书正文部分按照下列方式和顺序撰写五大部分内容。

1. 技术领域

发明的技术领域，应当是其技术方案所属的具体技术领域，而不是上位的或相邻的技术领域。

如：本发明涉及压力锅技术领域，具体为一种新型压力锅。不要写成：具体为一种新型厨房用具。

本部分的惯用语句为："本发明涉及……领域，具体为一种……"

2. 背景技术

背景技术部分应当就发明人所知，写明对发明的理解、检索、审查有用的背景技术，并引证反映这些背景技术的文件。

说明书中引证的文件可以是专利文件，也可以是非专利文件，例如，期刊、杂志、手册和书籍等。

引证专利文件的，要写明专利文件的国别、公开号和公开日期。

例如，中国专利公开号 ZL××××××，公开日××××年×月×日，发明创造名称为××××××，该申请案公开了……其不足之处是……

引证非专利文件的，如论文等，应当写明引证文件的出处，必要时应当加注原文。

在说明书涉及背景技术的部分中，还要客观地指出背景技术中存在的问题和缺点。最好说明存在问题和缺点的原因以及解决这些问题时曾经遇到的困难。

3. 发明内容

发明内容包括三个部分：发明创造的目的、技术方案、有益效果。

（1）发明创造的目的

用正面的、尽可能简洁的语言说明发明要解决的技术问题。对发明所要解决的技术问题的描述不得采用广告式宣传用语。

本部分的惯用语句为："本发明的目的在于提供了一种……装置（或方法），以解决上述背景技术中提出的问题。"

（2）技术方案

技术方案是指清楚、完整、简要地描述发明所采取的必要技术特征。

技术方案部分最简便、最可靠的撰写办法是将权利要求书的独立权利要求原封不动地复制到技术方案部分来，然后把"其特征是"的语句删去即可。

权利要求书中的从属权利要求部分，即附加技术特征可综合起来写成另一段。

本部分的惯用语句为："为了实现上述目的，本发明提供以下技术方案……"

（3）有益效果

有益效果是确定发明是否具有"显著的进步"，实用新型是否具有"进步"的重要依据。

有益效果可以通过对发明结构特点的分析和理论说明相结合，或者列出实验数据的方式予以说明，不得只断言发明具有有益效果。

无论用哪种方式说明有益效果，都应当与现有技术进行比较，指出发明或者实用新型与现有技术的区别。

机械、电气领域的发明，在某些情况下可以结合发明的结构特征和作用方式来说明其有益效果。

化学、医学领域的发明，在大多数情况下要借助实验数据或临床分析来说明其有益效果。在引用实验数据说明时，应当给出必要的实验条件和方法。

本部分的惯用语句为："与现有技术相比，本发明的有益效果是……"

4. 附图说明

说明书有附图时，应当写明各附图的图名。此外，附图说明应包括附图中具体零部件名称列表。

5. 实施例

实施例是实施发明或者实用新型的具体例子。

实施例的数量可以有多个。当权利要求覆盖的保护范围较宽，其概括的特征不能从一个实施例中找到依据时，应当给出一个以上的不同实施例，以支持要求保护的范围。

对实施例的描述应当详细，有附图的，应当对照附图，使所属技术领域的技术人员，在不需要创造性劳动的情况下，就能够实施该发明。

在发明技术方案比较简单的情况下，具体实施方式部分可以不作要求。

对于产品的发明，实施例应当描述产品的机械构成、电路构成或者化学成分，说明组成产品的各部分之间的相互关系。

对照附图描述发明的具体实施例时，使用的附图标记应当与附图中所示的一致，并放在相应的技术名称的后面，不加括号。

本部分的惯用语句为："下面结合附图与具体实施例对本发明（或实用新型）作进一步详细描述……"

第五节   说明书摘要及附图

一、说明书摘要和附图撰写的要求

《专利法实施细则》规定："说明书摘要应当写明发明或者实用新型专利申请所公开内容的概要，即写明发明或者实用新型的名称和所属技术领域，并清楚地反映所要解决的技术问题、解决该问题的技术方案的要点以及主要用途。说明书摘要可以包含最能说明发明的化学式；有附图的专利申请，还应当提供一幅最能说明该发明或者实用新型的技术特征的附图。附图的大小及清晰度应当保证在该图缩小到 4 cm×6 cm 时，仍能清晰地分辨出图中的各个细节。摘要文字部分不得超过 300 个字。摘要中不得使用商业性宣传用语。"

说明书摘要
及附图

说明书摘要是说明书公开内容的概述，它是一种重要的技术情报，不具有法律效力。即摘要的内容不能作为以后修改说明书或者权利要求书的依据，也不能用来解释权利的保护范围。摘要文字部分出现的附图标记要加括号。

二、说明书摘要撰写的方式

说明书摘要在实际撰写中，通常对说明书中发明内容的技术方案略加修改补充即可。

① 本部分首句的惯用语句为："本发明（或实用新型）公开了一种……"其后写入发明创造的名称。

② 将发明内容部分的技术方案内容略加修改。

③ 可写入发明或实用新型的主要用途。通常采用"本发明（或实用新型）的主要用途是……"的惯用语句。

如：本发明公开了一种压力锅，包括锅盖、调节阀、锅体和手柄，所述的锅盖上设置有安全阀，所述的锅体的外底部设置有电加热器，安全阀采用低熔点铅锡合金制成，电加热器采用远红外线加热器。本发明的主要用途是高压蒸煮食物。

三、说明书附图绘制

（一）说明书附图绘制的要求

《专利法实施细则》规定："发明或实用新型的几幅附图应当按照'图1，图2，……'顺序编号排列。发明或者实用新型的说明书文字部分中未提及的附图标记不得在附图中出现，附图中未出现的附图标记不得在说明书的文字部分中提及。申请文件中表示同一组成部分的附图标记应当一致。附图中除必需的词语外，不应当含有其他注释。"有附图的专利申请，申请人应提交一幅最能反映该发明技术方案的主要技术特征的附图作为摘要附图。

（二）说明书附图的绘制

附图是说明书的一个组成部分。附图的作用在于使人能够直观地、形象地理解发明的技术特征和整体技术方案。对于机械和电学技术领域中的专利申请，说明书附图的作用更为明显。

附图的绘制要求如下：

（1）附图图纸周围不得使用框线，图形线条和引出线应为黑色并且均匀清晰，不得使用铅笔、圆珠笔、彩色笔绘制，图上不得着色。

（2）同一图中应当采用相同比例绘制，为使其中某一组成部分清楚地显示出来，可以另外增加一幅局部放大图。

（3）图中除必要的关键词语外，不应当含有注释性文字；关键词应当使用中文，必要时可以在其后的括号里注明原文。

（4）附图中的总图数若有两幅或两幅以上时，应用阿拉伯数字顺序编号排列，用"图1，图2，……"表示。其中每一个编号只允许对应一幅附图，也就是说，每一个编号不得对应多幅附图。

（5）附图应当尽量垂直绘制在图纸上，各幅图应彼此明显地分开。当附图横向尺寸明显大于竖向尺寸时，将A4纸张横向使用，且应当将图的顶部置于图纸的左边。一页纸上有两幅以上的图，且有一幅已经水平布置时，该页上其他图也应当水平布置。

（6）同一零件出现在不同的图中，应当使用相同的附图标记；一件专利申请的各种文件（说明书、权利要求书、说明书附图、说明书摘要）中应当使用同一附图标记表示同一零件或部件。并不要求每一幅图中的附图标记连续编号。

（7）特殊情况下，可以使用照片贴在图纸上作为附图。例如，显示金相结构或者组织细胞的照片。

（8）剖视图和剖面图中的剖面线不得妨碍附图标记线和主线条的清楚识别。

（9）附图中通常不标注尺寸，即不必标出尺寸线、尺寸界限和尺寸数字。

（10）对于电学领域的电路图，通常不标注电子元器件的参数。

第六节　外观设计专利

一、外观设计的法律依据

（一）外观设计的定义

《专利法》规定："外观设计，是指对产品的整体或局部的形状、图案或者其结合以及色彩与形状、图案的结合所作出的富有美感并适于工业应用的新设计。"

（二）外观设计专利的申请文件

《专利法》规定："申请外观设计专利的，应当提交请求书、该外观设计的图片或者照片以及对该外观设计的简要说明等文件。"

（三）单一性

《专利法》规定："一件外观设计专利申请应当限于一项外观设计。同一产品两项以上的相似外观设计，或者用于同一类别并且成套出售或者使用的产品的两项以上外观设计，可以作为一件申请提出。"如俄罗斯套娃（图5-4）可以作为一件申请提出。

外观设计专利

（四）外观设计图片或照片的绘制要求

《专利法实施细则》规定："申请人请求保护色彩的，应当提交彩色图片或者照片。申请人应当就每件外观设计产品所需要保护的内容提交有关图片或者照片。"

（五）外观设计的简要说明

《专利法实施细则》第二十八条规定："外观设计的简要说明应当写明外观设计产品的名称、用途，外观设计的设计要点，并指定一幅最能表明设计要点的图片或者照片。省略视图或者请求保护色彩的，应当在简要说明中写明。对同一产品的多项相似外观设计提出一件外观设

图 5-4　俄罗斯套娃

计专利申请的，应当在简要说明中指定其中一项作为基本设计。简要说明不得使用商业性宣传用语，也不能用来说明产品的性能。" 如图 5-5 所示。

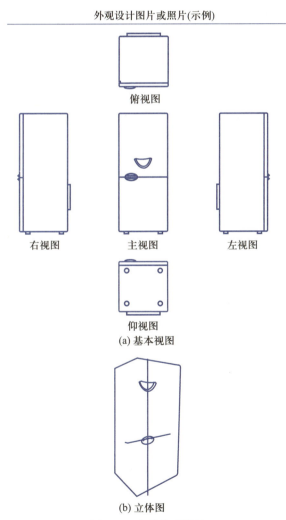

图 5-5　产品外观设计

产品外观设计简要说明：

（1）设计要点不涉及产品的背面，省略后视图。

（2）本外观设计的设计要点在冰箱的拉手。

（六）外观设计样品或模型的提交

《专利法实施细则》第二十九条规定："国务院专利行政部门认为必要时，可以要求外观设计专利申请人提交使用外观设计的产品样品或者模型。样品或者模型的体积不得超过30 cm×30 cm×30 cm，重量不得超过15 kg。易腐、易损或者危险品不得作为样品或者模型提交。"

二、外观设计专利概述

（一）外观设计的特点

1. 以产品的形状、图案、色彩为设计对象

（1）外观设计是指产品的形状、图案、色彩及其结合。

（2）产品的色彩不能独立构成外观设计。

（3）可以构成外观设计的组合有：产品的形状；产品的图案；产品的形状与图案；产品的形状与色彩；产品的图案与色彩；产品的形状、图案与色彩。

（4）形状是指对产品造型的设计。

（5）图案是指由任何线条、文字、符号、色块的排列或组合在产品的表面构成的图形。

（6）色彩是指用于产品上的颜色或者颜色的组合，制造该产品所用材料的本色不是外观设计的色彩。

（7）形状、图案、色彩三要素是相互依存的，有时其界限是难以界定的。

例如，一个新颖美观的自行车造型，可以申请和取得外观设计专利。该自行车能给人以美感的新的装饰图案，也可以申请取得外观设计专利。该自行车的造型和图案的组合，造型和色彩的组合，图案和色彩的组合，造型、图案和色彩的组合，都可以申请和取得外观设计专利。

2. 以产品为载体

外观设计专利保护的是产品的外形新设计，因此，外观设计是必须以产品为载体的。不能重复生产的手工艺品、农产品、畜产品和自然物都不能作为外观设计的载体。

例如，在纸张上画出的新色彩图案，它是一种美术作品，只能得到著作权法的保护，当它被用到具体产品，如包装盒、玩具、轮船等立体产品，或者纺织品、地毯等平面产品上时，才能取得外观设计专利的保护。

3. 富有美感

外观设计的目的之一是为了使产品增加对消费者的吸引力。所以，外观设计必须富有美感，即一般人认为是美观的。

4. 适合工业上应用

适合工业上应用是指该外观设计能应用于产品，并形成批量生产。

5. 新设计

新设计是指在申请日或优先权日之前没有相同或相近似的外观设计在国内外出版物上公开发表过，或者没有相同或相近似外观设计的实物在国内公开使用或销售。

（二）不给予外观设计专利保护的内容

（1）不能重复再现的固定构造物，如依赖于特定地理条件的桥梁和建筑物等。

（2）因其包含有气体、液体及粉末状等无固定形状的物质而导致其形状、图案、色彩不固定的产品。

（3）产品的不能分割、不能单独出售或使用的部分，如杯把等。

（4）对于由多个不同特定形状或图案的构件组成的产品而言，如果构件本身不能成为一种有独立使用价值的产品，则该构件不给予外观设计专利保护。

（5）视觉或者肉眼难以确定其形状、图案、色彩的物品。

（6）要求保护的外观设计不是产品本身的常规的形态，如手帕扎成动物形态的外观设计。

（7）以自然物原有形状、图案、色彩作为主体的设计。

（8）纯属美术范畴的作品。

（9）在产品所属领域内司空见惯的几何形状、图案构成的设计；

（10）一般文字和数字的字形及字音、字义不能作为要求保护的外观设计的具体内容。

（三）外观设计的单一性

外观设计专利中，两项或两项以上的外观设计具备单一性时，允许合案作为一件外观设计专利提出申请。

（1）同一类别的外观设计产品，才能合案申请。同一类别是指属于国际外观设计分类表中同一个小类的产品。

例如，专用盘、碟、杯、碗可以合案申请，因为它们属于同一个产品小类。锅、碗、餐刀不能合案申请，因为他们不属于同一个产品小类。具体可查阅国际外观设计分类表。

（2）产品的设计构思相同，并在习惯上是同时成套出售、同时使用的产品，可以合案申请。设计构思相同，是指成套产品中各产品的设计风格是统一的。

例如，咖啡杯、咖啡壶等在习惯上是同时成套出售、同时使用的产品。但咖啡壶上的图案为兰花，而咖啡杯上的图案为熊猫，它们设计构思不统一，因此不能合案申请。

三、外观设计专利申请的要求

外观设计专利申请的要求

（一）名称

（1）名称以 1~7 个字为宜，不得超过 15 个字。

（2）产品名称应符合国际外观设计分类表中的名称。

（3）产品名称应与设计的内容相符合。

（4）应避免使用人名、地名等作为产品名称。

（二）图片或照片

1. 视图个数的确定

对于立体外观设计，产品设计要点涉及六个面的，应当提交六面正投影视图。正投影六面视图的名称为主视图、后视图、左视图、右视图、俯视图和仰视图。各视图的名称应当标注在视图下方，如图 5-6 所示。

产品设计要点仅涉及一个或几个面时，可以仅提交所涉及面的正投影视图和立体图。对于平面外观设计产品而言，产品设计要点涉及一个面时，可以仅提交该面正投影视图。产品设计

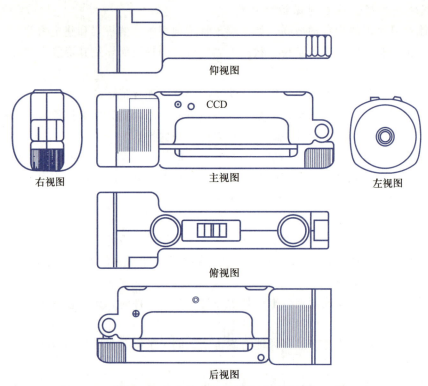

图 5-6　带有收音机的手提灯六面视图

要点涉及两个面时，应当提交两面正投影视图。

2. 尺寸

提交的图片或照片中图形的尺寸不得小于 3 cm×8 cm（细长物品除外），不得大于 15 cm×22 cm，并应当保证图形缩小到 2/3 时产品外观轮廓的各个细节仍能清晰可辨。

3. 绘图

（1）一般要求

绘图按照技术制图和机械制图国家标准绘制，但不得保留视图中的阴影线、指示线、虚线、中心线、尺寸线等。绘图时必须使用制图工具和黑色墨水，不得使用铅笔、蜡笔、圆珠笔等。

（2）图纸

采用 A4 幅面的纸张，当图面复杂，用一张纸绘制不下时，可以续用同样大小纸张。图纸的左侧距装订线至少要留出 2.5 cm 空白。

（3）平面产品和立体产品

一般指纺织品、纸制品、手帕、毛巾、包装纸之类的物品。厚度在 2 mm 以上的产品，包括树脂地毯上载毛的纺织品应按立体产品处理，要提交侧视图或必要的剖视图。

一般情况平面产品只需提交主视图和后视图。瓦片、复合板、厚纸板等按普通立体产品处理，要绘制六面视图。塑料包装袋、聚乙烯包装袋，折叠时为平面，使用状态为立体时也应按立体产品处理（图 5-7）。

图 5-7 立体产品

（4）必须附加的图面

当六面视图对产品外观设计的表达仍不充分时，还应附加必要的展开图、剖视图、放大图、立体图、使用状态参考图等。

① 展开图

必须提交展开图的情况是产品的图案在圆柱形或圆锥形的产品外表面上，展开图画法是将图案连续绘制到展开的圆柱或圆锥表面上。

② 剖视图

需要表示产品截面形状、外壳厚度的设计时，应提交剖视图。对于形状特别复杂的产品，只画剖面图，在简要说明中写明省略的部分。一般情况应按机械制图中规定的剖视图的画法绘制。剖面要用平行斜线标出。

③ 放大图

有些产品的细节部分在视图上表示不清楚时，可以绘制局部放大图。局部放大图内不允许标注。在原视图上将需要放大的部位画一个细实线圆，标明放大部位。如放大图不止一个时，要用罗马数字编号以示区别。

④ 立体图

对复杂形状的物品，六面视图难以表达充分，需提交立体图。使用状态与售出状态不一致，出售时是立体图状态时，需提交立体图（图 5-8）。有些产品六面视图是开盖状态时，应提交闭盖立体图。

⑤ 使用状态参考图

若六面视图不能表达其使用状态，或有些新开发的产品难以用图表达其用途时，必须提交使用状态参考图。使用状态参考图仅作为参考，不作为外观设计专利保护的范围。

（5）可省略的画法

① 视图的省略

立体产品设计要点涉及六个面，有以下情况的可以省略有关视图：

a. 后视图与主视图相同或者对称时，可省略后视图。

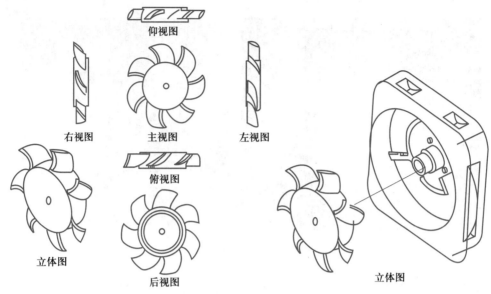

仰视图

右视图　　　主视图　　　左视图

立体图

俯视图

后视图　　　　　　　立体图

图 5-8　六面视图及立体图

b. 左视图与右视图相同或者对称时，可省略左视图（或右视图）。

c. 仰视图与俯视图相同或者对称时，可省略仰视图（或俯视图）。

d. 大型或位置固定的机械设备和底面不经常看到的物品可省略仰视图。

e. 仰视图无设计要点时，可省略仰视图。

f. 球状体的产品只提交主视图，可省略其他五面视图。

g. 回转体状产品只提交主、俯、仰视图，可省略其他视图。

② 其他可省略的画法

a. 电视机、台灯等的导线没有特征时可以省略不画，当导线有特征时要分别表示。

b. 对形状相同的细长物品（如量尺、型材等），绘制时可以从中间断开，用断开线表示中间省略了一段长度。

4. 色彩

要求保护色彩时应提交彩色图或照片（一式两份），彩色图应采用着色牢固、不易褪色的颜料绘制。

（三）简要说明

除了图以外，唯一能对专利保护内容进一步解释的文件就是简要说明。凡是图上不能反映清楚而又需要说明的问题，可在简要说明中描述清楚。简要说明的用途是对外观设计产品的设计要点、省略视图，以及请求保护色彩等情况进行扼要的描述。

以下几种情况可在简要说明中说明：

（1）外观设计的产品前后、左右、上下相同或对称的情况，注明省略的视图，例如，"主视图与后视图相同，故省略后视图"。

（2）产品的状态是变化的情况。

（3）设计要点和请求保护色彩。

第五章习题 1　　　　第五章习题 2

6

第六章

创业教育基础

泰山不让土壤，故能成其大；
河海不择细流，故能就其深。

——李斯

第一节　创业教育的发展与实践

一、创业教育的发展

创业教育始于美国 20 世纪 40 年代末，到 70 年代就有大量学院和大学开设创业教育方面的课程，许多大学还开设了创业研究专业，美国还设立了国家创业教育基金。

目前，美国将创业教育延伸到了中学教育。美国政府和高校之所以高度重视创业教育，是因为创业者和创新者已经彻底改变了美国甚至是世界的经济，有专家学者认为创业精神和创业过程是美国的秘密经济武器。当今美国超过 95% 的财富是在 1980 年之后创造出来的，创业知识、创业意识及创业精神对美国经济的快速发展起到了不可估量的作用。

1998 年 10 月在巴黎召开的世界高等教育会议明确指出：为方便毕业生就业，高等教育应主要关心培养创业技能与主动精神；毕业生不再仅仅是求职者，首先将成为工作岗位的创造者。大会发表了《高等教育改革与发展的优先行动框架》，重温了《世界人权宣言》关于"人人享有受教育的权利"和"高等教育应根据成绩而对一切人平等开放"的规定；要求教师不应仅仅传授知识，必须着重教学生如何学习和发挥主动精神；帮助学生获得技能、才干和交往的能力，学会创造性和批判性的分析以及独立思考和协同工作。

1999 年 4 月在汉城召开的第二届国际技术与职业教育大会提出要把创业能力作为一种核心能力来培养，提出"面向 21 世纪的挑战，培养创业能力应成为改革教育与培训的一项重要内容，这种能力无论对工资就业者还是自主就业者都很重要"。

德国政府明确提出高等学校要成为"创业者的熔炉"。1998 年，德国大学校长会议和全德雇主协会联合发起一项名为"独立精神"的倡议，呼吁在全国范围内创造一个有利于高校毕业生独立创业的环境，使高校成为"创业者的熔炉"。

英国政府在中学设商业培训课程。2005 年起，英国政府发起一项中学生学做生意计划，要求所有 12~18 岁的中学生必须参加为期两周的商业培训课程。培训内容包括如何制订商业计划、如何从银行获得贷款等。中学生们将有机会听取知名企业家讲述做生意的诀窍，培养创业意识，以促进经济发展。英国政府认为，在中学开设商业培训课程有助于培养未来的企业家。

自 2001 年开始，法国初中教育改革加强创业教育。"加强与企业联系"，鼓励学生有计划地到企业、专业领域中实习，以获得各种职业知识。近年来一些地区开展了"在中学里办企业""教中学生办企业"等活动，这些活动的目的并不是一定要办企业，而是要在学生继续学业的同时培养他们的主动创业的兴趣。

从 1998 年起，日本文部省就和通商产业省合作，从小学开始实施就业与创业教育。日本小学设置"早起会"，敦促孩子早起，利用早上课前的时间勤工俭学，给人送报纸、餐饮，目的是培养学生就业创业的意识和意志品质。

党和政府十分重视大学生的创业。1999 年，江泽民同志在第三次全国教育工作会议上说："要帮助受教育者培养创业意识和创业能力。通过教育部门的努力，培养出越来越多的不同行业的创业者，就可以为社会创造更多的就业机会，对维护社会稳定和繁荣各项事业就会发挥重大作用。"

党的十六大报告指出，就业是民生之本。各级党委和政府必须把改善创业环境和增加就业岗位作为重要职责。广开就业门路，积极发展劳动密集型产业。引导全社会转变就业观念，推行灵活多样的就业形式，鼓励自谋职业和自主创业。

2003 年 3 月 28 日，中共中央总书记胡锦涛在中共中央政治局第三次集体学习时强调，做好就业和再就业工作，关系到人民群众的切身利益，关系到改革发展稳定的大局，关系到实现全面建设小康社会的宏伟目标，关系到实现全体人民的共同富裕。要积极做好今年毕业的大学生的就业工作。各级党委、政府以及教育、人事等有关部门都要把促进他们实现就业和创业作为一项十分重要的工作，全力以赴地抓好。

2002 年，《国务院关于大力推进职业教育改革与发展的决定》明确指出："职业学校要加强职业指导工作，引导学生转变就业观念，开展创业教育，鼓励毕业生到中小企业、小城镇、农村就业或自主创业。"

2002 年 4 月，教育部将清华大学、中国人民大学、北京航空航天大学、武汉大学、上海交通大学、西安交通大学、西北工业大学、黑龙江大学和南京经济学院九所院校确定为开展创业教育试点院校。试点大学建立在学校党委领导下的创业教育学院，创业教育学院是对创业教育的基础层面和操作层面进行全面推进的职能机构。在试点院校的教学计划中设置"三创"教育，即创新、创造、创业教育的必修学分，一般为 8 个学分。

2015 年，国务院办公厅印发《关于深化高等学校创新创业教育改革的实施意见》。2021 年，国务院办公厅印发《关于进一步支持大学生创新创业的指导意见》，全面部署深化高校创新创业教育改革，明确指出了要健全校校、校企、校地、校所协同的创新创业人才培养机制。高等院校承担培养具有创造意识、创新精神、创新创业能力的人才是新时代的迫切需求和应尽的义务。

二、创业概述

创业概述

(一) 创业的定义

"创业"包括以下两个方面的内容：一是指个人设立公司、开办企业等这类个人色彩较浓的、个体性行为较强的创业活动；二是指个人在集体的某一个岗位上按照岗位要求并且结合自己的发展而努力进行的创业活动，这也就是通常所说的"岗位立业"。

我们称前者为"狭义的创业"，或者说"自主创业"。一般讨论的创业是"狭义的创业"。

(二) 创业要素

创业有三大要素，即创业机会、创业资源和创业团队。创业机会是创业过程的核心驱动力。创业资源是创业成功的必要保证。创业团队是创业过程的主导者。创业过程是创业机会、创业资源和创业团队三个要素相匹配和平衡的结果。

(三) 创业类型

创业类型可以分为生存型和机会型。

1. 生存型创业

生存型创业是指那些由于没有其他就业选择而进行的创业活动，创业者把创业作为其不得不做出的选择。

生存型创业的特点为：

（1）创业只为生存，没有别的选择。

（2）白手起家，没有什么基础。

（3）低成本，低门槛，低风险，低利润。

（4）集中在餐饮等生活服务行业。

（5）面对现有市场，在市场中捕捉机会。

2. 机会型创业

机会型创业是指为了追求商业机会而从事创业的活动，创业者把创业作为其职业生涯中的一种选择。

机会型创业的特点为：

（1）选择较高风险和投资回报机会。

（2）选择具有较高资金或技术壁垒行业。

（3）争取获得更多的贷款资金和政府支持。

（四）创业动机

1. 认定自己的志向

一个人的爱好及志向是其创业的不竭源泉和永恒动力，按照自己喜欢的合理的方式去做自己愿意做的事情，去实现自己的人生理想。

2. 把握好的机会

机会无时不在，无处不在，但机会只留给善于识别它且能把握住它的人。

3. 改变自己的经济和社会地位

有些上班族工资不是很高，不仅不能提高家庭或个人的生活质量，甚至难以维持家庭的日常开支和重整旗鼓。现实的经济状况激发了他们改变自己命运或现实生活的强烈愿望，走上了创业之路。大多数出身贫寒、收入微薄的创业者，其最初的创业原因就是要改变自己的生活境地，改变自己的经济状况。这种创业之路属于被动型创业。实际上，这类人员蕴含着很大的创业潜能，通过某种外界的冲击，这种创业潜能被激活，使他们走上了创业之路。

（五）创业精神

创业精神是一种追求创业机会、创造价值和谋求增长的精神，它强调通过个人或群体的努力，以创新和独特的方式达到创业的目的。对于创业精神，哈佛大学商学院的定义是："创业精神就是一个人不以当前有限的资源为基础而追求商机的精神。"该定义认为创业精神代表一种突破资源限制、通过创新来创造机会的行为。

创业精神的本质包括：自主精神——创业精神的基础；创新精神——创业精神的核心；务实精神——创业精神的归宿。

创业精神的培育包括：创业能力的培养——依靠创业教育与实践培养创业者的创业能力；创业文化的培育——培育以创业精神为核心价值取向的创业文化；创业环境的培植——培植鼓励创业的良好社会环境与文化氛围。

三、创业教育概述

1989 年，联合国教科文组织在面向 21 世纪国际教育发展趋势研讨会上，提出了"创业教育（enterprise education）"这一新的教育概念。

创业教育是培养学生创业意识、创业素质、创业技能的教育活动，旨在培养个人的首创精神和冒险精神，提升创业的技术与管理技能。

（一）创业教育的内涵

大学生开展的创业教育实际上就是大学生素质教育、创新教育的延伸部分。

1. 掌握创业知识

使学生掌握创业的基础知识和基本理论，熟悉创业的基本流程和基本方法，了解创业的法律法规和相关政策，激发创业意识，提高社会责任感、创新精神和创业能力，促进学生创业就业和全面发展。

2. 锻炼创业能力

系统培养学生整合创业资源、设计创业计划、创办和管理企业的综合素质，重点培养学生识别创业机会、防范创业风险、适时采取行动的创业能力。

3. 培养创业精神

培养学生善于思考、敏于发现、敢为人先的创新意识；挑战自我、承受挫折、坚持不懈的意志品质；遵纪守法、诚实守信、善于合作的职业操守；创造价值、服务国家、服务人民的社会责任感。

总之，创业教育的本质是向学生提供把握创业机会所需知识和技能的过程，是培养学生在别人犹豫不定的问题上具有洞察力和自信心的过程。

（二）创业教育的目标

首先是增加学生对新创事业创建与管理过程的认知与了解，其次是增加学生职业生涯发展中的创业选项。创业教育的具体目标如表 6-1 所示。

表 6-1　创业教育的目标

创业教育的具体目标	重要性排序
增加对新创企业创建与管理过程的认知与了解	1
增加学生职业生涯发展中的创业选项	2
了解创业活动与职能管理活动间的关系	3
了解创业所需的特殊技能	4
了解新创企业在经济与社会发展中的作用和功能	5

（三）创业教育的作用

创业教育对大学生职业生涯规划与发展具有重要作用。

职业生涯规划是在对学生职业生涯的主客观条件进行测定、分析、总结的基础上，对兴趣爱好、能力特点进行综合分析与权衡，结合时代特点，根据职业倾向，确定最佳的职业奋斗目标，并为实现这一目标做出行之有效的安排。

职业生涯规划的目的是帮助个人真正了解自己，为自己定下事业大计，筹划未来，拟定一生的发展方向，根据主客观条件设计出合理且可行的职业生涯发展方向。

创业教育能增强人们自我认知的敏锐性，能引导人们主动进行职业探索，能提升人们职业生涯发展的高度和广度，有助于指导人们进行创业定向，有助于提升人们的创业选择能力，有助于人们进行创业设计。

（四）大学生创业的模式

大学生如何创业？大学生的创业模式是什么？大学生创业模式可以划分为以下四种类型。

1. 兼职创业

兼职创业是指学生不放弃或中断自己的大学学习而采取的在课余时间从事创业活动的创业模式。

选择此模式的因素包括：

① 创业的目的是为大学学习服务的。

② 独立创业的风险性太高。

③ 迫于家庭的压力。

2. 休学创业

休学创业是指学生为了创业而申请休学从事创业活动的一种模式。清华大学作为全国第一家批准选择这种模式的大学，到目前为止只有少数人以创业的理由申请了休学，占清华大学总人数的 0.04%，在创业学生中占比 2%。这种模式也可以称为缓冲模式，即创业大学生在休学期内通过自己的实践和创办企业的发展能更有针对性地对创业模式作出选择。

休学创业的特点为：

① 大学生有较为充裕的时间和精力进行创业，增加了创业成功的概率。

② 在同等条件下，又给创业者提供了一种退出机制。

③ 可变性，由于休学的时间限制，大学生创业者可根据休学期创业的实际情况选择退出还是继续创业。

3. 毕业后创业

毕业后创业是指大学生在结束大学课程之后走上创业道路。创业者在接受高等教育的过程中实践能力、专业知识水平、创业意识等各方面素质也会有较大提高。从大学生的从业意义角度来讲，这种模式是我国应该大力提倡和引导的。毕业后创业的特点为：

① 对高校教学没有冲击。

② 创业企业的组织形式、经营模式相对稳定，大学生毕业后创业，将直接面对市场经济的机遇和挑战，要求具备正规的企业形式，要求创业者具备较高的管理技能。

③ 创业企业的平均技术含量较高，大学生在接受完大学教育之后，自身的专业技能、社会实践能力都有很大的提高，提高了创业企业利用先进技术的可能性。

4. 退学创业

退学创业是指大学生中断学业去创办企业。由于高等教育的重要性，大学生如果放弃这一阶段的学习，对其成长弊大于利。

总之，在市场经济的背景下，创业体现了创新和创造的终极价值，创业教育是素质教育、创新教育的延伸、深化和发展。因此，培养具有创新精神、创造能力、知识产权意识和创业素质的高级专门人才，无疑是国家经济可持续发展的重要人力资源。

四、创业教育的实践

（一）国外大学生创业教育实践活动

在美国，大学生创业活动始于 1983 年德州大学奥斯汀分校举办首届创业计划竞赛，后来包括麻省理工学院等世界一流大学在内的多所大学每年都举办这一竞赛。由"创业计划"直接孵化出的企业中，有的在短短几年内就成长为年营业额数十亿美元的大公司。美国大学毕业生创业参与率已超过 20%。

自 1998 年起，英国政府启动"大学生创业项目"，专门为 18~25 岁在校大学生设置了创业课堂和开办公司服务。

法国实施"青年挑战计划"，为 18~25 岁青年或青年团体开展持续创业项目提供无偿的资金、培训、咨询、中介、后勤服务等，后来扩展到 15~28 岁的青年。

1998 年，德国大学校长会议和全德雇主协会联合发起一项名为"独立精神"的倡议，呼吁在全国范围内创造一个有利于高校毕业生独立创业的环境，使高校成为"创业者的熔炉"。为了帮助大学生创业，德国实施了一系列优惠政策。

（二）国内大学生创业教育实践活动

20 世纪 90 年代末，全球性大学生创业热潮登陆中国。

1998 年，清华大学举行首届大学生创业计划大赛，被视为我国大学生创业活动兴起的标志。

1999 年，清华大学举办了第二届创业计划大赛，诞生了视美乐、易得方舟等学生公司。

同年，共青团中央牵头举办首届"挑战杯"全国大学生创业计划大赛，大学生创业逐渐被推广到全国高校。

2012 年，教育部决定在"十二五"期间实施国家级大学生创新创业训练计划。国家级大学生创新创业训练计划内容包括创新训练项目、创业训练项目和创业实践项目三类。

（1）创新训练项目是本科生个人或团队，在导师指导下，自主完成创新性研究项目设计、研究条件准备和项目实施、研究报告撰写、成果（学术）交流等工作。

（2）创业训练项目是本科生团队，在导师指导下，团队中每个学生在项目实施过程中扮演一个或多个具体的角色，通过编制商业计划书、开展可行性研究、模拟企业运行、参加企业实践、撰写创业报告等工作。

（3）创业实践项目是学生团队，在学校导师和企业导师共同指导下，采用前期创新训练项目的成果，提出一项具有市场前景的创新性产品或者服务，以此为基础开展创业实践活动。

为贯彻落实《国务院办公厅关于深化高等学校创新创业教育改革的实施意见》，进一步激发高校学生创新创业热情，展示高校创新创业教育成果，首届中国"互联网+"大学生创新创业大赛于 2015 年 5 月至 10 月举办。该赛事规格高，参与面广。

高校加强大学生创新创业教育，资助大学生创业；政府出台政策，投入资金，建设众创空间和创客空间，扶持大学生创业，提供孵化服务。2019 年有调查报告表明，有 97% 以上的大学生有创业冲动，九成以上的社会人士不反对大学生创业。

目前，我国创新创业生态体系不断优化，创新创业观念与时俱进，出现了大众创业、草根创业的"众创"现象，带动创新创业愈加活跃、规模不断增大，效率显著提高。

第二节   创业者与创业团队

一、创业者

（一）创业者的概念

创业者

狭义的创业者是指参与创业活动的核心人员。广义的创业者是指参与创业活动的全部人员。著名经济学家熊彼特（1934 年）认为创业者应为创新者，创业者具有发现和引入新的更好地能赚钱的产品、服务和过程的能力。中国香港创业学院院长张世平给出了创业者的定义是：创业者（entrepreneur）是一种主导企业的领导人，是一种创业现象，是一种需要具有使命、荣誉、责任能力的人，是一种组织、运用服务、技术、器物作业的人，是一种具有思考、推理、判断的人，是一种能使人追随并在追随的过程中获得利益的人，是一种具有完全权利能力和行为能力的人。

创业者根据角色可划分为独立创业者和团队创业者，其中独立创业者，指独自创业的创业者，即个人独自出资和个人独自管理；团队创业者，指由少数具有技能互补的创业者组成的，为达成高品质的结果而努力的共同体。

创业者根据创业内容可划分为生产型创业者、管理型创业者、市场型创业者、科技型创业者和金融型创业者。生产型创业者指通过创办企业推出产品的创业者；管理型创业者指综合能力较强的创业者；市场型创业者指善于识别机会、有创业的点子，有一定的资金支持的创业者；科技型创业者指具有很强的科研知识背景的创业者；金融型创业者指属于风险投资家的创业者。

在企业界，创业者通常被定义为组织、管理一个生意或企业并承担其风险的人，有两个基本含义：一是指企业家，即在现有企业中负责经营和决策的领导人；二是指创始人，通常理解为即将创办企业或刚刚创办企业的领导人。

（二）创业者素质

创业者素质是个综合性很强的概念，泛指构成创业者的品德、知识、才能和身心诸要素在特定时间和环境内的综合状态，是创业者主体通过学习和自身的实践而形成发展起来的，具有内在的、本质的及相对稳定的身心要素的整体系统。[①]

（1）吃苦精神。创业需要创业者有吃苦耐劳的执着精神。

（2）冒险意识。创业者需要面对整个价值链上的所有环节，需要一定的冒险意识和领导能力去带领团队。

（3）商业品德。一个立志创业的人首先应该立德。没有好的品德，就无法创立起事业，即便能够把事业办起来，甚至也能"辉煌"一时，但终将"昙花一现"。

（4）创新思维。创新思维是大多数创业者成功的秘诀，使他们更能够寻找、捕捉并把握住创业机会。

---

①   韩雪峰 . 创业基础教程 ［M］. 北京：北京大学出版社，2016：22.

（5）自信自强。创业者往往拥有比常人更强的自信，使他们能克服重重困难。

（三）创业者能力

除了基本的创业素质，创业者的创业能力也是非常重要的，其中包括组织领导能力和业务能力。

1. 组织领导能力

（1）战略决策能力。创业者的战略决策能力表现在：创业实施要先找准方向、严密论证，再进行战略决策。很多创业者在创业初期心态比较急，没有长远谋划，而是急于尽快致富。创业者应注重研究市场、研究产品、研究商机、研究趋势，对创业的艰辛、市场的险恶、竞争的激烈有深刻的认识和必要的准备，避免上当受骗造成战略决策失误。

（2）开拓创新能力。创业者在创业过程中，无论是发现新的创意、捕捉新的机遇、寻找新的市场，还是撰写一份有潜质的创业计划，以及创业融资，创办公司，企业运作、管理和控制，都包含着开拓创新的内容。创业者必须具备市场、技术、管理方面的开拓创新能力。

（3）领导统率能力。领导统率能力指在组织中以干练、果断和坚强的形象赢得组织成员的信任，使组织成员愿意在其指挥下完成工作的能力，关系到领导者能否具有把握下属人员性格才干、组织下属人员统一行动。领导统率能力应具备：实施力，能够将构想变成切实可行的行动计划，并能够直接领导计划的实施；鼓动力，激励下属人员的能力，能够活跃周围的人，善于表达和沟通自己的构想与主意；亲和力，是一种个人魅力，可以更好地团结同事，为交际、协调等带来方便；震慑力，在需要时，善于使用权力与规则，令人服从和执行。

（4）协调整合能力。良好的协调能力有利于信息的沟通，对于加强相互理解和利益共享有着切实的好处。创业成功者最核心的能力是善用资源，能巧妙地把各种创业要素整合到一起，创造性地解决各种瓶颈问题，在满足顾客需要的同时，自己也能获得财富。

2. 业务能力

（1）经营管理能力。经营管理能力是指创业者对人员、资金以及新企业的内外部运营的能力。经营是对外的，追求从企业外部获取资源和建立影响，追求的是效益，是扩张性的，要积极进取、抓住机会。管理是对内的，强调创业者整合内部资源和建立秩序，追求的是效率，是收敛性的，要谨慎稳妥，评估和控制风险。

（2）专业技术能力。专业技术能力是指创业者掌握和运用专业知识进行专业研发与生产的能力。创业者要重视创业过程中专业技术方面的知识、经验的积累和职业技能的训练。

（3）学习能力。学习能力不只是学习已有知识的能力，还包括搜集外部信息并进行总结、提高、创新的能力。这种能力在实际运用中往往表现为当事人良好的做事"直觉"。

（4）交际能力。交际能力包括表达能力和反应能力。表达能力是充分、有效地将自己的观点阐释给对方的能力。反应能力是交际能力的另一个方面，是表达能力的补充。在交际过程中，良好的反应能力能够帮助创业者随时领会和把握表达对象的需求，理解表达内容，有效调整表达的方式和内容。

简言之，创业者可以分为（独立）创业者和创业团队。创业者素质表现为吃苦精神、冒险意识、商业品德、创新思维、自信自强。创业者能力表现为组织领导能力与业务能力。组织领导能力为战略决策能力、开拓创新能力、领导统率能力、协调整合能力；业务能力为经营管理能力、专业技术能力、学习能力、交际能力。

人们对创业者的能力、动机和特点等还存在许多疑问和看法。

疑问 1：创业者是天生的吗？

大量有关创业者心理和社会构成要素的研究一致表明，没有人天生是创业者，每个人都有成为创业者的潜力。某个人是否成为创业者，是环境、生活经历和个人选择的结果。即使创业者天生就具备了特定的才智、创造力和充沛的精力，这些品质本身也只是未被塑形的"泥巴"和未经涂抹的"画布"。创业者是通过多年积累相关的技术、技能、经历和关系网后才被塑造成功的，这当中包含着许多自我发展历程。

疑问 2：创业者主要是受金钱激励吗？

虽然认为创业者不寻求财富回报的想法是天真的，但是，金钱却很少是创业者创建新企业的根本原因。有些创业者甚至告诫自己：追求金钱可能会令人精神涣散。传媒业巨子泰德·特纳说："如果你认为金钱是真正重要的事情……你将过于害怕失去金钱而难以得到它。"金钱并不是最终归宿，创业者乐于体验创业带来的兴奋和成功的喜悦。事情总是这样：当一个创业者赚了几百万甚至更多时，他还是会无止境地工作，憧憬着创建另一家公司。

疑问 3：创业者都是单枪匹马的吗？

事实表明，如果哪个创业者想拥有整个公司的所有权及控制权，只会限制企业的成长。单个创业者通常只能维持企业生存，想自己单枪匹马地发展一家高潜力的企业是极其困难的。创业者一般倾向于团队创业。

二、创业团队

（一）创业团队的概念

创业团队是指由一定数量的创业者组成的，为了实现共同的创业目标，彼此担负责任的群体。

总体上，对创业团队的内涵把握可以从以下三点入手。

首先，创业团队是一种特殊群体。创业团队首先是一种群体，成员在创业初期把创建新企业作为共同努力的目标，在集体创新、分享认知、共担风险协作进取的过程中，形成了特殊的情感，创造出了高效的工作流程。

其次，创业团队工作绩效大于所有个体成员独立工作时的绩效之和。虽然个体创业团队成员可能具有不同的特质，但他们相互配合、相互帮助，通过坦诚的意见沟通形成了团队协作的行为风格，能够对拟创建的新企业共同负责，具有一定的凝聚力。曾有研究得出这样的结论：工作群体绩效主要依赖于成员的个人贡献，而团队绩效则基于每一个团队成员的不同角色和能力而尽力产生的乘数效应。

最后，创业团队是高层管理团队的基础和最初组织形式。创业团队处在创建新企业的初期或小企业成长早期，而高层管理团队则是创业团队组织形式的继续，其管理风格会在很长时期内产生影响。

（二）创业团队的形式

1. 创业团队的要素

创业者在组建自己的创业团队时一般应具备五个要素。

（1）目标：体现为企业的愿景和战略。

（2）人员：人员是创业团队组成的核心要素。为实现共同的奋斗目标形成的团队。

（3）定位：一是创业团队的定位；二是团队成员的定位，如在创业团队中扮演什么角色等。

（4）权限：创业团队越成熟，主导人物所拥有的权限越小。

（5）计划：创业目标最终的实现，需要一系列具体的创业行动计划。

2. 创业团队的形式

在满足以上五个要素后，一般按照星状创业团队和网状创业团队这两种形式组建。

（1）星状创业团队

星状创业团队属于核心主导型创业团队，创业团队的特征是组织结构紧密，向心力强；主导人物作用巨大；决策程序相对简单，效率较高；容易形成权力过分集中的局面；当其他团队成员和主导人物发生冲突且冲突较严重时，一般都会选择离开团队，因而对组织的影响较大。

（2）网状创业团队

网状创业团队属于群体性的创业团队。在创业团队组成时，没有明确的核心人物，各位成员基本上扮演的是协作者或者伙伴角色。网状创业团队的特征是没有明显的核心，整体结构较为松散；集体决策，效率相对较低；当团队成员之间发生冲突时，一般都采取平等协商、积极解决的方式消除冲突；团队成员不会轻易离开，但是一旦团队成员间的冲突升级，使某些团队成员撤出团队，就容易导致整个团队的涣散。

（三）创业团队的选择

一般来说，创业团队成员的知识、能力结构越合理，团队创业的成功性就越大。

1. 团队创业的优势

随着市场竞争日渐激烈，机会土壤越来越窄，市场留给创始人成长的时间越来越少，多人的智慧显然胜过一个。

2. 单干还是合伙的选择

什么情况下可以选择个人创业？

① 我的资金已经充分到位了吗？

② 我拥有核心技术吗？

③ 目前我能够解决技术方面的所有问题吗？

④ 我已经做过详细的市场调查了吗？

⑤ 我已经有明确的营销渠道和方法了吗？

⑥ 对我自己不擅长的领域，通过招聘员工就能解决吗？

如果上述问题你都能回答"是！"那么你可以选择单干了！

单干有很多显而易见的优点：决策快，执行力度强。人们比较熟悉的汇源、小肥羊、安踏、万向、盛大等上市公司，其创始人最初都是选择单干的方式，最后获得了很大的成功。

当然，选择单干或合伙与行业有很大关系，不宜绝对地说哪种创业方式最好，这要看创业者进入的是哪一个行业。有些行业是必须合伙才能创业的，如创办律师楼、顾问公司、培训机构等，如果没有合伙人，很难开展业务；对资金、技术依赖性强的行业也不宜单干，要建立起合作团队。

一般而言，开个小门店，办个普通的小公司，投入不大的，较为合适单干，即个人创业；创办投资规模较大的、对技术性要求高的公司，适合寻找几个合作伙伴一起创业，即团队创业。个人创业、团队创业都有可能成功，但团队创业已成为创业的主要形式。

（四）创业团队的组建

1. 创业团队的组建原则

创业团队的组建一般遵循 4 个原则，即目标明确原则、互补原则、精简高效原则、动态开放原则。

（1）目标明确原则是指创业目标要明确、合理、可行。

（2）互补原则是指团队成员之间在知识、能力和素质方面要互补。

（3）精简高效原则是指团队成员在保证企业有效运作的前提下尽量精简。

（4）动态开放原则是指在创业过程中团队成员可以保持动态平衡，随时吸收优秀的人才进来。

因为市场竞争日渐激烈，市场留给创始人成长的时间越来越短，多人的智慧显然胜过一个人的智慧。一般来说，创业团队成员的知识、能力结构越合理，团队创业的成功性就越大，所以创业团队的组建尤为重要。

2. 组建创业团队的程序

（1）明确创业目标

创业团队的目标是指能够激发所有成员为实现这一目标而奉献全部的精力。

（2）制订创业计划

创业计划是指在将创业目标具体分解为子目标的基础上，通过逐步实现阶段性子目标来最终实现创业的总目标的实施方案。

（3）寻找合作伙伴

最理想的合作伙伴并不等于亲密的朋友，合作伙伴要以互相信任为前提，以互相补充为基础。

可以让家人作为合作伙伴组建创业团队，如夫妻店、父子兵、兄弟班，还可以找同学、朋友、同事、战友等作为合作伙伴。因为创业企业初期面临的最主要是资金积累和信任选择问题。寻找合作伙伴要考虑人员规模，合作成员太少则无法发挥团队的功能和优势，而过多又可能会产生交流的障碍，团队很可能会分裂成许多较小的团体。一般认为，创业团队的规模控制在 2~12 人最佳。

创业团队在成员间职权的划分方面必须明确，确定每个团队成员所要担负的职责以及相应享有的权限。

团队成员也要动态调整融合，团队成员在价值观、目标、股权等方面会有很大的不同，如果这些方面产生分歧而不能很好地解决，将直接影响新企业的生存和发展。

案例：共苦不同甘

刘先生是青岛 A 公司的总经理，他的公司从事家庭装修材料的生产和销售，经过四五年的发展，公司市场占有率在当地稳居第一。不过刘总最近的心情非常郁闷，因为和他一起从江西老区出来打天下的几位公司元老级人物离开了他的公司，这其中最令刘总心痛的是公司的王副总的一番话："刘总，当年是你把我和文涛、刘庆从江西老区拉到这里的，从 6 个人 5 万元做到现在 300 多个人 3 000 多万元, 可是企业越做越大, 我们的心也越来越寒, 这么多年了, 每年分红就那么一点儿, 我们都觉得干活没盼头, 像现在这样下去, 我们肯定都会走的。"

3. 组建创业团队的策略

(1) 创业文化的引领

创业文化是在创业及成长过程中逐渐形成的, 为创业团队成员所接受、传播和遵从的基本信念、共同价值观、行为准则和角色定位等。创业文化对公司发展起到导向作用、凝聚作用和规范作用。

(2) 经济利益的激励

对于创业团队成员, 可以把期权激励作为经济利益激励的一项重要内容来实施, 从而把传统的以报酬为代表的短期经济利益激励和以期权为代表的长期经济利益激励结合起来, 体现人力资源的价值。

(3) 权力与职位的激励

创业团队领导者要注重权力和职位的激励机制, 将创业成员的工作成效和职业生涯发展、地位提升有效地结合起来, 建立并维护好创业团队的运作原则。

基于不同的工作情景和分工, 创业团队成员应该可以共享领导角色, 在各自的领域中发挥领导作用。

简言之, 创业团队是一个能使他们彼此担负社会责任的群体。创业团队的组建的大致程序包括: 组建创业团队、明确创业目标、制定创业计划、寻找合作伙伴、职权划分和团队调整。创业团队组建的策略主要包括创业文化引领、经济利益的激励、权力与职位的鼓励。

第三节 创业机会与创业风险

一、创业机会

(一) 创业机会界定

"创业教育之父"杰弗里·蒂蒙斯认为: 创业机会是指创业者可以通过生产新的产品、提供新的服务、使用新的原材料或者新的组织形式, 从而能够以高于成本的价格进行销售的情形。

创业机会

好的创业机会一般要符合五个标准: 能够实现的目标; 存在某个市场的真实需求; 具备有效的资源和能力; 具有一定的市场竞争力; 能够收回创业成本。

案例: 张鹏返乡创业的故事

2012 年至 2022 年底, 全国返乡入乡创业人数达 1 220 万。他们有一个共同名字——农创客。在乡村振兴的大潮下, 张鹏下定了返乡创业的决心。"最初, 我想回到张掖市前进村做一名新农人的决定没有一个亲朋好友支持, 连孩子都反对。"从一线城市回到家乡, 城乡思维的转换是张鹏解决农村创业问题的关键。张鹏首先带领村里的农民们一同开发农旅项目, 注册成立甘肃前进休闲农业发展有限公司, 推动农村一、二、三产业深度融合。

一晃数年，张鹏所在的前进村发生了蜕变。如今，作为张掖国家绿洲农业示范园创业孵化基地负责人的张鹏，利用园区现有的 1.2 万平方米智能化温室和 30 座高标准日光温室，带领专家及农民研究、培育高端功能性水果蔬菜等高经济价值新品种，将高新技术与农业生产相结合，打造具有休闲观光功能的现代化生态农业。这个位于黄土高原上的贫瘠山村，逐渐焕发生机。

返乡三年的"农创客"张鹏，用紧密来形容他和村民的关系。"我现在更能知道村民在想什么，说话做事也更能贴近他们的需求，村民也觉得我更接地气了。"

（二）创业机会与创意的关系

创意是创造性的设想，创意的产生是创业机会识别的源头。新的想法如果具有明确的客户需求，就有可能被开发成现实的产品或服务。

创意与训练创造性思维、掌握创造技法和了解创造力开发基本原理等密切相关。那我们怎样提出一个具有市场前景的产品或服务呢？

1. 找缺点

有意识地列举现有事物的缺点，分析原因并进行改进，从而创造出新事物。创造学认为，世界上一切都不是完美的，都可以通过创造使它更完善。事实上，当我们仔细观察任何产品时，总能发现它或多或少地存在一些缺点和不足之处，如不顺手、不方便、不省力、不节能、不美观、不耐用、不轻巧、不省料、不安全、不省时、不便宜、不舒服等。发现不足之处，然后思考改进方法，从而产生创意。

例如：

（1）现有的杀虫方法有什么缺点？如何改进？

（2）现有的洗衣机有什么缺点？如何改进？

（3）现有的保健系统有什么缺点？如何改进？

（4）现有的广告灯箱有什么缺点？如何改进？

2. 找需求

马斯洛的需要层次论将人类的需要归纳为由低到高的五个层次。

（1）生理需要，即对衣、食、住、行等维持基本生活的条件的需要。

（2）安全需要，即对自己所有的财产及自身行动安全的需要，如各种医疗、保健用品、安全用品设备等。

（3）社交需要，即人们之间交往、友情、爱情等社交和归属的需要，如娱乐用品、交际用品、礼品等。

（4）尊重需要，即满足自尊心愿望的需要，如自主、自由、自信和受人尊重，以及显示职业、身份、地位、民族、特征等。

（5）自我实现需要，即实现自我目标的需要，如各种与心理、精神需要相关的产品。

思考：

（1）在电脑不断普及的情况下，还需要什么样的服务？

（2）疫情防控时期特别需要什么用品？

（3）在疫情好转复工生产的过程中需要什么样的服务？

（4）现代的家庭还需要什么样的新型家具、电器、服务？

案例：维修洗衣机的机会

高中毕业后干起家电维修的小胡和小姜，每天都以修收录机、电视机为生。不久前，小胡不断观察，寻找到新的商机：他发现当地的农民用上了自来水后，将来就有可能使用洗衣机，这样便会有维修洗衣机的业务。于是，他买回本地市场上常见品牌的洗衣机供周围的人使用，目的之一是让人们尝尝洗衣机的甜头，目的之二是让自己学习洗衣机的结构、保养和维修。果不其然，一年后，一台台洗衣机进入农村，维修业务几乎全被小胡包揽了，而小姜只能眼睁睁看着自己失去一次扩大维修范围的机会。优秀创业者的一个基本素质，就是善于从遇到的问题和未满足的需要中发现机会，主动把握机会。

3. 找移植

创造和创业中的移植，是指把某一事物的原理、方法、材料、结构、形式等移植到新的载体，用以变革和创造新事物的技法。

案例：充气式太阳能灶

目前的太阳灶造价高，又笨重（50 kg左右），在野外工作或出行携带都很不方便。上海的连鑫等同学发现现有太阳灶的不足之处后，明确了研究方向：简化太阳灶的制作工艺，减小质量并获取最大功率。

他们想到充气玩具的技术及凹凸镜抛物面结构：先把两片圆形塑料薄膜边缘黏结，充气后就膨胀成一个抛物面，再在反射面上贴上真空镀铝涤纶不干胶片。用打气筒向内打气，一层透明膜向上凸，反光面向下凹，实现自动会聚反射光线的目的。这种无基板充气太阳灶只有4 kg，拆装方便，便于携带，获第三届全国青少年科学发明创造比赛一等奖。

该发明实际上采用了多种移植：把充气玩具、不干胶贴片、凹凸镜，以及光学、流体力学的原理知识移植到新的太阳灶上，从而成功地实现了发明。

4. 找组合

将已知的若干事物合并成一个新的事物，使其在性能和服务功能等方面发生变化，以产生新的价值，包括主体附加、异类组合、同物自组和重组组合等。

人类的许多创造成果来源于创造性地组合。

案例：自动报警的证件夹

福州的陈芸同学听爸爸说，现在出门办事必须带身份证，但又怕丢失，一旦落入坏人手里，还不知会产生什么后果呢！爸爸的话引起了他的思考。他利用平时学到的无线电知识，并从各种音乐贺卡中得到启示，经过无数次改进，终于制成了自动报警的证件夹。他的这项小发明实际上是把一个微型电子报警器装置组合到证件夹上，只要有人从使用者的身上或包内拿出证件夹，它就会自动发出报警声音，从而有效地保护各类证件的使用安全。

5. 找信息

创业者要不断寻找最新信息为我所用，包括专利信息、国内外产品信息、市场供求信息等；也要培养市场调研的习惯，多看、多听、多想，见多识广，识多路广，逐渐建立起独特的思维方式，用积极的心态去发现创业机会。

案例：配奶机的设计

一家公司设计了一款配奶机，可以实现全自动一键精准配奶，并且进行喂养管理，提供宝宝健康成长咨询服务。

配奶机通过蓝牙和智能手机连接，利用手机 App 进行操作管理。配奶机主体的核心部件包括奶粉盒、水箱、混合仓。其使用流程是：用户购买了奶粉之后，使用 App 扫描包装的二维码，经过与数据库中近千款不同品牌、不同段数的奶粉匹配，它能获取到配比和温度信息，从而实现自动配奶。其核心技术在于通过特殊的结构设计，能准确定量抽取奶粉。

好的创意仅仅是创业成功的一半。除了知道如何产生创意，如何提出一个具有市场前景的产品或服务，还要知道如何识别和评估市场机会。创意不等于创业机会，创业机会就是市场缺口，要进行认真的市场调查、可靠的成本核算和精心策划，才能打开市场，将创意转化为创业机会。

好的创意未必就能成为好的创业机会。事实上，超过 80% 的新产品都是以失败告终的。有些创意看起来很不错，但经受不住市场的考验。只有当创业收益超过成本，从而能够获取利润时，创意才能变成创业机会。

（三）创业机会的类型

我们正处于一个充满机会的时代。机会对于每一位创业者都是均等的，每个创业者都不缺少机会。不同的是，当机会来了，有的人紧抓不放，做出了一番事业；有的人无动于衷，错失良机，最终一事无成。其中关键就是对机会的识别和把握。根据创业机会的不同来源，将创业机会分为以下八种类型。

1. 显现创业机会

显现创业机会是指在市场上存在明显未被满足的需求。每个人在日常生活中都会碰到或大或小的恼人问题，有人抱怨几声就不再理会，有人则从自身经历或朋友的困境中发现商机。例如，有人经常晚上出门遛狗，为了出行安全设计了宠物反光衣；有人发现小宝宝在学习用杯子喝水时容易洒漏，甚至呛水，就生产了鸭嘴杯，帮助宝宝离开奶瓶，学会喝水。这一类创业者能够一针见血地抓住问题所在，想出解决问题的妙方，成功概率极高。

2. 潜在创业机会

潜在创业机会是指隐藏在某种需求背后的未被满足的需求。20 世纪 80 年代以来，我国化妆品市场日渐兴旺，这是显现的创业机会。而个别创业者找到了一个隐藏在化妆品市场背后的小市场——工业护肤品细分市场，高温、有毒、野外工作环境等对护肤的要求不同，从而诞生了这一细分市场，结果获得很大成功，这就是发现了潜在的创业机会。

3. 行业创业机会

行业创业机会是指出现在新企业经营领域内的创业机会。科技的发展方便了人与人之间的交流，几十年前人们跨地区交流普遍采用书信的方式，随着互联网行业的迅速发展，出现了一系列即时通信服务软件。

4. 边缘创业机会

边缘创业机会是指出现在不同行业的交叉点、结合部的创业机会。芜湖冶铁炼钢业一直十分发达，自宋代以来就有"铁到芜湖自成钢"的美誉。芜湖铁画借鉴国画章法来布局，又仿造雕塑、剪纸工艺特点，以锤为笔，以铁为墨，以砧为纸，锻铁为画。经红炉加热后，经冶、锻、钻、锉等技巧纯靠手工锻造成画，黑白分明，虚实相生，鬼斧神工，气韵天成。在传统工艺艺术品中独树一帜，受到市场欢迎。

5. 现实创业机会

现实创业机会是指目前市场上存在的尚待满足的某种需求。任何一个产品都有可以改进的部分，现实创业机会的本质是找到现有市场的需求，解决市场上用户面临的问题或潜在问题。因此，了解本地市场的需求和问题，了解发达地区的技术和成功案例，就成为识别这类创业机会的重要因素。

6. 未来创业机会

未来创业机会是指目前市场上还没有或仅表现为少数人的消费需求，但预期在未来某段时间内会出现大量需求。20 世纪 60 年代，在西欧和美国热衷于制造大型豪华汽车的时候，日本汽车业认为小型、低耗、低价的汽车将会有大的市场需求。因此，日本汽车业着手研制小型汽车，到 80 年代，日产小汽车已在美国市场上形成了竞争优势。

7. 全面创业机会

大范围内出现的未被满足的某种需求，对创业者具有普遍意义。

案例：返乡创业

2007 年，尹国梁放弃了日本的工作返回家乡，创立龙井市创兴牛繁育基地，如今已形成了全产业链流程，形成了科技育种、优质扩繁、集约育肥、现代屠宰、精深加工、休闲农业等六大产业布局。梁作魁 2008 年返乡，与村民合伙创立龙井市清水果树专业合作社，经过几年发展，如今合作社已有果树 4 万余棵，年产值 900 万元。吉林省延边朝鲜族自治州实施外出务工人员回引工程，多措并举吸引游子返乡工作、创业。截至 2017 年 5 月，延边州外地返乡工作人员达 1.3 万余人，并带动 2.5 万余人就业。

8. 局部创业机会

在某一时间、某一区域出现的未被满足的某种需求，只对进入该市场的创业者有特殊意义。1988 年，温州服装市场出现了外国高档服装热，名牌进口西装每套可卖到数千元。如果其他城市的创业者都将此机会看作全面创业机会，则很可能会失败。

（四）创业机会识别

创业机会识别是指从创意中筛选出具有市场需求的创意。创业过程就是围绕着机会进行识别、开发、利用的过程，准确识别创业机会是创业者应当具备的重要技能。

1. 创业机会识别的影响因素

识别创业机会的影响因素分为内部因素和外部因素。内部因素主要是创业者与创业团队。外部因素分为技术环境因素、市场环境因素和经济环境因素。

（1）技术环境因素。技术是变化最为剧烈的环境因素，技术进步往往意味着创业机会的不断涌现。

（2）市场环境因素。对现有市场的深入分析和认识，有助于创业者降低创业机会信息的搜寻成本，进而减少创业的风险，增加成功概率。

（3）经济环境因素。如何认识和把握国内外经济发展趋势与经济政策，是发掘和识别创业机会的关键方面。

案例：经营早餐

一般的中餐馆是不做早餐的，有人就看到这一餐饮行业的空档。首先，他去跟一家中餐馆老板合作，租用这家中餐馆店面，每天从早上 5 点到上午 9 点半。然后，他找到一些愿意供应早餐的老板，让他们每天早上 5 点准时供应豆浆、包子，由于这家中餐馆面积大、座位多，他在店里低价销售各类早餐，尽可能满足更多的顾客需求，当顾客量变大后，各项平均成本就低了。在这家早餐运营平稳之后，他就让自己的家人来管理这家店的生意，继续找另一家中餐馆老板合作，干的是同样的事情。就这样一家一家地干下去，目前已经承包了五家餐馆的早餐销售。

2. 创业机会识别的一般过程。

（1）掌握信息

信息来源包括消费者、现有企业产品、政府机构和研发机构。

信息来源一：消费者。创业机会的好与坏，消费者具有最终的决定权。创业者需要从消费者对现有的产品评价甚至抱怨中获得创业机会的信息。

信息来源二：现有企业产品。创业者对产业内现有企业的产品或服务进行追踪和评估，找出其可能存在的缺点或不足，从而有针对性地进行改良或补充。

信息来源三：政府机构。政府的法律和政策是创业者识别创业机会的指南，创业者要顺应法律和政策的动向去寻找和把握创业机会。

信息来源四：研发机构。很多科研机构或者大学都拥有很强的研发能力，但缺乏产业化能力，创业者将其重新包装和推出，往往可以取得出人意料的效果。

案例："滴滴打车"的成功之道

2012 年，在阿里巴巴工作了 8 年的程维，看到很多创业者正在拼搏，也想寻找属于自己的机会。准备创业并毅然辞职后，程维用了 9 个月的时间来思考到底要做什么。这个阶段，程维到处搜寻能够创业的机会。直到有一天，他在媒体上看到有关国外打车软件的报道，受到启发，心想如果有软件能帮用户叫到出租车，不是就可以解决叫车慢、等车时间长的问题吗？虽然，他对这件事只有 20%～30% 的把握，但感觉这是一个机会，如果等到有 100% 清晰的把握，那么可能早已错失机会了。于是在 2012 年，"滴滴打车"用 80 万元起步，聚齐阿里巴巴的人员、百度的技术、腾讯的资金，一上市就备受风投机构的青睐。2015 年，中国最大的两个打车软件滴滴打车和快的打车正式宣布战略合并，随后更名为滴滴出行。2016 年 8 月，滴滴出行又并购了优步中国。

（2）善于观察

观察他人的成功经验。学习成功创业者的优点与长处却可以使创业者的思维更开阔，遇到创业机会时也能更容易把握。

观察市场竞争情况。观察分析潜在竞争者、替代品竞争者、行业内原有竞争者的基本情况，了解新企业是否能赢得足够的客源、销售额乃至利润。

观察创业机会的现实性。第一，观察自身是否拥有开发利用创业机会所需的关键资源和能力。第二，观察自身是否能够"构建网络"，跨越"资源缺口"。第三，观察利用特定机会存在的风险是否可以承受。

案例：刘氏兄弟的成功秘诀

希望集团的刘永言四兄弟本都是 20 世纪 70 年代高考竞争最激烈的时候考入大学的优秀学子，并且毕业后都捧上了当时令人非常羡慕的"铁饭碗"。80 年代，改革开放为知识分子创业提供了可能，春风吹到了成都平原这块富饶的土地，政策的变化激起了他们的创业激情。刘氏兄弟为摆脱贫困，以过人的胆识相继辞职自主创业。当时农村的改革先于城市，农民中出现了很多养鸡、养猪专业户，农村已经率先呈现出了蓬勃发展的姿态。于是他们决定就从最熟悉的农村入手，开始从事生态养殖和饲料生产，加入了改革开放的大潮。1988 年，刘氏兄弟成功地开发出"希望牌"高档猪饲料，并很快占领成都市场。1992 年，刘氏兄弟开始将成功模式向全国复制推广，在全国各地办厂并取得成功。1995 年，刘氏兄弟明晰产权，进行资产重组，分别成立了大陆希望集团、东方希望集团、新希望集团、华西希望集团，各自在相关领域发展。1999 年底，希望集团已发展成为以饲料为主，涉足食品、高科技、金融、房地产、生物化工等行业，拥有 140 多个工厂的全国性集团公司，是国内最大的民营企业之一。在 2001 年度的《福布斯》个人财富排行榜上，刘氏兄弟以 83 亿人民币的个人财富位居中国大陆富豪排行榜榜首。

（3）及时捕捉

一是从市场供求差异中捕捉创业机会。市场需求总量与供应总量的差额是企业可以捕捉的创业机会，当然差额有长期的，也有短期的。消费者的需求层次也是企业可以捕捉的机会。

二是从市场的"角落"捕捉创业机会。角落往往被人忽视，而这也正是创业者可以利用的空隙。

三是从竞争对手的缺陷中捕捉创业机会。研究竞争对手，从中找出其产品的弱点及营销的薄弱环节，也是捕捉机会的有效方法之一。

四是从市场发展趋势中捕捉创业机会。市场总是在不断发展变化的。创业者要善于从市场发展变化的趋势中，捕捉创业机会。在我国大中城市中，人口已出现了老龄化的趋势，这意味着老年人市场在逐步扩大。创业者可以把握这一创业机会，深入细分老年人市场，开发出能最大限度满足他们需要的各种产品。

五是在行业交界处捕捉创业机会。由于各企业都比较重视行业的主要领域，因而在行业与行业之间有时会出现夹缝和真空地带，无人涉足，创业者要注意捕捉创业机会。

案例：发明可注墨盒的启示

电脑的普及使得打印机也成了人们的必备用品，由于主要耗材都是一次性的，加之国外耗材价格高昂，为国内再生耗材行业提供了广阔的市场空间和难得的市场机遇。彩色喷墨打印机以其打印质量高、速度快、价格低等特点广受消费者喜爱，但其高昂的墨盒消耗实在让人难以承受。每个墨盒的价格都在 100~300 元之间，而且打印的纸张数量有限。一般广告公司每月使用 10~20 个墨盒，普通单位、家庭每月使用 2~5 个墨盒，每年有 20 亿只墨盒被人丢弃。以这个问题为需求出发点，有人发明了可注墨盒，用完墨水的墨盒重新注墨后，打印效果与原装墨盒接近，可以反复注墨反复使用，好用又便宜。

二、创业风险

（一）创业风险的定义

创业风险是指在企业创业过程中存在的风险，由于创业环境的不确定性，创业机会与创业企业的复杂性，创业者、创业团队与创业投资者的能力和实力的有限性，导致创业活动偏离预期目标的可能性及其后果。

创业的过程是一个充满激情和未知的过程，创业的成功能给人带来莫大的成就感。但是创业的过程也是一个充满风险和艰辛坎坷的过程。一提起风险，很多人会马上联想到失败、亏损。其实，这是片面甚至是错误的看法。对于风险的理解，一般有两个角度，一是强调风险表现为结果的不确定性，二是强调风险表现为损失的不确定性。前者属于广义上的风险，说明未来利润多寡的不确定性，可能是获利（正利润）、损失（负利润）或者既无损失也无获利（零利润）；后者属于狭义上的风险，只能表现为损失，没有获利的可能性。所以，在创业前期，应该全方位了解创业会面临的风险，了解如何识别这些创业风险，怎样才能尽量避免与防范可能出现的创业风险，让创业过程能够更加顺利一些。

案例：摩托罗拉的失败教训

摩托罗拉一直是引领尖端技术的卓越典范。然而后来对来自市场的风险预见性很低，迷失了产品开发方向，3 年时间仅依赖摩托罗拉 V3 一个机型的销售。赛迪顾问研究显示，2005 年以前是明星机型的天下，一款明星手机平均可以畅销 2~3 年，而 2005 年以后，手机市场已经成了细分市场的天下，手机行业已经朝着智能化、专业化拍照、娱乐等方向极度细分，而摩托罗拉对市场的变化视而不见。以 V3 为例，刚上市时是 6 000 多元的高端时尚机型，停产前已降价到 1 200 元。短期内的大幅度降价让不少高端用户无法接受，在对 V3 的定位产生怀疑的同时，也对摩托罗拉的品牌彻底失去信任。对市场风险的评估失败，直接导致企业举步维艰。

（二）创业风险的特征

创业环境的不确定性，创业机会与创业企业的复杂性，创业者、创业团队与创业投资者的能力和实力的有限性，是创业风险的根本来源。识别创业风险是解决创业过程风险的重要前提，一般来说，创业风险主要具有如下几个特征。

1. 客观存在性

创业风险是客观存在的，任何方法都是无法彻底将之消除。在创业的过程中，由于内外部因素发展的不确定性是客观存在的，因而创业风险也必然是客观存在的，是不以人的意志为转移的。应该采取正确的态度承认和正视创业风险，并积极对待是对这一客观事实。当然，创业风险的客观存在性并不否认创业风险的存在也有主观的一面。

2. 不确定性

创业的过程往往是将创业者、创业团队的某一个突发奇想或创新技术变为现实中的产品或服务的过程。在这一过程中，创业者、创业团队面临着各种各样的不确定因素，如可能进入新市场面临需求的不确定、遭受到已有市场竞争对手的排斥、团队内部的设计理念出现严重分歧、新技术难以转化为生产力等。此外，在创业初期投入很大，可能会发生石沉大海没有产出的情况，从而导致资金不足、人员流失，最终会造成创业失败。这就说明，影响创业的各种因素是不断变化且难以预知的，这种难以预知就造成了创业风险的不确定性。

3. 相关性

创业风险的相关性是指创业者面临的风险与其创业行为及决策是紧密相关的。由于各个企业的实际情况千差万别，同一创业者由于其决策或采取的策略不同，同一风险事件对不同的创业者可能产生的风险也是不同的。

案例：法人的风险

于某五年前从企业离职，开了一家展览展示公司，专门承接各种会展业务，完成了很多旅游展会和城市亮化工程，几年下来赚了几百万，日子过得很不错。

后来，于某的公司出了一件大事，他很信任的一个员工在外面赌博，竟然私自用公司的公章和一个合作单位签订了一笔供货合同，供货方提供了大约 300 万元的电线，然后该员工用这笔钱偿还了赌债。结果，到该给供货方归还货款时，于某才知道这个事情。

于某再找当事人时已彻底联系不上了，于是就去报案，公安局很快抓获了当事人，但他已经身无分文，无力偿还。此刻，于某一想，公司注册资金也就 50 万，自己实在不想背这个锅，还不如申请破产算了。然而，供货方很快就到法院起诉了于某的公司及其本人，法院还查封了他名下两套房产，价值 200 多万。于某找到法院，询问为什么要查封自己的个人财产，法院告知他，公司的法人和股东都是于某一个人，必须承担连带责任。这下于某傻眼了，看到申请破产也不可能解决此事，万般无奈，只有自己想办法凑了 300 万元归还给供货方。

（三）系统创业风险的识别及防范

系统创业风险是指源于创业者或创业企业之外的，由创业环境变化带来的风险，如自然灾害、经济衰退、通货膨胀、战争等。创业者或创业企业无法对其进行控制或施加影响，因此又称为不可分散风险。它对所有企业均有影响。系统创业风险主要分为政策风险、法律风险、宏观经济风险、自然风险。

1. 政策风险的识别及防范

对创业者而言，国家和地方政府所采取的政策可能会带来一定的创业风险，必然会影响市场环境、社会购买力，影响到创业者的生产经营方向。因此，创业者在创业过程应该积极关注和预测国家的政策走向，如果预测到某一政策将对新创企业的发展不利，企业可以早做准备，适应政策的变化。

2. 法律风险的识别及防范

法律、法规的制定和修改，都会对创业者产生影响。近年来一些企业开发出转基因产品，被国家有关政府部门明令禁止销售，创业者得不到商业利益。因此，对于创业者来说，防范创业风险的最好办法就是知法守法，自觉运用法律法规来规范自己的创业行为，同时还应善于运用法律武器来维护自己的合法权益。

3. 宏观经济风险的识别及防范

宏观经济风险是因国家宏观经济变化、产业政策调整、利率变动等因素而带来损失的风险。价格水平、通货膨胀等因素的变化以及金融、资本市场的层次、规模、健全程度等都会带来很大的不确定性，使创业者处于风险之中。因此，当这类风险即将出现时，创业者应该能够快速响应，采取措施使新企业适应这一变化。

4. 自然风险的识别及防范

天气灾害、气候灾害等自然灾害造成的损失属于不可抗力的范畴。如化工化学园区企业与居民区交错布置，存在自然风险，应准备统一的区域性环境风险应急预案。因此，对于各种自然灾害，创业者虽没有能力遏制其发生，但只要事先做好准备工作，就能够降低自然灾害造成的损失。新企业在开发创业机会时，不仅要考虑当地的劳动力素质及成本、市场需求等因素，还要考虑当地在气候、卫生等方面的条件。

（四）非系统创业风险的识别及防范

非系统风险是指由创业者或创业企业本身的商业活动或财务活动而引发的风险，可以通过一定的手段进行预防和分散。非系统创业风险主要分为市场风险、生产风险、技术风险、财务风险、管理风险。

1. 市场风险的识别及防范

一是市场进入的风险，进入市场阶段产品能否被消费者接受。世界著名的贝尔实验室在20世纪50年代就推出了图像电话，但直到20年后，才开始了商业应用。二是产品市场营销的风险，导入市场的时间、市场的需求量等都难以估测。因此，市场进入阶段要注意产品进入市场的成本以及定位，找到合适的定位才能在市场上立足。市场营销阶段要注意树立以市场为导向的整合营销理念，同时制订合理的价格策略。

2. 生产风险的识别及防范

对于新企业来说，由于企业刚刚起步，生产人员的配备、生产要素的供给、各类资源的配置等容易出现问题，存在着较大的风险。因此，新企业在研发时，应考察替代技术的发展状况，评估技术本身的替代性，采取风险防范或自留策略，还要综合考虑原材料及能源供应，地址要接近原材料产地，且能源供应充足。华为打造的"备胎计划"让人们真正认识到风险预测的重要性。

3. 技术风险的识别及防范

技术风险指由于技术方面的因素及其变化的不确定性而导致创业失败的可能性。技术成功的不确定性，技术前景、技术寿命的不确定性，技术效果的不确定性，技术成果转化的不确定性等，都会带来技术风险。

技术创新能够给拥有者带来丰厚的回报，但掌控不好也可能会使创业者颗粒无收。因此，创业者一定要通过加强自身能力建设或建立创新联盟等方式减少技术风险发生的可能性。开展技术保护，高度重视专利申请、技术标准申请等保护性措施。分担技术风险，在合适的时机，选择战略合作伙伴，采取灵活的方式分担风险。

4. 财务风险的识别及防范

财务风险指创业者或创业企业在理财活动中存在的风险。对创业所需资金估计不足、难以及时筹措创业资金、创业企业财务结构不合理、融资不当、现金流管理不力等可能会使创业企业丧失偿债能力，导致预期收益下降，形成一定的财务风险。

筹资困难和资本结构不合理是很多创业企业明显的财务特征和主要财务风险的来源。首先，创业者要对创业所需资金进行合理估计，避免筹资不足影响创业企业的健康成长和后续发展。其次，创业者要学会建立和经营创业者自身和创业企业的信用，提高获得资金的概率。再次，创业者一定要学会在企业的长远发展和目前利益之间权衡，设置合理的财务结构，从恰当的渠道获得资金。最后，创业者要管好创业企业的现金流，避免现金断流带来的财务拮据甚至破产清算的局面。

5. 管理风险的识别及防范

一是创业者综合素质和经验，如创业者的技术能力、管理能力和经验、企业家精神等方面的风险。二是管理机制的成熟度的风险，应将本企业与行业内相似企业进行对比，识别出新企业哪些管理制度不够完善。

因此，不仅要提高企业管理者自身素质，还要建立健全的现代企业制度。新企业必须按照现代企业制度的要求，建立起完善的产权制度和法人治理结构，以加强对管理风险的防范。

（五）创业者风险承担能力估计

创业的过程势必伴随着风险，创业者必须进行创业风险的估计。将特定的创业机会和创业活动结合，分析和判断创业风险的具体来源、发生概率、预测风险损失、预期主要风险因素，测算冒险创业的风险收益，估计自己的承受能力，进而进行决策，提前准备相应的风险管理预案。

1. 外部风险承担能力估计

一般来讲，来自企业外部风险主要有来自政府的风险、来自周众的风险、来自市场的风险、来自相关方的风险，这些虽无法根本消除，但创业者对周围环境的知识积累程度影响其对外部风险的判断和预防准备工作，能够提升创业者的风险承担能力。

对于创业者来说，需要关注经济形势、产业政策、融资环境、市场竞争、资源供给等经济因素，法律法规、监管要求等法律因素，安全稳定、文化传统、社会信用、教育水平、消费行为等社会因素，技术进步、工艺改进等科学技术因素，自然灾害、环境状况等自然环境因素。在关注外部因素时，政府的信息资源被放在首要位置。

2. 内部风险承担能力估计

企业内部风险承担能力指创业者固有的资源及配置这些资源的能力，包括技术、生产、管理、营销、创新等内容，这些可控因素是决定创业者的风险承担能力的重要指标。风险总是以千变万化的形态呈现于企业内部，管理者如果没有敏锐的洞察力去识别它，没有有效的手段去控制它，就很可能在企业内部埋下祸根。

案例：德隆集团的失败教训

辉煌一时的德隆集团，十年间涉足了十几个行业，总负债高达570亿，酝酿了巨大的资金风险。德隆在股市上蒸发的市值超过200亿元，兑付委托理财三年累计下来也有百亿元以上，就此支付的利息和营销费用至少是80亿元。况且，德隆还不断斥重金收购金融机构的股权，这部分资金也有50多亿元。仅仅三年，以上几大资金"黑洞"合计高达400多亿元，德隆何堪如此重负？2004年初，德隆资金链开始断裂，建造在沙滩上的堡垒顷刻间分崩离析。

（六）基于风险估计的创业收益预测

许多创业者抱怨，做预测需要花费大量的时间，这些时间原本可以用来销售。但是企业如果不能提供一套周密预测的话，很少会有投资者投入资金。如果创业者知道未来可能呈现出多种风险，但对其出现的概率全然不知，那么在预测创业收益时，可根据以下主观选择的准则来进行。

1. 等可能性准则

等可能性准则假定各种风险状态发生的可能性是相同的，通过比较每个创业方案的收益平均值来进行创业方案的选择。

比如某新企业有三种产品待选，估计其销路风险状况和收益情况。计算各产品在三种风险状态下的平均收益值：甲产品为16.67万元，乙产品为26.67万元，丙产品为15.33万元。可见，乙产品的平均收益值最大，选择该方案。如表6-2所示。

表 6-2　企业三种产品预期收益情况

风险状态	甲产品/万元	乙产品/万元	丙产品/万元
销路好	40	90	30
销路一般	20	40	20
销路差	−10	−50	−4

2. 乐观准则

如果创业者比较乐观，创业者从最有利的角度去考虑问题，先选出每个创业方案在不同风险状态下的最大收益值（最乐观），然后从这些最大收益值中取最大的，从而确定创业行动方案。以表 6-2 为例，由于甲产品最大收益为 40 万元，乙产品最大收益为 90 万元，丙产品最大收益为 30 万元，所以选择乙产品。

3. 悲观准则

创业者从最不利的角度去考虑问题，先选出每个创业方案在不同风险状态下的最小收益值（最悲观），然后从这些最小收益值中取最大的，从而确定创业行动方案。仍以表 6-2 为例，由于甲产品最小收益为 −10 万元，乙产品最小收益为 −50 万元，丙产品最小收益为 −4 万元，所以选择丙产品。

4. 折中准则

折中准则认为应在两种极端中求得平衡，最好和最差的风险状态均有出现的可能。因此，可以根据创业者的判断，给最好状态一个乐观系数，给最差状态一个悲观系数，两者之和为 1，从而得出各方案的期望收益值，然后据此作出选择。仍以表 6-2 为例，设销路好的系数为 0.7，销路差的系数为 0.3，通过计算得到期望收益值，由于乙产品的期望收益值最大，所以选择乙产品。如表 6-3 所示。

表 6-3　折中准则下企业三种产品预期收益情况

风险状态	甲产品/万元	乙产品/万元	丙产品/万元
销路好（0.7）	40	90	30
销路差（0.3）	−10	−50	−4
期望收益值	25	48	19.8

5. 后悔值准则

后悔值准则把在不同风险状态下的最大收益值作为理想目标，把各个创业方案的收益值与这个最大收益值的差称为未达到理想目标的后悔值。从各创业方案最大后悔值中取最小者，从而确定创业行动方案。仍以表 6-2 为例，计算后悔值。由于甲产品最大后悔值为 50 万元，乙产品最大后悔值为 46 万元，丙产品最大后悔值为 60 万元，在其中再取最小的，所以选择乙产品。如表 6-4 所示。

表 6-4 后悔值准则下企业三种产品预期收益情况

风险状态	甲产品/万元	乙产品/万元	丙产品/万元
销路好	50 (90-40)	0 (90-90)	60 (90-30)
销路一般	20 (40-20)	0 (40-40)	20 (40-20)
销路差	6 (-4+10)	46 (-4+50)	0 (-4+4)

案例：许小姐创业失败的原因

许小姐一门心思想做老板。经过 7 年的努力工作和省吃俭用积蓄了一笔资金，其中 10 万元作为注册资金，5 万元作为流动资金。她认为，个人创业必须有丰富的工作经验，所以在过去的工作中，不管分内分外的事她都抢着干，从不计报酬，尤其是经营方面的事，她更是尽可能多学本事，为自己开公司做准备。另外，她认为个人创业必须有一个好的项目。她选择了一个当时的朝阳项目——房地产租赁咨询。在办齐所有手续后，她勤勤恳恳地努力工作，却没想到最初的 3 个月几乎没有生意，直到第 6 个月才稍有收入，可生意很不稳定，半年来，她赔了 3 万元。她开始动摇了，觉得自己是在靠天、靠运气吃饭，她不想再这样干下去了，她认为不能等到这 15 万元都赔光的时候才行动，于是，在创业的第 7 个月，她关掉了公司。

导致许小姐失败的原因很复杂，但其中一条很重要的原因是她没有一个完整的创业计划，小企业抗风险能力很低，如果没有考虑成熟，只凭一厢情愿，自然会危机重重。

三、商业模式开发

(一) 商业模式的定义

商业模式的定义是一个组织在何时 (when)、何地 (where)、为何 (why)、如何 (how) 和多大程度 (how much) 为谁 (who) 提供什么样 (what) 的产品和服务，即 5W2H，并开发资源以持续这种组合。

商业模式

商业模式是管理学的重要研究对象之一，MBA、EMBA 等主流商业管理课程均对商业模式给予了不同程度的关注。在分析商业模式时，主要关注一类企业在市场中与用户、供应商、其他合作伙伴的关系，尤其是彼此间的物流、信息流和资金流。商业模式涵盖了企业的资源获取、生产组织、产品营销、售后服务和研究开发、合作伙伴、客户关系、收入方式等一切实践内容。简言之，商业模式就是企业的动态盈利战略组合。

商业模式来自创业者的商业创意，商业创意来自创业机会的丰富和逻辑化，并有可能最终演变为商业模式。其形成的逻辑是：机会是经由创造性资源组合传递更明确的市场需求的可能性，是未明确的市场需求或者未被利用的资源或者能力。尽管"商业模式"一词出现在 20 世纪 50 年代，但直到 20 世纪 90 年代才被广泛使用和传播。

案例：携程旅行网成功的要诀

携程旅行网现已发展成为集宾馆预订、机票预订、度假产品预订、旅游信息查询及特约商户服务为一体的综合性旅行服务网络公司，提供大量可供预订的国内外星级酒店，建成了机票预订服务网络，推出了以"机票+酒店"为主的度假游业务，为中国旅游行业的发展开辟了新的思路。然而，携程不是经销商，而是信息服务供给商——所提供的信息中介服务，一方面使全国的旅行者能及时找到所需要的酒店，并获得最低的客房价格；另一方面又能使全国各地的宾馆、酒店提高入住率，获得应有的消费者，携程公司由此获得了巨大的经济效益。携程的商业模式是提供旅游、机票和酒店的一站式服务，其业务是最传统的旅游服务业，靠收代理费作为经济增长点。许多商业实践证明，那些愿意花时间和精力创新商业模式的企业，最终都得到了巨大的回报。

（二）商业模式的特征

在经济日益信息化和全球化的今天，商业模式的重要作用已经得到社会各界的高度重视。如果有一个好的商业模式，成功就有了一半的保证。饮料公司通过卖饮料来赚钱，快递公司通过收送快递来赚钱，网络公司通过点击率来赚钱，通信公司通过收话费来赚钱，超市通过平台和仓储来赚钱，等等。只要有赚钱的地方，就有商业模式存在。成功的商业模式具有以下三大特征。

1. 商业模式能提供独特的价值

这个独特的价值可以是新的思想，也可以是产品和服务独特性的组合。这种组合可以向客户提供额外的价值，或者能使客户用更低的价格获得同样的利益，或者用同样的价格获得更多的利益。我们日常生活中使用的淘宝采用的七日无理由退换货服务就明显体现出这个特征。

2. 商业模式呈现个性化

企业通过自己与众不同的实施能力来提高行业的进入门槛，从而保证利润来源具有稳定性。比如，单凭七日无理由退换货这一点，还不能称其为一个商业模式，重要的是其背后有一整套完整的、极难复制的信息化物流服务流程及其实施监控环节。

3. 商业模式在实践中凝练而成

成功的商业模式是企业在做到量入为出、收支平衡的基础上，年复一年、日复一日地不断思考、探索与累积而成的。现实中的很多企业，不管是传统企业还是新型企业，对于自己的钱从何处赚来，为什么客户看中自己企业的产品和服务，有多少客户实际上不能为企业带来利润、反而在侵蚀企业的收入等关键问题，都不甚了解。

（三）商业模式的关键要素

美国哈佛商学院著名教授克莱顿·克里斯坦森在阐述商业模式时说："商业模式就是创造和传递客户价值以及公司价值的系统。它包括客户价值主张、盈利模式、关键资源和关键流程。"

相对应地，一个完整的商业模式要能够回答这样几个问题：能给客户带来什么价值？（即客户价值主张）给客户带来价值之后怎么赚钱？（即盈利模式）有什么资源和能力去实现前两点？（即关键资源）如何实现前两点？（即关键流程）

1. 客户价值主张

客户价值主张是指企业为客户所开发的系列产品或服务，即帮助客户完成某项重要的工作的方法。主要解决的问题包括：我们应该向客户提供什么样的服务？需要帮助客户解决什么样的难题？需要满足客户什么样的需求？正在为客户提供什么样的产品？

2. 盈利模式

盈利模式是指公司在为客户提供价值的同时，也为自己创造价值。主要解决三个问题：怎样让客户愿意付费？客户会付费买什么产品？客户是如何付费的？例如：七日无理由退换货服务由客户在线向公司平台支付退货运费。

收入来源为以下几个方面：资产销售，即销售产品；使用销售，通过使用产品和价值来收费；租赁收费，通过租赁使用权获利；授权收费，产权授予的费用；广告费用，利用广告宣传所得的费用。

3. 关键资源

关键资源是指企业在客户群体中提供产品或服务时需要应用到的资源。企业的关键资源分为实体资产、金融资产、知识资产或人力资源，当然，这里需要关注的是那些为客户公司创造价值的关键要素，以及这些要素之间的相互作用方式。例如，实行七日无理由退换货的关键要素是有信息化平台、退货支付方式及支付平台等。

4. 关键流程

企业都有一系列的运营流程和管理流程，以确保其价值传递方式具备可重复性和扩展性，包括培训、产品研发、生产、预算、规划、销售、售后服务、绩效考核及创新机制等。例如，七日无理由退换货的流程包括客户退货、物流员联系及上门服务、检查其服务质量及奖惩机制等。

5. 商业模式设计原则

每个企业都有各自的特点，其商业模式也不尽相同。成功的商业模式能够产生具有自我强化能力的良性循环，能不断增强企业的竞争优势和战略定位，这是商业模式最具影响力的一个方面。每一个企业或者创业者都想为自己设计一个独特的、全新的商业模式来超越其他企业。一个良好的商业模式设计应遵循以下四个原则。

（1）客户满意最大化原则

商业模式的根本出发点就在于满足客户需求，实现客户利益最大化，这与企业是否盈利有着必然联系。

（2）高效性原则

好的商业模式需要将企业的资金、资源等有效结合，发挥巨大的优势。在企业内部主要体现在管理制度上的高效率，应建立科学的激励制度和创新机制，激发员工工作的积极性和主动性，更快更好地实现企业的使命和目标。

（3）创新开发原则

不管在技术开发、制度建设、盈利模式上都需要企业进行不断探索和研究，通过开发企业创造力赋予其竞争的潜力。创新贯穿企业从生产到销售的各个环节，可以说创新决定企业的成败。

（4）规避风险原则

商业模式的开发过程中，避免不了风险的存在，包括产品的研发、制度的改变，以及政府政策、市场行情的变化，都需要企业及时跟踪、调整，规避风险，寻求新的解决办法。

案例：施乐公司收入增长的秘密

20世纪50年代中期，静电复印术面世了。这种技术复印出来的复印件是干的，既干净又整洁；复印速度也非常快，每天可达数千张，远远高于当时主流的复印机。然而，与主流复印机300美元的售价相比，采用静电复印术的机器制造成本是2 000美元。当时，复印机厂家盛行的做法是采用"剃须刀一刀片"模式：对复印机设备用成本加上一个适当的利润卖出，目的是吸引更多的客户购买；而对配件和耗材则是单独收费，并且通常会在其成本之上加很高的溢价，以获取高额利润。显然，由于设备的成本过高，静电复印术很难照搬这种商业模式。

在经受各种质疑之后，施乐公司最终采取了一种新的商业模式，并于 1959 年推向市场：消费者每个月只需支付 95 美元，就能租到一台静电复印机，如果每月复印的张数不超过 2 000 张，则不需要再支付任何其他费用；超过 2 000 张以后，每张再支付 4 美分。如果客户希望中止租约，只需提前 15 天通知公司即可。

结果，效果好得出奇，由于复印质量很高，而且使用方便，用户的办公室一旦安装了这种复印机，很快就可以带来额外收入。

此后十几年，施乐公司的收入增长率一直保持在 41%，其股权回报率也一直长期稳定在 20% 左右。到了 1972 年，原本一家资本规模仅有 3 000 万美元的小公司，已经变成了年收入高达 25 亿美元的商业巨头！

（四）商业模式的创新逻辑与开发方法

1. 商业模式的创新逻辑

商业模式的创新逻辑首先要分析是否满足商业模式要素中的四个问题，判断是否能为顾客、股东和员工以及其他利益相关者带来实际的价值。

一个优秀的商业模式既不是一蹴而就的，也不是一成不变的。由于企业自身发展的变化，商业模式需要不断修正、完善；同时，由于产业环境和竞争态势的变化，商业模式需要进行新的设计和调整。因此，商业模式设计既是创业机会的开发环节中的一个不断试错、修正和反复的过程；又是分解企业价值链条和价值要素的过程，涉及要素的新组合关系或新要素的增加。商业模式设计必须基于企业现有的资源，以及市场竞争的现实。

案例：腾讯腾飞的秘密

腾讯的商业模式是通过增加用户转型，使用户自愿花钱购买腾讯的增值服务。在此指导思想上，腾讯实施混合业务，横跨多个业务领域，并不断借鉴行业内其他比较好的商业模式，使旗下业务均能实现盈利。

2002 年，一位赴韩国考察当地互联网生态的腾讯员工，被一款游戏在网络游戏中销售用户虚拟形象的做法触动，该员工迅速将这家韩国公司的做法报告给腾讯总部。经过对这款游戏销售举措的深入学习和研究，腾讯公司认为此种销售虚拟填充物和装饰品的商业模式对公司的发展有很大的推动作用，于是采用这种商业模式并取得了成功。腾讯的博客服务（Qzone）就是通过销售虚拟填充物和装饰品，成为国内最早盈利的博客产品。

2. 商业模式的开发方法

成功企业肯定有非常好的商业模式，然而其他企业也会快速模仿，或利用相似的商业模式与成功企业展开竞争。因此，企业和创业者不但要学习如何设计商业模式，而且要深入研究成功企业的商业模式，学会如何从商业模式的设计中为企业找到新市场与空白市场，在市场竞争中保持先发优势或构筑结构性壁垒。如今，许多企业都是在模仿改进现有商业模式的基础上收获了巨大成功，如腾讯、百度等。下面介绍几种商业模式开发的基本方法。

（1）强化商业模式的重要性

企业的目标是追求利润最大化，创业者的任何决策都是为了企业的生存，谁能够设计出合适有效的商业模式，谁就是真正的赢家。

（2）研究同行的商业模式

观察同行的商业模式，可以获得很多的经验教训。研究同行的产品，可以使创业者冷静地认识市场需求，从而找到合理的商业模式。

（3）寻找最佳的商业模式

任何商业模式都是以顾客的需求、市场策略和经营特色为中心，好的商业模式应该具备具有下面三个特点：

① 必须可以同时满足顾客和企业的需要。

② 应该是满足顾客愿望和解决顾客不满而研究出来的对策。

③ 具有自己的特色，使顾客离不开你的产品或服务。

（4）研究对手的商业模式

知己知彼，百战不殆。必须找出竞争者，了解竞争者，了解其产品的不同之处，了解其市场份额和营销策略，掌握和分析相关信息，才能找到自己的生存空间。

① 想顾客之所想。以顾客的利益和市场的需求为行动指南是创业中重要的准则。如果你比竞争者想得更周到、做得更完美，致力于做顾客的"贴心人"，那你就会出类拔萃，取得与众不同的成果。《孙子》曰："多算胜，少算不胜。"

② 急顾客之所急。创业者首先要重视团队的意见，不可忽视顾客的需求，要主动征询顾客的意见。要充分认识到，如果产品不符合市场需求，立刻就会失去竞争力。

③ 市场始终如逆水行舟，不进则退。如果不注意研究竞争者，那么突然有一天会发现原本属于自己的"奶酪"就少了。要树立一种理念，经营永远是"不进则退"，市场永远没有停止变化的时刻。

④ 找出竞争对手的弱点。要找出 10 位以上具有相同客户群体的竞争对手。只有分析对手才可以战胜对手，企业才会有立足之地。

⑤ 重视成功创业者的意见。企业经营管理咨询并非只有大企业才需要，对所有的创业者来说，在创业起步阶段请教有创业经验的成功企业家是非常必要的。

⑥ 与顾客亲密接触。成功的创业者都能够灵敏地捕捉到顾客的需求和渴望，以及市场最细微的变化，并能快速对需求的变化和发展趋势作出反应。要掌握市场的第一手资料，就应该亲自与目标客户进行接触，了解情况。

案例：分众传媒的成功秘诀

分众传媒是中国领先的数字化媒体集团，创建于 2003 年，产品线覆盖商业楼宇视频媒体、卖场终端视频媒体、公寓电梯媒体（框架媒介）、户外大型 LED 彩屏媒体、电影院线广告媒体、网络广告媒体等多个具有针对性特征的受众，并可以相互有机整合形成媒体网络。2005 年 7 月，分众传媒成功登陆美国纳斯达克（NASDAQ），成为海外上市的中国纯广告传媒第一股。

航美传媒成立于 2005 年底，它的商业模式与分众传媒基本一致，核心业务是在机场机载电视上播放商业广告，它将分众传媒的商业模式延伸扩展到机场这个细分市场。2007 年 11 月，航美传媒在纳斯达克上市，融资 2.25 亿美元。航美传媒打造的"中国机场电视联播网"拥有国航、东航、南航等多家航空公司 2 000 多条航线机舱电视和北京首都国际机场、上海虹桥机场等全国几十家主流机场电视经营权。

管理学大师彼得·德鲁克说，当今企业之间的竞争不是产品之间的竞争，而是商业模式之间的竞争。商业模式创新属于企业最本源的创新。所有成功的大企业都是从小企业成功的商业模式中一步一步走过来的。其实，家乐福就是开杂货店的，百事可乐就是卖汽水的，苏宁就是开电器店的，海底捞就是开火锅店的，这些普通行业的成功说明了无论科技含量高低都能成功，关键是要找出成功的商业模式，并把商业模式的盈利能力快速发挥到极致。

（五）典型商业模式

1. 线上到线下模式

线上到线下（online to offline，简称O2O）是指将线下实体店与互联网结合，通过O2O平台进行下单付款，然后线下进店消费。这样线下实体店就可以线上揽客，消费者可以线上筛选服务，交易成交可以在线结算。该模式最重要的特点是：推广效果可查，每笔交易可跟踪。目前这种模式正在大力发展，上门送餐、上门生鲜、上门化妆、滴滴打车等都是典型的O2O模式。

案例：生鲜超市蔬菜配送中的商机

2017年开始，在新零售的刺激下，阿里巴巴出手盒马生鲜，京东推出自家的直营生鲜便利店，各类生鲜超市、生鲜便利店在全国遍地开花。线上流量越来越贵，原来的生鲜电商企业纷纷开始线下开店。各地的传统连锁超市和便利店都在进行着"生鲜+"的变革。

而这背后的生鲜供应链的商业机会也逐渐明朗起来，前端开店加盟，后端自营供应链的模式在各地蓬勃发展。以长沙为例，田园香300多家自营和加盟混合的生鲜便利店在不到两年内完成，隆禹80多家自营生鲜便利店也是两年内崛起，后端供应链除了服务自身门店的同时，开放供应链能力给少量机关单位食堂也是不错的选择。

2. 平台型商业模式

该模式最核心的功能就是作为市场的中介，将市场中的各方资源整合起来，吸附大量市场信息，快速高效沟通买卖双方的关系，从而促进交易的达成。平台型商业模式有三个要素：平台、供给方（卖家或商家），需求方（买家或消费者）。阿里巴巴（淘宝、天猫、支付宝、1688）、慧聪网、京东、亚马逊、线下大型超市等都是典型的平台型商业模式。

案例：京东集团崛起的平台

京东集团以线下起家，后转战电商平台设立了京东商城，其在自营式网络零售领域已经处于国内领先地位。2014年5月22日，京东集团顺利在美国纳斯达克上市，是中国首家在美国申请首次公开发行（IPO）成功的自营电商企业。经过多年的发展，京东集团已经从"自营模式"转向"以自营为主，以平台为辅"的商业模式，并且平台业务占比逐步增大。京东集团商业模式围绕为网络大众消费者及第三方平台商家提供多、快、好、省的价值主张，构建了核心优势。

京东集团打通供应商渠道，进货成本更低，保证了价格方面的优势。京东集团早期并不能直接跟厂商、供应商进行直接的资金往来，而是通过中间的经销商。主要原因是供应商不愿直接向京东集团提供赊销而承担坏账风险，更愿意将风险转移给经销商。

2012—2013年，京东集团启动了渠道商业化战略，不再跟经销商合作，而是与品牌商直接合作，为此，京东集团甚至放弃赊购，而是直接向供应商付现，赢得供应商信任。2019年，京东对供应商的付款周期为40天左右，与供应商达成了互利共赢的局面。京东集团的渠道商业化战略达到了良好效果，赢得了更多的产品渠道，同时也获得了许多优质的供货商伙伴。目前，京东集团和各种产品的各类品牌厂商都有长时间的合作，销售的电商产品质量有保证，且产品价格比线下实体店要低，既有价格优势又有品牌优势，为京东集团带来了良好的客户基础。

3. "工具+社区+变现"模式

该模式是互联网时代的新发展的商业模式，其内容包括：工具/内容+社群/社区+电商/服务。微信就是一个非常典型的案例，它从一个社交工具，加入朋友圈点赞与评论等社区功能，继而添加了微信支付、电影票购买、手机话费充值等功能。关键是谁有了客户就有了发言权。

案例：拼多多的独特之处

拼多多自上市以来，社会舆论对其唱衰不断，但是拼多多的商业模式是值得分析的。

拼多多的低价优惠销售商品和社交分享满足消费者图便宜的心理，帮助商家建立起品牌的价值主张，是使其成功的重要因素。它最初将客户定位在三四线城市新网民，这些"尾部"消费群体可支配收入不高，对价格极其敏感，他们不看重商品品牌价值，只在乎实用与否。而且拼多多采用了消费者到企业（C2B）的社交电商模式来发展客户渠道，并在成立初期利用微信红利、低成本获得大量用户，还采取拼单秒杀等活动，利用消费者的社交力量将其传播出去，通过明星代言和综艺宣传增加曝光度。它通过团购拼单、助力免单、品牌折扣、砍价免费等特色营销，秒杀活动、红包小程序等活动引起消费者的注意和兴趣，建立了相互信任的客户关系。

拼多多的收入模式主要有商户服务费和交易佣金，其中商户服务费为主要收入，交易佣金为交易额的 0.6%。它的成本结构很简单，主要是销售营销费用、平台运营费用和研发费用。其核心资源是拥有 3.66 亿活跃用户和 360 万商户的电商平台。它的关键业务分为两个方面：一方面是用户，用户可以主动发起拼团，部分被动用户加入拼团，拼团成功获得商品，拼团失败可以退款；还有一方面是商品，商家通过注册账号，交押金，可以上线商品进行出售，还可以报名平台活动，上活动页面和首页，增加曝光量和销售量。

拼多多直接与工厂和农户对接，从源头购买产品，促进供应链集约化，降低物流成本，省去中间经营成本。此外，腾讯微信是拼多多最大的合作伙伴，为其提供了强有力的流量扶持。

拼多多做到了让商家以极低价格进行销售，定位了买家端的目标用户，且保障了人与货的连接。但其存在的假货管制不力现象还是损害了公司声誉，造成了财务损失，社交模式和营销套路降低了复购率，且电商市场竞争激烈。拼多多应提高企业形象和管理能力，守住质量服务底线，获取消费者信任，以求长期可持续发展。

4. 免费商业模式

免费是相对直接服务对象来说的，免费属于商业模式并非盈利模式。免费商业模式最终都要通过其他渠道实现盈利。免费商业模式的盈利方式有以下几种。

（1）第三方支付。比如《中国好声音》节目主要就是通过收广告费来盈利，加多宝就是他的第三方。

（2）免费加收费。前期可以通过免费吸引到大量的客户，后期再推出其他盈利项目和产品。比如腾讯公司，其社交产品全部都免费提供使用，然后推出各种游戏来实现盈利。

（3）直接交叉补贴。日常生活里大部分的免费模式都是如此，如销售硬件赠送软件，销售手机赠送通话时长等。

案例：海底捞的"免费"服务

海底捞靠着"利他"思维形成了一个自动化的、威力无比的商业模式。去过海底捞的人都知道，海底捞免费提供很多特色的服务，比如免费美甲服务，免费擦鞋服务，还有免费零食和饮料，顾客的体验感很好。

海底捞的"免费"服务也就是我们所说的"赠品模型"。通过一些免费项目吸引客户，增加服务的价值，再通过产品销售把免费的成本收回来。先尽量使客户满意，再让客户愿意消费。服务已经成为商业组织创造竞争优势的最有效手段。

第四节　创业资源与创业融资

一、创业资源

（一）创业资源的定义

1. 创业资源的概念

创业的前提条件之一就是创业者拥有或者能够支配一定的资源。所谓资源，依照目前战略管理中影响较大的资源基础理论（resource-based theory，简称 RBT）的观点，企业是一组异质性资源的组合，而资源是企业在向社会提供产品或服务的过程中，所拥有的或者所能够支配的用以实现企业目标的各种要素及其组合。

概括来讲，创业资源是企业创立以及成长过程中所需要的各种生产要素和支撑条件。对于创业者而言，只要是对其创业项目和新创企业发展有所帮助的要素，都可归入创业资源的范畴。即创业资源是新企业在创业的过程中所投入和利用的各种资源的总和。因此，在创业过程中，应当积极拓展创业资源的获取渠道。

2. 创业资源的分类

创业资源是新企业创立及成长过程中必需的资源，可以从不同角度进行分类。

（1）按其来源分类

创业资源按其来源可以分为自有资源和外部资源。

自有资源是指创业者或创业团队自身所拥有的可用于创业的资源，如拥有的技术、管理才能、拥有的资金、获得的创业机会信息等。甚至有的时候，创业者获得的创业机会信息就是其所拥有的唯一创业资源。在这个问题上，我们也许可以从阿玛尔·毕海德的话中得到启示："准创始人中绝大部分面临的最大挑战不是筹集资金，而是如何在没有资金的情况下把事情办好的智慧和干劲。"

自有资源可以在企业内部培育和开发，企业通过一定的方式在内部开发无形资产，培训员工，促进内部学习，从而获取有益的资源。

自有资源包括：

① 拥有的技术：产品的专门知识、技术。

② 管理才能：创业者及其管理队伍的管理知识、能力、经验等。

③ 拥有的资金：以货币形式存在的资源。

④ 获得的创业机会信息：对创业机会的识别把握。

⑤ 自建的营销网络：营销网络、客户资源等。

⑥ 拥有的物质资源：厂房、设备、原材料等。

外部资源是指亲朋好友、商务伙伴、其他投资者、社会团体或政府部门等拥有的资源，实质来自外部机会发现，而外部机会发现在创业初期起着决定性作用。

外部资源主要包括：外部人力资源、外部资金、外部厂房、设备、原材料等。

不同创业资源的作用是不一样的，其中技术和人才资源是决定资源；财务资源是根本资源；信息资源是重要资源。

（2）按其存在形态分类

创业资源按其存在形态可以分为有形资源和无形资源。

有形资源是具有物质形态的、价值可用货币度量的资源，如组织赖以存在的自然资源以及建筑物、机器设备、原材料、资金等。

无形资源是具有非物质形态的、价值难以用货币精确度量的资源，如信息资源、人力资源、政策资源及企业的信誉、形象等。无形资源往往是撬动有形资源的重要手段。

（3）按其对企业的成长作用分类

创业资源按其对企业的成长作用可以分为要素资源和环境资源。直接参与企业日常生产、经营活动的资源，称为要素资源。要素资源主要有以下几类：

① 场地资源，包括场地内部的基础设施建设、便捷的计算机通信系统、良好的物业管理和商务中心，以及周边方便的交通和生活配套设施等。

② 资金资源，通常指及时的银行贷款和风险投资、各种政策性的低息或无偿扶持基金，以及写字楼或者孵化器所提供的便宜的租金等。

③ 人力资源，包括高级科技人才和管理人才的引进，高水平专家顾问队伍的建设等。创业者是新创企业中最重要的人力资源，因为创业者能从混乱中看到市场机会。创业者的价值观和信念更是新创企业的基石。合适的员工也是创业人力资源的重要部分，因此，技术人员、销售人才和生产工人等高素质人才的获取和开发，便成为企业可持续发展的关键因素。苹果公司的创立人乔布斯曾经说过，刚创业时，最先录用的 10 个人将决定公司的成败，而每个人都是这家公司的十分之一。

④ 管理资源，包括企业诊断、市场营销策划、制度化正规化企业管理的咨询等。

⑤ 科技资源，包括对口的研究所和高校科研力量的帮助、与企业产品相关的科技成果，以及进行产品开发时所需要用到的专业化科技试验平台等。

未直接参与企业生产、经营活动的资源，但其存在可以极大地提高企业运营的有效性资源，则称为环境资源。

环境资源主要有以下几类：

① 政策资源，包括允许个人从事科技创业活动，允许技术入股，支持海外与国内的高科技合作，为留学生回国创业解决户口、子女入学等后顾之忧，简化政府的办事程序等。政府的各种创业扶持政策主要包括财政扶持政策、融资政策、税收政策、科技政策、产业政策、中介服务政策、创业扶持政策、队伍经济技术合作与交流政策、政府采购政策、人才政策等。

② 信息资源，包括及时的展览会宣传和推介信息、丰富的中介合作信息、良好的采购销售渠道信息等。

③ 文化资源，包括高科技企业之间相互学习和交流的文化氛围、相互合作和支持的文化氛围，以及相互追赶和超越的文化氛围等。

④ 品牌资源，包括借助大学或优秀企业的品牌、借助科技园或孵化器的品牌，以及借助社会上有影响力的人士对企业的认可等。

（二）创业资源的识别

1. 创业资源识别的概念

创业资源识别是指创业者对创业所需的资源进行分析确认，并最终确定企业所需资源的过程。

2. 创业资源识别的要素

创业资源识别涉及内部资源识别和外部资源识别两方面。创业者需掌握新创企业执行战略所需资源的数量、质量、时间。创业者不仅要识别当前拥有的资源，还要识别潜在的资源，为资源的持续获取奠定基础。

3. 创业资源识别的方法

（1）决策驱动型创业资源识别方法

决策驱动型创业资源识别方法指创业者首先决定创业，然后发掘创业机会，组织资源，创建企业的过程。在这过程中，创业者对自身拥有的资源反复评价，对创业愿景不断修改，直到找到适合的创业机会。

（2）机会驱动型创业资源识别方法

机会驱动型创业资源识别方法是创业者首先发现创业机会，然后评估创业资源，创建企业的过程。这种识别方法更注重机会开发所依赖的核心资源和独特能力，相关的创业资源都是围绕这些基础资源来识别和利用的。

（三）创业资源的获取

1. 创业资源获取的概念

创业资源获取是指利用有效途径得到所需资源的过程。

2. 创业资源获取的影响因素

（1）创业者才能

创业者才能会有效激励团队成员，会提升创业团队凝聚力，吸引更多的人力资源与其他资源。创业者学习能力越强，新企业的创新行为就越频繁，促使新企业获得更多的技术资源。创业者外部协调能力越强，与合作者（如银行、供应商、销售商等）达成一致的可能性越大，可利用的外部资源越多。

（2）创业者工作经验

创业者的创业经验和行业经验有利于新企业人力资源、资金资源、技术资源等创业资源的获取。

（3）集聚经济效应

在现有企业集聚区域创业，已经集聚的领先企业对新企业具有孵化作用，从要素市场看，集聚经济效应能够提供更丰富的创业资源，如孵化基地、创客空间、高新区等。

（4）社会网络

创业者利用自身的社会网络获取所需资源。社会网络是隐性知识传播的重要渠道，可促进信息（包括技能、技术诀窍等）的快速传递，从而协助企业学习。

（5）信息

信息指新企业获取有关资源所有者的显性信息（基本信息等）和隐性信息（经验和技能等），对新企业的资源积累和资源整合具有重要作用。

（6）创业资源获取的途径

创业资源获取的途径包括资源外部获取和资源内部积累两种方式。

① 资源外部获取途径主要包括资源购买、资源租赁、资本运营三种方式。

a. 资源购买：主要包括购买专利和技术、聘请有经验的员工及通过外部融资获取资金等方式。

b. 资源租赁：通过租赁的方式获取创业资源，但是获取的是资源的使用权而不是所有权。

c. 资本运营：指通过兼并、收购和联盟的方式获取创业资源。

② 资源内部获取途径主要包括：

a. 新企业拥有或支配厂房、装置、设备。

b. 新企业内部开发新技术。

c. 新企业通过培训增加员工的技能知识。

d. 新企业通过获得市场订单、提高利润等自我积累获取资金。

e. 新企业建设创业文化，培养全员的创业精神。

案例：小文的失败教训

2001 年，小文是某高校计算机专业大二学生，经老师介绍，他利用业余时间在一家电脑公司兼职搞维修。公司老板也是毕业不久的大学生，做电脑业务仅三年不仅赚回了全部的投入成本，而且有了颇丰的收入，令人羡慕不已。小文深受触动，毕业后在家人的资金支持下，和另外一个老乡合伙开办了一家电脑公司。然而却并不如意，原因是这几年电脑公司太多，市场竞争十分激烈，一年后小文的公司被迫关闭。

点评：当许多人一窝蜂地抢着进入某一行业时，光看到前面的创业者赚钱，自己进入后并不见得赚钱，可能因为市场已经饱和，这时不管如何努力经营，恐怕也难有起色。

3. 创业资源的整合

（1）创业资源整合的背景

初创企业的资源相比大企业的资源是有差别的。企业吸引资源的能力高度取决于自身的实力。初创企业既没有名气又没有资历，在整个上下游所形成的价值网中处于弱势地位，自然话语权小，难以获得资源方的青睐。常有人抱怨银行这样的资源拥有者"嫌贫爱富"，偏好放贷给大企业。这其实不难理解，作为经营风险的金融机构，大机构有雄厚的资产储备，有既往的历史业绩可查，在社会中有信誉、有声望，将钱贷给它们保险系数更高，承担损失的可能性更小。

既然初创企业占尽了劣势，那如何才能获得资源拥有者的支持？唯一可能的途径就是回馈给其更多的价值、金钱、声誉，抑或是更好的产品等。让本来资源稀缺的初创企业贡献更多的价值，这听起来好像是一个悖论，其核心在于创业者所追寻的这个商业机会本身有多大价值。

商业机会价值越大，所能创造的价值就越高，才越有可能给那些利益相关方分享更多的价值。

（2）创业资源整合的原则

① 自我为主，挖掘潜力。

作为创业者应充分挖掘那些别人不用或者轻视的资源，围绕着自己的需求寻找被市场低估的资源，让资源的潜力充分显现，并将其发挥到极致。

② 针对机会，组合创造。

有的资源在某些场景下毫无用处，在另一些场景下却至关重要。其核心就是利用好别人没有利用好的资源，创业者将资源整合，使优势资源组合在一起焕发新的价值；或者在看似平常的资源中加入新元素，赋予其新含义，从而创造新价值。

案例：独到的眼光

果园进入收获季节时，人人都希望果子又大又甜，能卖出好价钱。但总会有一些被鸟啄过的坏果子或者卖相不好的果子存在。大部分果园都把这种坏果子拿来喂猪。但对果汁厂而言，被鸟啄过的果子成熟得好，甜分也足够，收购价格还低，用来榨果汁正合适。这就是对一项资源赋予了新的意义，使其立刻身价倍增。

③ 不求所有，但求所用。

创业公司刚起步时资金实力弱，不太可能像大公司一样什么都拥有，某些设备物资可以通过租赁或者借用的形式，不求拥有它，只要可以使用和完成工作即可。曾经有个学生在创业时，自己开发了一款仪器，需要一台几十万元的测试设备，起步阶段的他根本无力支付这笔钱。他的办法是跑到大学实验室去免费做设备维护。在取得对方信任和允许后，在对方设备不使用时以很低的价格租用设备进行测试。

④ 步步为营，稳步发展。

设备租用在公司发展初期是不错的资源共享手段，但随着企业的发展，不可能总靠租用过日子，会对正常运营产生影响。当公司发展到需要购置设备时，理想化的创业者总有冲动想一步购置到位。但市场变化莫测，公司也没有完全稳定，大量的成本支出会给公司现金流造成很大的压力，所以资源的配置要针对每个阶段的阶段性目标，去寻找和整合相应的资源，要像公司的发展路径一样逐步滚动式发展。这也是为什么创业企业融资时都会进行几轮，公司每个阶段都有不同的发展目标，创业者为实现这个阶段性目标可以逐步融资，不至于稀释太多股份。

案例：褚老先生的东山再起

褚老先生是一位"爷爷级"创业者，他用智慧和勤勉书写了初创企业为利益相关人创造更高价值的范本。他就是风靡全国的励志橙——褚橙的缔造者褚时健。2002 年，褚老先生在云南省玉溪市偏远郊区租了 2 400 亩白荒山开始创业。他以每亩地 100 元的价格租下来种冰糖橙，并开始钻研种橙子的技术，请教专家，培育土壤，设计灌溉系统。整整 10 年，终于守得云开见月明，整片荒山漫山遍野全是橙子，这 2 400 亩荒山 35 万棵橙树共创造了 3 000 万元利润，每亩地收益突破了 1 万元！褚老先生让上下游的资源拥有者都收获了价值，这就是褚老先生获取并整合资源的高明之道。

二、创业融资

我们先来看一个案例。

案例：创业资金的重要性

沈悦是四川师范大学大三的学生。有一次，他去参观了毕业生的招聘大会。在会上，他看到即将毕业的师兄、师姐投递应聘资料，但大多数人都没有找到满意的工作。

这件事对沈悦的触动很大，同时他也从中看到了商机。他想："大学生就业的需求这么大，如果自己开办一家公司，给大学生提供一些招聘信息，推荐他们去某个公司应聘，然后从中收取一定的中介费，岂不是两全其美！"

说干就干，沈悦和一个学长先去工商部申请了营业执照，办理了国家税务登记等相关手续，拥有了行业经营许可证后，向商业银行提出了贷款申请。审核合格后，他们如愿拿到了银行的 5 万元贷款。沈悦还通过自己的努力说服了家人，父母决定出资 8 万元支持他创业，学长也从家里获得了 5 万元的资金支持。加上银行贷款和他们平日积攒下来的钱，一共凑了 20 万元。

刚开始营业时，公司业绩不太好，他们就免费为毕业生提供了一个星期服务，取得了良好的效果。虽然刚开始不赚钱，但在充足的创业资金的支持下，他们的公司并没有出现其他问题。渐渐地公司也在毕业生中树立了口碑，越来越多的毕业生来他们的公司接受培训和找工作的服务，公司逐步走上了正轨。

启示：资金是企业经济活动的第一推动力和持续的能量来源，因此资金问题对新创企业来说显得尤为重要。要想凭借自己的技术或者创意获得应有的回报，就必须解决好创业资金问题。

（一）融资的概念

融资是指企业根据自身的生产经济状况、资金拥有状况以及未来经营发展的需要，通过一定的渠道筹集资金，以保证企业正常生产与经营管理活动有效进行的经济行为。简单来说，融资是企业筹措生产经营活动中所需资金的行为。

（二）创业融资的基本条件

对很多创业者而言，能想象到的困难和创业之后所遇到的困难一定是不同的，一旦真正参与了企业的创业、经营，就会有大量的、不可控制的资金需求，因此，很多公司都需要融资，创业融资一般需要具备以下基本条件。

（1）项目本身已经经过政府部门批准。

（2）项目可行性研究报告和项目设计预算已经得到政府有关部门的审查批准。

（3）引进的国外技术、设备、专利等已经经过政府经贸部门批准，并办妥相关手续。

（4）项目产品的技术、设备先进适用，配套完整，有明确的技术保证，生产规模合理。

（5）项目产品经预测有良好的市场前景和发展潜力，盈利能力较强，有较好的经济效益和社会效益。

（6）项目投资的成本以及各项费用预测较为合理，生产所需的原材料有稳定的来源，并且已经签订供货合同或意向书。

（7）项目建设地点及建设用地已经落实，生产所需的水、电、通信等配套设施已经落实，与项目有关的其他建设条件也落实到位。

（三）创业所需资金的测算

创业者要做的一项重要工作就是确定开办新企业必须购买的物资和必要的开支，并测算总费用，这些费用称为启动资金，包括固定资产、流动资金和运转过程所需资金。

1. 固定资产

（1）企业用地和建筑

办企业或开公司，都需要有适用的场地和建筑。也许是用来开工厂的整个建筑，也许只是一个小工作间，也许只需要租一个店面。

（2）设备

设备是指企业需要的所有的机器、工具、工作设施、车辆、办公家具等。

2. 流动资金

流动资产的主要包括：购买原材料和成品费用、租金、员工工资、促销费用、相关保险费用、其他相关费用。

案例：开小型书店的启动资金

某同学在大学毕业后准备开办一家小型书店，经过考察后，他决定租用一间 60 m² 的门面房，下面是他开办书店进行的资金预算。

① 店铺装修：普通的中小书店，装修费用 300 元/m²。60 m² 的书店约需投入装修费 18 000 元。

② 书架：一个中档书架的报价是 300 元。60 m² 的书店放 30 个书架，共 9 000 元。

③ 营业设备：电脑、扫描仪、打印机、电话、传真等，大约 10 000 元。

④ 首期采购资金：参考同行，初步确定 50 000 元。

⑤ 房租：每月 5 000 元，一次性交付 3 个月，共 15 000 元。

⑥ 工资：需 2 个店员，每人每月 1 600 元，预备 3 个月，共 9 600 元。

⑦ 办理相关手续的费用：约 2 400 元。

⑧ 其他费用预留：如水电、通信、公关、交通等费用，每月预算 2 000 元，预备 3 个月，共 6 000 元。

结论：开设 60 m² 的小型书店启动资金共计 120 000 元。

3. 运转过程所需资金

企业要正常运转，必须要制订现金流量计划。

制订现金流量计划的影响因素包括：

（1）有些销售需赊账，经常会在数月后才能收回现金。

（2）有时企业采购会赊账，这也会使现金流量计划的制订变得更加复杂。

总之，开办新企业必须测算创业启动资金，对创业起步至关重要。

（四）创业融资方式

初创期融资主要方式有创业者的自有资金、借贷（向亲戚朋友借贷、民间借贷、银行贷款）、合伙人共同投资创业、政府支持等。

1. 创业者的自有资金

自有资金指创业者将自己拥有的资金投入新创企业中。

案例：

李××，毕业于河北大学导演系。

积累过程：大学四年做婚庆专辑制作，每次赚 150 元，累计 5 万元。

创业起步：雕虫小记文化传播服务中心。

投入资金：5万元。

主营业务：广告片摄制、婚庆专辑制作。

合作单位：省市电视台。

初步结果：月盈利万余元。

2. 借贷

借贷的主要形式包括：向亲朋好友借款、民间借贷、银行贷款等。

（1）向亲朋好友借款

新创立的企业早期所需的资金具有高度的不确定性，且需求量较少，因此在这一阶段，除了创业者本人外，向亲朋好友借款就是最为常见的资金来源。与亲朋好友之间有一定的亲情、友情关系，更容易建立信赖感。

当然，创业者也应该全面考虑投资的正面、负面影响及风险性，将家人或朋友的借款与其他投资者的资金同等对待。任何借款都要明确规定利率以及本息的偿还计划，对所有融资的细节都需达成协议，如资金的用途、数额和期限、企业破产的处理措施等，并形成一份相关的正规协议。

每个家人或朋友的借款都应建立在自愿的基础上。在接受他们的资金之前，创业者应仔细考虑公司破产可能带来的艰难局面。

（2）民间借贷

民间借贷是指公民之间，公民与法人之间，公民与其他组织之间的借贷。现实生活中通常是指公民之间借贷行为。

法律规定民间借贷利率不得超过同期银行贷款利率的4倍，超过4倍属于高利贷，不受法律保护。

民间贷款普遍门槛低，可解决新创企业资金的急需，近年尤其盛行。但创业者要评估民间借贷的风险。

（3）银行贷款

银行贷款被誉为创业融资的"蓄水池"，由于银行财力雄厚，而且大多具有政府背景，因此在创业者中很有"群众基础"，从目前情况来看，银行贷款具有以下几种形式。

① 质押贷款：指以借款人或者第三人的动产或权利作为物质发放的贷款。

② 抵押贷款：指按照法律规定的抵押方式，以借款人或者第三人的财产作为抵押物发放的贷款。

③ 贴现贷款：指贷款人在急需资金时，以未到期的票据向银行申请贴现而融通资金的贷款。

④ 信用贷款：指银行仅凭对借款人资信的信任而发放的贷款。

⑤ 担保贷款：指以担保人的信用为担保而发放的贷款。

案例：浦发银行的特许免担保贷款业务

刚刚大学毕业的金厉一直没有找到合适的工作，天天奔波在各个招聘场所，一天她看到社区附近的水果店生意红火，就想自己也开一家店铺，不一定是水果店，开个小超市、小饰品店或者花店都可以。经过一番打听，金厉才知道光是启动资金至少要七八万元，这可难住了她。

幸好在国家对大学生创业的优惠政策下，上海浦东发展银行与联华便利签约，推出了面向创业者的特许免担保贷款业务——"投资7万元，做个小老板"，这是一项集体担保，并不需要创业者自己提供担保。金厉得知此事后马上提交了贷款申请，通过浦发银行的审核，金厉顺利领到了7万元的贷款。就这样，金厉的小店顺利开张了。

案例：用废弃的厂房抵押贷款

在一家外贸服装企业工作了5年后，何孝忠积累了足够的经验和客户，于是他便打算自己当老板开一家服装厂。经过一番计算，他发现如果要开办一家中等规模的服装厂至少需要200万元的设备和周转资金，以及一间不小于100 m^{2}的厂房。何孝忠的朋友建议他找一家破产的厂房重新整修，这样可以节约成本。于是，他在离城区较远的镇上找了一家砖厂，砖厂已经一年没有投入生产，濒临破产。砖厂老板正愁没有找到合适的买家，因此开价非常低。就这样，何孝忠获得了砖厂的所有财产和厂房。

解决了厂房的问题，何孝忠就开始筹资。但200万元可是一笔不小的数额，到哪里去筹呢？找亲朋好友借钱肯定凑不够，怎么办呢？他想到了去银行贷款。银行的贷款人员告诉何孝忠，贷款需要提供担保，他想到，自己的砖厂不就是现成的抵押物吗？

就这样，何孝忠用自己低价接手的砖厂做抵押完成了资金的筹集，解决了厂房和资金的问题。但获得这些的同时，他也背负了很重的债务，需要通过自己的努力来偿还。

案例：良好的信誉获得贷款

为了满足预计的产品增长需求，阳光实业有限公司计划在西南建一个新厂，为了给经营扩展融通资金，阳光实业有限公司的总裁马丁向某银行提交了一份贷款申请。这并不是马丁第一次向银行提交申请，早在10年前，阳光实业有限公司就与银行发展了业务关系，银行为其提供了两笔贷款，一笔是50万元的定期贷款；另一笔是10万元的信用额度，由于公司经营良好，能够达到或超过财务计划目标，因此一直与银行保持着良好的信誉关系，并且能按时还款。马丁也有着良好的经营和消费记录。因此，银行答应了阳光实业有限公司申请的贷款，重新为其提供了80万元的贷款。

3. 合伙人共同投资创业

合伙人共同投资创业是建立在利益共享、风险共担基础上的合作创业。合伙人的人品要了解，可以是亲朋好友，也可以是原先素昧平生者。合伙人并非借款，而是共同投资，合伙人的出资要明确，合伙企业制度要明确，合伙企业的账目要清晰。

4. 政府支持

为了鼓励创业，政府出台了一系列支持计划，包括财政扶持政策、融资政策、税收政策、科技政策、产业政策、中介服务政策和创业扶持政策等。

如财政扶持政策，中央财政预算设立中小企业科目，安排扶持中小企业发展专项基金；地方政府根据实际情况为中小企业提供的财政支持。

享受政府扶持政策的途径包括：上政府公网查询；委托政策服务公司提供政策咨询；注意与有关部门保持密切沟通；在条件允许的情况下，可以指定专人负责有关政策信息的收集。

案例：政策法规扶持再助创业成功

小王大学毕业后开始创业，近期生意越做越红火。为进一步寻求发展，小王有意将目前的服务社转制为工商企业，但目前服务社内有 5 名从业人员享受着非正规就业社会保险费补贴，如果转制为企业，就不能再继续享受补贴，5 名从业人员每个月就要多缴近 3 000 元社会保险费。创业成本压力本来就很大，如果再多出一部分用工成本，小王担心会出现资金周转问题，一时不知如何是好。

小王的担心被一位在政府相关部门工作的朋友知道了，他告诉小王：所在辖区新开业的工商企业，每吸收一名区内户籍的失业、低保或者农村富余劳动力就业，就可以享受每人每月 500 元的补贴，而且可以连续享受 18 个月，小王的情况正好符合享受这个优惠政策的条件。

创业者要有创新式的思维、敏锐的市场洞察力以及精密细致的管理方式，更要注意宏观经济环境和政策法规。创业者应了解相关政策，找到适合自己和企业的融入点。

（五）风险投资

1. 风险投资的概念

风险投资是把资本投向蕴藏着失败风险的高新技术及其产品的研究开发领域，旨在促使高新技术成果尽快商品化、产业化，以取得高资本收益的一种投资过程，也称创业投资。

2. 风险投资的内容

风险投资不需抵押，也不需要偿还。如果风险投资成功，投资人将获得几倍、几十倍甚至上百倍的回报；如果失败，投进去的钱就打水漂了。

对技术创业者来讲，风险投资创业的最大好处在于即使失败，也不会背上债务。这样就促使年轻人创业成为可能。

例 1：风险投资家孙正义与软件银行集团风险投资作品

1981 年，孙正义在日本创立软件银行集团，1994 年在日本上市，是一家综合性的风险投资公司。2008 年 8 月，孙正义总结：风险投资 800 家公司，大约有 100 家公司破产，700 家公司生存。其中 100 家取得超级大成功！这是非常好、非常大的比例！

他的精彩作品一：1996 年，雅虎刚刚启动了 6 个月，规模非常小，只有 6 个员工，他给雅虎投资 1 亿美元。

他的精彩作品二：1999 年，马云没钱、没名、没经验，孙正义与马云初次见面 6 分钟后，决定给马云的阿里巴巴投资 2 000 万美元。

他选择的理由，一是技术，他坚信网络革命将会在全世界发生；二是团队，他相信雅虎创办人杨致远与阿里巴巴创办人马云拥有足够的创业激情！

例 2：马云是如何获得孙正义投资的

1999 年，孙正义来到中国，说："我一定要投中国的互联网企业。"当时孙正义和软银对中国完全不了解，他的所有中国战略都是通过 UT 斯达康来做的。

据 UT 斯达康创始人回忆，当时是在 UT 斯达康的办公室，所有互联网企业的负责人都在场，而马云在楼下等着。协调人说："你只有 6 分钟的时间能够讲解，然后大家提问题。如果 6 分钟听完了以后，大家没兴趣，你就走人；如果对你的话题感兴趣，大家互相提问的时间会长一点。"马云拿出半张纸，大概写了主要的几点，马云的英文很好，他把电子商务讲得很清楚。他非常自信地讲："我不缺钱。"当时马云刚获得高盛 500 万美元的风险投资，他可以用第一轮融资的资金支撑公司运营一段时间。

UT 斯达康创始人说："马云讲完之后，投资人开始投票，包括薛村禾（软银中国执行合伙人）、周志雄（凯旋创投创始合伙人）等，这些都是现在投资界有名的人物，我们一致看好马云，就把孙正义已经决定的另一家的投资停下来了。我觉得这是孙正义最聪明的投资之一。"

第五节　新创企业的财务管理

一、财务管理的基础观念

（一）资金时间价值观念

货币是有时间价值的，一定量的货币在不同时间点价值是不同的，而两者之间的差额就是利息。加速资金流转，减少资金占用，是企业提高经济效益的关键所在。

例如，今天的 1 000 元和一年后的 1 000 元的价值是不相等的。如果我们将这 1 000 元放到存钱罐里不动，一年后，这笔钱数量是不变的。但如果将 1 000 元存入银行，按 5% 的利率计算的话，一年以后这笔钱就变成 1 050 元了，多了 50 元的利息。如果不考虑其他因素，今天的 1 000 元跟一年后的 1 050 元才是相等价值的。

货币的时间价值观念是受西方经济学时间偏好理论的影响而形成的。货币存在时间偏好有三个主要原因：

一是通货膨胀，人们认为现时的货币值会高于同等数量的将来货币值。

二是现时消费，把现在的消费推迟到将来，把钱借给别人使用，是一种牺牲，应当有一定代价，这种代价就是货币价格——利息。

三是风险，一笔钱借出去产生的后果是不确定的，货币持有者认为自己在承担风险，因此，需要承担风险的报酬。

上述原因强化了人们的思想意识，于是便形成了"货币时间价值"这一观念，即资金时间价值。

资金时间价值的实质是资金周转使用后的增值额。资金周转的时间越长，收益越多，实现的增值额就越大。因此，相同的资金量在不同时间点上的价值不相等，在比较不同时间点的资金价值时，需要先将它们换算到相同时间点上。

（二）资金风险价值观念

资金风险指实际回报率因通货膨胀等因素造成的不确定性。

风险与危险概念不同，危险只可能出现一种坏结果，而风险可能有两种结果。风险既有可能给人带来意外收益，也可能带来意外损失。但人们通常只愿意接受意外收益的情况。因此，研究资金风险主要是为了减少损失，从不利的方面来考察风险，经常把风险看成是不利事件发生的可能性。

例如，投资损失是最常见的一种资金风险，有人原本看好一只股票，购买之前天天涨，自己买进以后它就开始跌；有人想买房子时，房子一天一个价地涨，自己买了以后房价却不涨反跌，原本计划以租养贷，发现房子不容易出租，想卖房子时发现卖不出去了。

资金风险价值能用风险收益额或风险收益率来表示。风险价值额指投资者冒风险进行投资所获得的超过资金时间价值的额外收益。风险收益率等于风险收益额占投资额的比例。计算公式：风险收益率＝风险收益额÷投资额。

在不考虑物价变动的情况下，投资收益率分为两部分：一是资金时间价值，是指不经受投资风险而得到的价值，即无风险投资收益率；二是风险价值，即风险投资收益率。计算公式：投资收益率＝无风险投资收益率＋风险投资收益率。

（三）"现金至上"观念

现代财务管理的核心是资金管理，"现金至上"是公司理财的基本理念，其含义包括：

第一，现金是稀缺资源，企业不是任何时候都能筹集到资金的。

第二，债权人通常只接受最具流动性的现金资产进行支付。

第三，有利润而缺现金，企业将面临破产的风险。

第四，无利润而有现金，企业可以坚持改善经营以图长远发展。

"现金至上"观念中的"现金"是广义上的现金，包含库存现金、银行存款及三个月内的现金等价物。现金流量是一定时期企业的现金流入和流出的数量，企业的收入与支出最终会表现为现金的流入和流出，如果出现大量收入无法表现为现金流入，那么企业将会面临经营危机，最终导致破产。企业发展速度越快，现金流在企业生存发展和经营管理中的影响就越大。现金管理与控制也是新创企业财务管理的关键。

二、创业企业投资成本

创业企业是指正处于创业阶段，具有很大的成长空间与高风险性并存的创新开拓企业。创业企业一般都具有两个共同的特征：第一，它们不能在贷款市场和证券公开市场上筹集资金，只有求助于创业资本市场；第二，它们的发展具有阶段性，通常可以划分为种子期、创建期（启动期）、成长期（发展期）、扩张期和成熟期五个阶段。

（一）投资成本

投资成本是固定资产投资项目所耗费的物化劳动和活劳动的货币支出总和，包括注册资本金、验资费、开办费、装修费、办公设备及家具费用、员工薪金、促销费和其他支出。

1. 注册资本金、验资费和开办费

注册资本金是国家授予企业法人经营管理的财产或者企业法人自有财产的数额体现，是企业实有资产的总和。注册资金随实有资金数量而增减。

验资费是指注册会计师依法接受委托，对被审计单位的实收资本（股本）及其相关资产、负债的真实性和合法性进行审验，出具验资报告时所收取的费用。

开办费是指企业在筹建期发生的费用，包括办公费、培训费、差旅费、印刷费、注册登记费以及不计入固定资产和无形资产成本的汇兑损益和利息等支出。

2. 装修费

装修费是一次性发生的费用，可以使用多年，可作为一个长期待摊费用处理。

3. 办公设备及家具费用

办公设备及家具包括办公家具、传真机、复印机、计算机、手机等。

4. 员工薪金

员工薪金是指企业为获得职工提供的服务或解除劳动关系而给予的各种形式的报酬。企业提供给职工配偶、子女、受赡养人、已故员工遗属及其他受益人等的福利，也属于员工薪金。

5. 促销费

促销费是指项目销售推广、物料包装以及与营销相关的各类服务、维护保养、促销而发生的一切费用。

6. 其他支出

其他支出是指除主营业务以外的其他销售或其他业务所发生的支出，是指企业取得其他业务收入相应发生的成本，"其他业务收入"的对称。包括其他业务的销售成本、提供劳务所发生的相关成本、费用、税金及附加等。

案例：新创咨询公司的投资成本分析

新创咨询公司的投资成本分析如表 6-5 至表 6-10 所示。

表 6-5   注册资本金、验资费用和开办费用表

发生的资金项目	注册资金	验资费	刻章费	营业执照等 登记费	合计
金额/元	无	0	200	1 000	1 200

表 6-6   装修费用表

每平方米成本	面积	合计	分 2 年每月负担
1 000 元	60 平方米	60 000 元	2 500 元

表 6-7   办公设备及家具费用表

项目	办公桌椅	沙发	传真机	复印机	计算机、手机	合计	分 2 年每年负担
金额/元	6 000	6 000	2 000	20 000	20 000	54 000	27 000

表 6-8   员工每月薪金表

职位	人数	薪金/元	职位薪金共计/元
总经理	1	4 000	4 000
管理人员	3	2 500	7 500
员工	6	1 500	9 000
会计人员	2	1 800	3 600
合计	12		24 100

表 6-9   促销费用表

项目	数量	单价	合计
《北京晚报》广告	8 次	500 元	4 000 元
印制宣传页	5 000 张	0.5 元	2 500 元

表 6-10　其他支出表

其他支出	电话费	交通费	水电费	办公费	其他	合计
金额/元	2 500	1 500	300	800	500	5 600

（二）经营阶段收入及成本分析

新创企业一定要注意，在经营阶段，管理者和投资者关注的应是现金流，而非利润、市场份额或其他东西。

现金流量表是反映一定时期内（如月度、季度或年度）企业经营活动、投资活动和筹资活动对其现金产生影响的财务报表，如表 6-11 所示。

表 6-11　现金流量表

项目	细分项目	本期金额	上期金额
一、经营活动产生的现金流量	处置交易性金融资产净增加额		
	支付利息、手续费及佣金的现金		
	拆入资金净增加额		
	回购业务资金净增加额		
	收到其他与经营活动有关的现金		
	经营活动现金流入小计		
	支付利息、手续费及佣金的现金		
	支付给职工以及为职工支付的现金		
	支付的各项税费		
	支付其他与经营活动有关的现金		
	经营活动现金流出小计		
	经营活动产生的现金流量净额		
二、投资活动产生的现金流量	收回投资收到的现金		
	取得投资收益收到的现金		
	收到的其他与投资活动有关的现金		
	投资活动现金流入小计		
	投资支付的现金		
	购建固定资产、无形资产和其他长期资产支付的现金		
	支付的其他与投资活动有关的现金		
	投资活动现金流出小计		
	投资活动产生的现金流量净额		

续表

项目	细分项目	本期金额	上期金额
三、筹资活动产生的现金流量	吸收投资收到的现金		
	发行债券收到的现金		
	收到其他与筹资活动有关的现金		
	筹资活动现金流入小计		
	偿还债务支付的现金		
	分配股利、利润或偿还利息支付的现金		
	支付其他与筹资活动有关的现金		
	筹资活动现金流出小计		
	筹资活动产生的现金流量净值		
四、汇率变动对现金及现金等价物的影响			
五、现金及现金等价物增加额			
六、期初现金及现金等价物余额			
七、期末现金及现金等价物余额			

现金流量表一般按照经营活动、投资活动和筹资活动进行分类梳理，目的是便于报表使用人了解各类活动对企业财务状况的影响，以及估量未来的现金流量。

企业现金流量根据产生情况不同可以分为以下三个部分。

1. 经营活动产生的现金流量

① 处置交易性金融资产净增加额，反映企业本期处置以公允价值计量且其变动计入当期损益的金融资产所取得的现金，减去相关处置费用后的净额。

② 支付利息、手续费及佣金的现金，一般是指涉及贷款利息，银行扣缴的手续费及佣金等现金的流出，用在利息支出、银行手续费支出和佣金支出等业务上。

③ 拆入资金净增加额，反映商业银行本期从境内外金融机构拆入款项所取得的现金，减去拆借给境内外金融机构款项所支付现金后的净额。

④ 回购业务资金净增加额，反映本期按回购协议卖出票据、证券、贷款等金融资产所融入的现金，减去按返售协议约定先买入再按固定价格返售给卖出方的票据、证券、贷款等金融资产所融出的现金后的净额。

⑤ 收到其他与经营活动有关的现金，反映企业经营租赁收到的租金等其他与经营活动有关的现金流入，金额较大的应当单独列示。

⑥ 经营活动现金流入小计，是指企业投资活动和筹资活动以外的所有的交易和事项产生的现金流入。

⑦ 支付利息、手续费及佣金的现金，主要是经营活动中产生的债务利息，比如借了银行的钱还利息。

⑧ 支付给职工以及为职工支付的现金，反映企业实际支付给职工的工资、资金、各种津

贴和补贴等职工薪酬（包括代扣代缴的职工个人所得税）。

⑨ 支付的各项税费，反映企业按规定支付的各种税费，包括企业本期发生并支付的税费，以及本期支付以前各期发生的税费和本期预交的税费。

⑩ 支付其他与经营活动有关的现金，包含与经营活动有关的其他现金流出，如捐赠现金支出、罚款支出、支付的差旅费、业务招待费现金支出、支付的保险费等。

⑪ 经营活动现金流出小计，是指企业投资活动和筹资活动以外的所有的交易和事项产生的现金流出。

⑫ 经营活动产生的现金流量净额，是指现金及现金等价物的净增加额减去筹资活动产生的现金流量净额再减去投资活动产生的现金流量净额。

例如，京山轻机经营活动的现金流量分析如表 6-12 所示。

表 6-12　京山轻机经营活动的现金流量分析表

项目	金额/亿
经营活动现金流入	24.4
经营活动现金流出	21.9
经营活动产生的现金流量净额	2.5

该公司经营活动现金流入流出比为 1.11，表明 1 元的现金流出可换回 1.11 元现金流入。京山轻机的产品已经在占领市场，销售收入呈现上升趋势，经营活动有货币资金回笼。

2. 投资活动产生的现金流量

① 收回投资收到的现金，反映企业出售、转让或到期收回除现金等价物以外的交易性金融资产、持有至到期投资、可供出售金融资产、长期股权投资等而收到的现金。

② 取得投资收益收到的现金，反映企业交易性金融资产、可供出售金融资产投资分得的现金股利，从子公司、联营企业或合营企业分回利润、现金股利而收到的现金（收到的现金股利），因债权性投资而取得的现金利息收入。

③ 收到的其他与投资活动有关的现金，反映收到购买股票和债券时支付的已宣告但尚未领取的股利和已到付息期但尚未领取的债券利息及上述投资活动项目以外的其他与投资活动有关的现金流入。

④ 投资活动现金流入小计，是指企业长期资产的购建和不包括现金等价物范围在内的投资及其处置活动产生的现金流入。

⑤ 投资支付的现金，包括企业进行投资所形成的，交易性金融资产、持有至到期投资、可供出售金融资产、长期股权投资（不包括取得子公司支付的现金），以及支付的佣金、手续费等交易费用。

⑥ 购建固定资产、无形资产和其他长期资产支付的现金，反映企业本期购买、建造固定资产、取得无形资产和其他长期资产（如投资性房地产）实际支付的现金，包括购买固定资产、无形资产等支付的价款及相关税费，以及用现金支付的应由在建工程和无形资产负担的职工薪酬。

⑦ 支付的其他与投资活动有关的现金，反映企业除了上述各项（偿还债务所支付的现

金、分配股利、利润或偿付利息所支付的现金）以外，支付的其他与投资活动有关的现金流出。

⑧ 投资活动现金流出小计，是指企业长期资产的购建和不包括现金等价物范围在内的投资及其处置活动产生的现金流出。

⑨ 投资活动产生的现金流量净额，是指投资活动现金流入减去流出得到的现金流量值。

例如，京山轻机投资活动的现金流量分析如表 6-13 所示。

表 6-13 京山轻机投资活动的现金流量分析表

项目	金额/亿
投资活动现金流入	9.455
投资活动现金流出	9.985
投资活动产生的现金流量净额	-0.53

现金流入量 9.455 亿元，现金流出量 9.985 亿元。该公司投资活动的现金流入流出比为 0.947。投资活动产生的现金流量净额为负数，京山轻机投资活动产生的现金流入量大于投资活动产生的现金流出量，表明企业新业务投资大或股权投资初期，尚在扩张投入阶段，无投资回报或投资投入大于投资回报；但是注意投资风险太大，无法得到收益。

3. 筹资活动产生的现金流量

① 吸收投资活动收的现金，反映企业收到的投资者投入的现金，包括以发行股票、债券等方式筹集的资金实际收到股款净额（发行收入减去支付的佣金等发行费用后的净额）

② 发行债券收到的现金，反映发行债券的现金收入减去发行费用所收到的金额。

③ 收到其他与筹资活动有关的现金，反映企业除上述各项目外，收到的其他与筹资活动有关的现金流入，如接受现金捐赠等。

④ 筹资活动现金流入小计，反映筹资活动收入的现金流入。

⑤ 偿还债务支付的现金，反映企业以现金偿还债务的本金，包括偿还金融企业的借款本金、偿还债券本金等。企业偿还的借款利息、债券利息，在"偿债利息所支付的现金"项目反映，不包括在本项目内。

⑥ 分配股利、利润或偿还利息支付的现金，反映企业实际支付的现金股利、利润，以及支付给其他投资的利息。

⑦ 支付的其他与筹资活动有关的现金流出，如捐赠现金支出等。其他现金流出如价值较大的，单独列项目反映。

⑧ 筹资活动现金流出小计，反映筹资活动收入的现金流出。

⑨ 筹资活动产生的现金流量净值，是指导致企业资本及债务的规模和构成发生变化的活动而产生的现金流量净额。

例如，京山轻机筹资活动的现金流量分析如表 6-14 所示。

表 6-14 京山轻机筹资活动的现金流量分析表

项目	金额/亿
筹资活动现金流入	8.105
筹资活动现金流出	9.932
筹资活动产生的现金流量净额	-1.827

筹资活动是指导致企业资本及债务规模和构成发生变化的活动,资本包括实收资本(股本),也包括资本溢价(股本溢价);债务是指对外举债,包括向银行借款、发行债券以及偿还债务等。京山轻机的筹资活动现金流量净额是负数,这种情况的出现可能是因为企业的筹资基本完成,也可能是公司偿还大量债务。

创业者应注意企业生产的是正现金流,还是负现金流。正现金流是指收入的现金量(销售、已获利息、发行股票等)。负现金流是指支出的现金量(采购、工资、税费等)。

三、盈亏平衡点分析

盈亏平衡点,即企业业务量达到一定程度时可以不赔也不赚。

成本包括固定成本和可变成本。固定成本是指成本总额在一定时期范围内,不受业务量增减变动影响,能保持不变。如厂房和机器设备的折旧、财产税、房屋租金、管理人员的工资等。

可变成本是指支付给各种变动生产要素的费用。如原材料购买费用及电力消耗费用等。可变成本是随销售量增长而增长,产品单位可变成本保持相对不变。盈亏平衡点分析如图 6-1 所示。

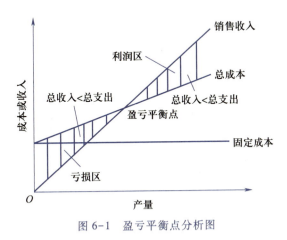

图 6-1 盈亏平衡点分析图

$$盈亏平衡点=销售收入-总成本$$
$$=单价×销售量-可变成本-固定成本$$

案例:初创一个中等规模的会馆所需的各类费用

初创一个中等规模的会馆所需的各类费用如表 6-15 至表 6-22 所示。

表 6-15　初始投资估算表

项目	金额/万元
装修费用	70
家具费用	30
电器设备费	20
合计	120

表 6-16　流动资金估算表

项目	金额/万元
开业调研及手续费	6
开业前期人工费用	2
不可预见费	6
流动周转金费	16
合计	30

表 6-17　销售费表

项目	第一年	第二年	第三年	第四年	第五年
职工工资/万元	41.52	41.52	43.52	43.52	45.52
广告费/万元	25	20	15	20	20
合计/万元	66.52	61.52	58.52	63.52	65.52

表 6-18　管理费用表

项目	第一年	第二年	第三年	第四年	第五年
管理人员工资/万元	15	15	16	16	17
固定资产年折旧/万元	10	10	10	10	10
房租/万元	180	180	180	180	180
长期待摊费用（装修费）/万元	14	14	14	14	14
水电	6	6	6	6	6
其他	5	5	5	5	5
合计	230	230	231	231	232

表 6-19 会馆卡样价格表

卡的种类		价格/元
体验卡（周卡）		158
金卡	A 卡（年卡）	7 998
	B 卡（次卡）	6 998
银卡	A 卡（年卡）	6 998
	B 卡（次卡）	5 998

表 6-20 融资状况表

融资途径	金额/万元	相关说明
银行贷款	50	5 年期贷款，每年还款 10 万元，利率 7.74%
自筹资金	100	每人投资 20 万

表 6-21 其他投资预算表

项目	细分项目	金额/万元
一、固定资产投资	计算机等办公设备	40
	其他	6
二、经营管理投入	广告宣传费	2
	其他	1
三、流动资金投入	购买茶叶、饮品	0.1
	购买武术文化书刊	0.1
	购买精美特色礼品	0.2
	购买洗浴用品	0.2
合计		49.6

表 6-22 会馆每月工资分配表

职位	月工资/元
领导团队	5 000
教练	4 000
前台	2 000
服务人员	1 500
保安	1 000

设备与装修费用折旧等按照 5 年时间。中等会所按照每年 12 个月经营，每天 4 小时，每人平均消费时间 2 小时，每小时同时容纳 20 人计算。公司初创按照最大客流量的 10% 计算，

预估60%的客人购买体验卡（周卡），10%客人购买金卡（A卡），10%客人购买金卡（B卡），10%客人购买银卡（A卡），10%客人购买银卡（B卡），客人的递增率按照每年20%计算。在本例中，可变资本为流动资金投入以及水电和其他费用，固定资本为设备费用、房租、工资等。

　　由此，可计算的固定成本为327.71万元。按照每年20%的递增率，5年中固定成本、可变成本、总成本、销售收入及得润见表6-23。

表6-23　会馆5年成本、收入及利润预算表

年度	1	2	3	4	5
固定成本	327.72	327.72	327.72	327.72	327.72
可变成本	11.60	13.92	16.70	20.04	24.05
总成本	339.32	341.64	344.42	347.76	351.77
销售收入	219.70	263.64	316.36	379.64	455.56
利润	-119.62	-78	-28.06	31.88	103.79

会馆盈亏平衡点分析图见图6-2。

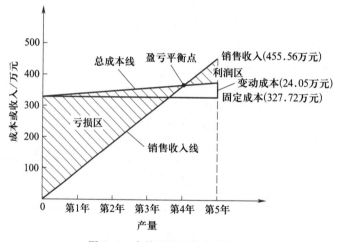

图6-2　会馆盈亏平衡点分析图

第六节　编制创业计划书

　　创业计划又名"商业计划"，是创业者就某一项具有市场前景的新产品或服务向风险投资家说明，以取得风险投资的商业可行性报告。创业计划可能的读者包括：可能的投资人、合作伙伴、供应商、各政策机构。因此，完成一份完整、具体、深入的商业计划书对能否获得风险投资家的投资至关重要。

一、创业计划书的基本要求

（1）提出一个具有市场前景的产品/服务。

（2）组成优势互补的竞赛小组，小组人数以 5~7 人为宜，由跨专业成员组成参赛团队。

（3）围绕着一产品或服务，完成一份完整、具体、深入的创业计划，描绘公司的创业机会，并提出行动建议。

（4）所提出的产品或服务应为参赛者参与的发明创造或经授权的发明创造；也可以是一项可能实现开发研究的概念产品或服务。

二、创业计划书的主要内容

（一）概述

概述是对创业计划的概括，一般占一两页，包括本产品或服务的简单描述，创业机会概述，目标市场的描述和预测，同行竞争优势，经济状况和盈利能力预测，团队概述，提供的利益。

（二）创业背景和公司介绍

创业背景要详细地描述市场、主要竞争对手、市场驱动力。公司介绍应包括详细的产品或服务描述和它如何满足关键的顾客需求的说明，以及进入策略和市场开发策略。

创业计划书

（三）市场调查和分析

1. 市场调查和分析的问题，主要包括顾客，市场容量和趋势，与同行竞争分析，估计的市场份额和销售额，市场发展的走势。

市场调查时准备一份一两页的客户调查内容，包括潜在客户的数量、他们愿意支付的价格、产品对于客户的经济价值。还应当收集定性的信息，比如，购买周期，导致客户拒绝本产品的可能障碍，产品为什么能够在避免客户的应用环境之中起作用，等等。

2. 市场调查的过程

市场调查工作必须有计划、有步骤地进行，以避免调查的盲目性。一般来说，市场调查可分为 4 个阶段：调查前的准备阶段、正式调查阶段、综合理性分析资料阶段和提出调查报告阶段。

（1）调查前的准备阶段

对企业提供的资料进行初步分析，找出问题存在的征兆，明确调查课题的关键和范围，以选择最主要也是最需要的调查目标，制订出市场调查的方案。主要包括市场调查的内容、方法和步骤，调查计划的可行性、经费预算、调查时间等。

（2）正式调查阶段

市场调查的内容和方法很多，因企业情况而异。市场调查的内容，综合起来，分为以下四类。

① 市场需求调查，即调查企业产品在过去几年中的销售总额，现在市场的需求量及其影响因素，特别要重点进行购买力调查、购买动机调查和潜在需求调查，其核心是寻找市场经营机会。

② 竞争者情况调查，包括竞争对手的基本情况、竞争能力、经营战略、新产品、新技术开发情况和售后服务情况，还要注意潜在的竞争对手。

③ 本企业经营战略决策执行情况调查，如产品的价格、销售渠道、广告及市场宣传、产品的商标及包装、存在的问题及改进。

④ 政策法规情况调查，政府政策的变化，法律、法规的实施，都对企业有重大的影响，如税收政策、银行信用情况、能源交通情况、行业的限制等都与企业和产品有紧密联系，也是市场调查不可分割的一部分。

市场调查的方法，可分为两大类：统计分析研究法和现场直接调查法。统计分析研究法就是在室内对已有的统计资料和调查资料进行系统研究和分析。一般说来，生产资料市场研究较多地采用这种方法，而消费资料市场研究则以现场调查为主。

（3）综合整理分析资料阶段

当统计分析研究和现场直接调查完成后，市场调查人员拥有大量的资料。首先要编辑这些资料，选取有关的、重要的资料，剔除没有参考价值的资料。其次对这些资料进行梳理和分类，使之符合某种使用需求。最后把有关资料用适当的表格形式展示出来，以便说明问题或从中发现某种典型的模式。

（4）提出调查报告阶段

经过对调查材料的综合整理分析，便可得出调查结论。值得注意的是，调查人员不应当把调查报告看作市场调查的结束，而应继续注意市场情况变化，以检验调查结果的准确程度，并发现市场新趋势，为改进调查结果和以后的市场调查打好基础。

案例：杰夫·海曼和他的创业计划书

1995年，杰夫·海曼足足花了七八个月时间才完成一份关于开发招聘网站的创业计划书，到他写完的时候，这份计划书足足有150页。当时和他同在硅谷的同事们都对这份计划书的完整、缜密赞不绝口，最后他也确实成功拿到了创业所需的启动资金50万美元。但是，每当回忆起这件事时，他总是忍不住要想，这么长的时间是否值得呢？

2011年，海曼在芝加哥有了另一个创业灵感——以数据跟踪为特色的减肥中心。这一次，他没有花很多时间来写创业计划，而是用了4个月的时间来考察自己的想法，走访潜在消费者、分销商和肥胖问题专家，彻底了解了相关市场。在进行了100多次访谈之后，他写出了一份仅有两页纸的创业计划书。最后，他就靠这两页纸拿到了创业所需的启动资金270万美元。

事实上，一份具有可行性的创业计划书是融资最起码的条件，但篇幅的长短并无要求。虽然，满怀激情的创业者可以在几小时内就写完一份创业计划书，但需要花好几个月的时间来调查市场、收集相关信息、分析创业项目的可行性和市场前景，因为他们的目标非常明确：我要干一番事业，而不是在纸上谈一番事业。

（四）公司战略

阐述公司如何进行竞争，包括以下三个问题。

（1）营销计划：定价和分销，广告和提升。

（2）规划和开发计划：开发状态和目标，困难和风险。

（3）制造和操作计划：操作周期，设备和改进。

（五）风险分析

分析企业可能面临的潜在问题和风险，其中风险包括政策风险、市场风险、财务风险、技术风险和人力资源风险。

（六）管理团队与组织结构

介绍管理团队与组织结构要注意以下三个方面。

（1）介绍公司的管理团队，其中要介绍团队成员的与管理公司有关的教育和工作背景。

（2）介绍主要成员、创业顾问以及主要的投资人和持股情况。

（3）介绍组织结构图，包括对每一个职位的职能的描述及其与其他职位之间的联系。

（七）公司财务计划

介绍公司的财务计划，重点突出成本控制系统。包括以下杠杆：收入、收支平衡点、毛利和净利、盈利能力和持久性，以及融资方案；固定成本、可变成本、达到收支平衡所需的月数等。可以呈现为收入报告、平衡报表；前两年的季度计划，预计现金流分析等。

三、创业计划书撰写时应注意的问题

（1）创业计划书要清楚、简洁。

（2）明确谁是顾客，谁是客户？顾客一般指直接的消费者，代表个人。客户指的是某家公司的代表。

（3）怎样把产品服务送到顾客手中？

（4）找到顾客的"痛点"并提供解决方案。

（5）解释顾客为什么会掏钱买你的产品/服务。

（6）在头脑中要有一个投资退出策略。

（7）产品/服务的命名需要恰当、直观，暗示创业模型，有说服力，吸引顾客的注意力。

（8）尽量使用图表来说明概念，使用清晰、简洁的书面材料，直截了当。

（9）创业计划竞赛是创业启蒙教育，通过竞赛，使创新创业的意识根植于参赛者心中，而不是一定要当下就办成企业。

（10）优秀的创业计划应该具有付诸实践的可行性、开辟市场的规模性、新创业务的创新性、新创业务的成长性、新创业务的盈利性。这五条标准具有同等的重要性。

四、创业计划书撰写和展示的技巧

（一）创业计划书行文措辞的原则

1. 简明扼要

制订创业计划的目的是获取风险投资，或者向合作者展示企业发展思路。因此行文时要直截了当，简明扼要。风险投资家没有时间也没有兴趣看对他来说没有意义的东西。

2. 条理清晰

清晰的材料可以使创业计划中阐述的理念具有可信度，主要表现在计划中的任何主张都应有相应的证据作支撑。

3. 客观公正

创业者应实事求是地用数据来说明存在哪些市场机会，而不是用过多的形容词来夸耀市场

是多么巨大。

（二）创业计划书内容展示的原则

1. 客户价值至上

企业在市场上取得成功的关键是满足客户需要，因此，判断创业计划的创意是否成功，是看它是否能满足客户什么样的需要以及用什么方式去满足。

创业者一般会过多地关注产品的生产技术特征，而风险投资者则首先会从市场角度观察企业产品或服务可以给客户带来的价值有多大。

2. 产品描述清楚明了

创业者通常对产品或服务的概念和属性非常清楚，但风险投资者或其他合作者却不一定，他们很有可能是外行。

因此，创业计划要用简单的词语把产品或服务阐述清楚，让投资者或合作者与创业者一样对产品或服务感兴趣，并被其发展前景所鼓舞。

3. 市场研究科学细致

企业要成功必须要有市场，也就是要有顾客。

通过市场研究，创业者和投资者都能预见到企业开张后的目标市场规模、客户购买特征、产品或服务给客户带来的利益。

4. 直面竞争不回避

制订创业计划时，创业者应认真研究已存竞争对手及其关键管理人员的状况，比较不同竞争对手的优缺点，密切关注竞争对手推销的最新相关产品，评估任何一个竞争对手想进入目标市场的可能性。

5. 行动计划无懈可击

创业者应该为企业制订一个周密的行动计划。这个计划中应该包括下列内容：企业如何把产品推向市场、如何设计生产线、如何组装产品，需要哪些原料、拥有哪些生产资源，还需要什么生产资源、需要多少，生产和设备的成本是多少，是买设备还是租设备，与产品组装、储存及发送有关的固定成本和变动成本的情况如何，员工工资福利的筹划，等等。

6. 管理队伍富有战斗力

创业成功的关键因素就是要有一支强有力的创业管理队伍。这支队伍的成员必须有较高的专业技术知识、管理才能和多年工作经验，能给投资者一种"投资他们就是投资成功"的感觉。

在制订创业计划时，可以先考虑展示整个管理队伍及其职责，再分别介绍每位管理人员的特殊才能、特点和造诣，细致阐述每个管理者将对公司作出的贡献，管理团队成员的互补、匹配与协作情况。

（三）创业计划书文本制作的原则

制作精美的创业计划书可以给投资者留下良好的第一印象。

1. 文本篇幅要适当控制

创业计划文本应尽可能控制在 40 页以内，这就要求创业者用精练的语言描述出最能吸引投资者注意的构思和结论。

2. 版面设计要精致

排版、装订和印刷不能粗糙，使用优质纸张可以使创业计划整洁又耐用，经得起多人翻阅而不受损。

3. 方便阅读

给创业计划设计一个封面，把企业的名称、地址、联系方式印在上面，使感兴趣的投资者能方便地联系到创业者。

4. 创业计划核查

创业计划核查主要有两方面，文本核查和内容核查。

文本核查主要对创业计划本身进行核查，如对格式排版、文字措辞、数据运算、表格图形、资料引用、模型公式、数据处理等方面进行核查。行文上要确保创业计划容易被阅读者所领会。应备有索引和目录，使阅读者可以方便地查阅。

5. 创业计划展示

投资者通常会让创业者先陈述创业计划，创业者应很好地设计陈述词，竭尽全力展示创业方案。

方案陈述时要高度集中于创业中的关键要点，尽可能用精确的市场分析和可靠的数据来说服风险投资者。要尽量利用书面文档、投影 PPT、影像资料、实物等辅助设施来吸引投资者的注意力。

陈述后即进入答辩阶段，风险投资者会向创业者提出任何他感兴趣的问题。对风险投资者提出的无法当场回答的问题，可申请事后补充资料另行呈上。

创业计划书
提纲示例

在展示创业计划时，保持高昂的激情是非常重要的。风险投资者认为有激情地做事往往是成功与平庸甚至是失败的区别。

第六章习题

参考文献

［1］李嘉曾．创造学与创造力开发训练：修订版［M］．南京：江苏人民出版社，2002.

［2］庄寿强．普通行为创造学［M］.4版．徐州：中国矿业大学出版社，2013.

［3］夏昌祥．实用创新思维［M］．北京：高等教育出版社，2008.

［4］傅世侠，罗玲玲．科学创造方法论［M］．北京：中国经济出版社，2000.

［5］郭有遹．创造心理学［M］.3版．北京：教育科学出版社，2002.

［6］刘仲林．中西会通创造学［M］．天津：天津人民出版社，2017.

［7］眭平．创新力提升的横向研究［M］．北京：清华大学出版社，2016.

［8］黄海燕，刘玉．大学生创新创业基础［M］．沈阳：东北大学出版社，2018.

［9］邓文达，邓朝晖，李一．大学生创新创业［M］．北京：人民邮电出版社，2016.

［10］刘云兵，王艳林．大学生创新创业教程［M］．北京：人民邮电出版社，2017.

［11］李秀华，刘武，赵德奎．大学生创新与创业［M］．长春：吉林大学出版社，2015.

［12］孙洪义．创新创业基础［M］．北京：机械工业出版社，2016.

［13］江镇华．怎样撰写专利申请文件［M］．北京：知识产权出版社，2002.